高等学校土木工程类"十二五"规划教材

财政部文化产业发展专项资金资助项目

U0255217

砌体结构

黄 靓 主编

湖南大学出版社·长沙

内 容 简 介

本书主要根据《砌体结构设计规范》（GB 50003—2011）及《建筑抗震设计规范》（GB 50011—2010）编写，重点介绍现代砌体结构基本理论及其结构设计方法。全书内容包括：绪论，砌体材料及砌体的力学性能，砌体结构设计方法，砌体构件的承载力计算，混合结构房屋墙体设计，过梁、墙梁、挑梁及墙体的构造措施，配筋砌体结构，砌体结构房屋抗震设计简述等。

本书可作为高等学校土木工程专业及相关专业的教学用书，并可供土建工程技术人员参考。

图书在版编目（CIP）数据

砌体结构/黄靓主编 . —长沙：湖南大学出版社，2020.10
高等学校土木工程类"十二五"规划教材
ISBN 978-7-5667-1557-9

Ⅰ.①砌… Ⅱ.①黄… Ⅲ.①砌体结构—高等学校—教材
Ⅳ.①TU36

中国版本图书馆 CIP 数据核字（2018）第 121510 号

砌体结构
QITI JIEGOU

主　　编：	黄　靓
策划编辑：	卢　宇
责任编辑：	黄　旺　金红艳
印　　装：	广东虎彩云印刷有限公司
开　　本：	787 mm×1092 mm　1/16　印张：15　字数：394 千
版　　次：	2020 年 10 月第 1 版　印次：2020 年 10 月第 1 次印刷
书　　号：	ISBN 978-7-5667-1557-9
定　　价：	48.00 元

出 版 人：李文邦
出版发行：湖南大学出版社
社　　址：湖南・长沙・岳麓山　　邮　　编：410082
电　　话：0731-88822559（发行部），88820006（编辑室），88821006（出版部）
传　　真：0731-88822264（总编室）
网　　址：http://www.hnupress.com
电子邮箱：549334729@qq.com

前　言

　　砌体结构是土木工程专业重要的专业必修课程。本书根据《砌体结构设计规范》（GB 50003—2011）及《建筑抗震设计规范》（GB 50011—2010）编写。按照全国高等学校土木工程专业指导委员会对土木工程专业的培养要求和目标，结合"卓越工程师"培养目标和基本要求，本书力求理论部分概念清晰，简明扼要，突出现代砌体结构基本理论及其结构设计方法的内在联系。联系工程实际，书中编制了具有代表性的例题。

　　本书反映了我国建筑可持续发展、墙体材料革新、绿色建筑、建筑工业化等新形势和新要求，总结了近年来我国砌体结构研究和应用的新成果，并且在实地调查汶川地震中砌体结构的震害后，对砌体结构房屋抗震做了详细的阐述。本书主要内容包括：绪论，砌体材料及砌体的力学性能，砌体结构设计方法，砌体构件的承载力计算，混合结构房屋墙体设计，过梁、墙梁、挑梁及墙体的构造措施，配筋砌体结构，砌体结构房屋抗震设计简述等。另外，根据砌体结构课程教学大纲中的重点教学内容，编制了电子课件，供读者参考使用。

　　本书由湖南大学黄靓主编，本书在编写过程中得到了湖南大学李叶、杨梦、郑钟国、欧阳金秋、韩梦娇、董商、梁金梅、万梓豪、王海、黄诚、谌创、唐双等同志的大力帮助，在此表示衷心感谢。

　　因为作者水平有限，书中难免存在不当或错误之处，敬请各位读者批评指正。

黄靓

2020.6

目　次

第1章 绪 论

本章学习目标：

（1）了解砌体结构的发展简史、砌体结构的优缺点及应用范围；

（2）了解砌体结构的发展现状及目前存在的问题；

（3）把握砌体结构的发展趋势及我国对墙体材料革新的要求。

1.1 砌体结构的发展简史

1.1.1 以时间为主线的发展简史

砌体结构是指用砖、砌块及石砌体砌筑的结构。

远古时代，人类就懂得利用天然石材、土块建造公共建筑及栖身之所，完成了人类自巢居到穴居再到屋居的进程，在此基础之上逐步从使用乱石块发展成加工石块，从土块发展成为烧结砖瓦，并出现了最早的砌体结构房屋。

据相关考古资料显示，我国在新石器时代末期（公元前 6000 年—前 4500 年）已出现地面木架建筑和木骨泥墙建筑；在公元前 5000 年就开始使用石材来建造祭坛和围墙；在夏朝（约公元前 2000 年）已有夯土的城墙，殷商（公元前 1600 年—前 1046 年）以后逐渐采用黏土做成版筑墙。我国生产和使用烧结砖瓦也有 3 000 多年的历史，在西周时期（公元前 1046 年—前 771 年）已有烧制的瓦；在战国时期（公元前 475 年—前 221 年）已能烧制大尺寸空心砖；南北朝（公元 420 年—589 年）时砖的使用已很普遍。

我国古代的砌体结构建造技术不断提高，取得了很高的成就，留下了许多举世闻名的砌体结构土木工程。

2 000 多年前，我国古代广大劳动人民建造的举世闻名的万里长城就是典型的石砌体结构［见图 1 - 1（a）］。长城始建于春秋战国时期，至清朝连续不断修筑了 2 000 多年，是中国历史上也是世界历史上修建时间最长、工程量最大的一项军事防御工程，它在我国历史、军事战略以及文化艺术上均有重要地位，目前已入选世界遗产名录。

隋朝时期由我国著名匠师李春设计建造了举世无双的赵州桥［见图 1 - 1（b）］。赵州桥是当今世界上保存最完整的古代单孔敞肩石砌体拱桥，是我国古代广大劳动人民智慧的结晶，它已被美国土木工程师学会（The American Society of Civil Engineers，简称 ASCE）评为世界第 12 个土木工程里程碑。

北宋时期的开元寺塔［见图 1 - 1（c）］，位于今河北省定州市城内。开元寺塔始建于公元 1001 年，建成于公元 1055 年，塔平面呈八角形，共十一层，总高 84 m，是我国现存最高的砖塔，属于砖砌体结构，其造型独特，秀丽挺拔。

我国是世界上最早采用石料修建水工建筑物的国家之一，约公元前 17 世纪，就开始采用碎卵石来护理江河堤岸。公元前256—前251年,在李冰父子的带领下,我国古代劳动人民于四川省建造了举世闻名的都江堰灌溉分洪的水利生态工程,该工程采用河卵石砌筑分水坝。公元前214年,广西壮族自治区兴安县灵渠采用大块石灰岩砌筑溢流坝。公元前486年开凿的京杭大运河,水工砌体结构建筑物的数量之多、类型之广均是前所未有的。这些水工砌石建筑物坚固耐用,迄今仍发挥着作用,彰显了我国古代广大劳动人民的智慧及科技水平。

（a）万里长城

（b）赵州桥

（c）开元寺塔

图 1-1 我国古代砌体结构的代表工程

我国近代砌体结构的发展,主要体现在新结构、新材料和新技术三个方面。新结构的发展一方面体现在西方国家在我国建造的各种新型砌体结构建筑,如各国领事馆、银行、饭店等,这些建筑采用当时流行于西方国家的砖木混合结构,风格多为欧洲古典式,如位于上海的原英国驻沪总领事馆［见图1-2（a）］、中国实业银行［见图1-2（b）］;另一方面表现为洋务派及民族资本家为创办新型企业所建造的房屋,这些建筑多采用砖木结构,其中小部分成为现代典型建筑,如青岛提督府［见图1-2（c）］、哈尔滨圣·索菲亚大教堂［见图1-2（d）］,此外,配筋砌体结构也逐渐发展成为一种重要的砌体结构形式。

在新材料方面,由最开始单一的烧结黏土实心砖到混凝土空心砌块及各类板材等多种新型材料共同发展。烧结黏土实心砖在我国的砌体墙材中长期占据着主导地位,直至20世纪60年代末,因烧结黏土实心砖的烧制占用大量的耕地资源,同时对环境造成较大的影响,我国有关部门因此提出墙体材料革新的要求。此后,烧结多孔砖、烧结空心砖、混凝土小型空心砌块和各类板材的生产和应用均得到较大的发展。

在新技术方面,传统的"三一"砌筑法、"二三八一"砌筑法、铺浆法等以手工操作为主的施工方法不断改进提高了生产效率,同时,随着配筋砌体结构的不断发展,其配套的施工方法也越加成熟。

（a）原英国驻沪总领事馆

（b）中国实业银行

（c）青岛提督府

（d）哈尔滨圣·索菲亚大教堂

图 1-2　我国古代砌体结构在新结构方面的代表工程

随着时代的发展以及各种技术的成熟，现代砌体结构在材料、砌体结构类型及建筑规模等方面都得到了较大的发展。

（1）材料方面。

我国目前已经进入"十三五"新型墙体材料革新的高速发展阶段，"十三五"墙体材料的革新旨在提升墙材行业绿色发展、循环发展、低碳发展，促进建材行业转型升级，从而节约资源，保护环境，提高资源利用效率，促进经济发展方式转变，缓解经济社会发展与资源环境的矛盾，增强可持续发展能力。因此，块体材料种类不再是简单的烧结黏土实心砖，烧结多孔砖、烧结页岩砖、混凝土多孔砖、烧结保温隔热砌块、墙板等新型砌体材料相继发展，砌筑砂浆也由传统的现场拌制砂浆向工业化生产的预拌砂浆和专用砂浆发展。

（2）砌体结构类型方面。

先后出现了无筋砌体结构、配筋砌体结构、夹心复合墙砌体结构及装配式砌体结构，装配式砌体结构是响应国家住宅工业化、产业化政策而出现的一种新型结构，其具备施工速度快等众多优点，是砌体结构未来发展的一个重要方向。

（3）配筋砌体结构方面。

近20年来，我国在配筋砌体结构方面也取得了长足发展，我国已建成的配筋砌体结构房屋的建筑面积已超过了 1 000 万平方米，1997 年建成辽宁盘锦国税局 15 层住宅［见图 1-3（a）］，2003 年建成 18 层的哈尔滨阿继科技园［见图 1-3（b）］，2007 年建成湖南株洲的地上 19 层、地下 2 层国脉家园小区住宅［见图 1-3（c）］，砌体结构的建筑高度不断被刷新，且规模也在不断地扩大。大庆油田开发的奥林国际公寓工程［见图 1-3（d）］共分四期进行建设，共 120 万平方米，是世界上最大的采用配筋砌块砌体剪力墙结构体系建造的住宅小区。目前，该体系在黑龙江省已经成为建筑业各方主体广泛认同的首选结构体系，尤其在大庆，由市政府主导，重点推广配筋砌体剪力墙结构，该结构在大庆市区得到了广泛的应用。

（a）辽宁盘锦国税局 15 层住宅

（b）哈尔滨 18 层阿继科技园

（c）湖南株洲国脉家园

（d）大庆奥林国际公寓工程

图 1-3　我国已建成的配筋砌体结构代表工程

砌体结构在国外也有着悠久的历史，砖石为代表的砌体建筑发展史是西方建筑史的核心，从古希腊时期至 20 世纪，砖石一直是最重要的建筑材料之一。

古埃及主要采用天然石材作为主要的建筑材料，以体现对永恒不朽和端庄威严的追求。古埃及利用先进的石材加工技术生产了丰富的富有表现力的砌体材料，促进了艺术与建筑技术的共同发展，保留至今的大量石砌体建筑代表了古埃及文化的最高成就，如举世闻名的埃及金字塔［见图 1-4（a）］。

古希腊深受古埃及和古两河流域的建筑技术的影响，形成了早期的西方砖石砌体建筑文明。作为西方建筑体系的发源地，古希腊的砌体建筑对西方建筑发展产生了巨大的影响，砖和天然石材得到了广泛应用。该阶段砌体发展主要集中体现在艺术装饰领域，大量加工精细的石材被广泛应用于圣地建筑中，其雕塑化的处理使建筑具有了鲜明的艺术性，如希腊帕提农神庙［见图 1-4（b）］。

此后，古罗马吸收并继承了古希腊的建筑成就。得益于技术的进步和混凝土的应用，拱券结构得到了极大的发展。拱券技术的出现使得建筑可以跨越因石材和木材长度有限性而导致的建筑跨度上的局限性，实现了空间架桥的伟大想法。至此之后，由简单拱券经过不断发展演变出筒形拱、十字拱、穹顶等结构形式，极大地解放了建筑的空间并丰富了建筑形式。拱券技术是古罗马建筑的最大特色，它开创了砌体结构的新形式，对后世西方建筑产生了巨大的影响。罗马的万神庙［见图 1-4（c）］以其高超巧妙设计的巨大圆拱而闻名于世，是现存最好的古罗马建筑，就连米开朗基罗也赞叹它是"天使的设计"。万神庙的宏伟壮丽、神圣庄严及古典优雅，无一不令人瞩目，是西方建筑史上和谐与完美的典范之作。

西方国家进入工业革命之后，技术获得了飞跃的发展，从此砌块的生产效率更高，并且研发出了硅酸钙砌块等新型砌块。工业革命期间，著名的西班牙建筑师安东尼奥·高迪创新了砌体结构设计，他将穹顶工艺、抛物线拱及斜墩柱等元素融入自己的设计中，创造出独特的双曲抛物线形状的穹顶和弯曲螺旋面穹顶等结构，如著名的巴特罗之家［见图 1-4（d）］。

（a）埃及金字塔

（b）希腊帕提农神庙

（c）罗马万神庙 　　　　　　　　　　　　　　　　（d）巴特罗之家

图1-4　国外砌体结构的代表工程

　　美国长滩大地震以后，基于抗震需要推出了配筋砌体结构。目前，世界上最高的配筋砌体结构房屋是拉斯维加斯的亚瑟神剑酒店（Excalibur Hotel），共28层（见图1-5）。

　　Excalibur Hotel 坐落于美国内华达州拉斯维加斯，建成于1990年，拥有4幢28层的采用配筋混凝土砌块砌体剪力墙墙体的房屋，并以4 032间客房成为当时世界上最大的酒店。Excalibur Hotel 的名字源于亚瑟王的神剑传说，Excalibur 为不列颠国王亚瑟王从湖之仙女处得到的神剑，因此酒店的建筑外形采用古堡式设计，并以欧洲中世纪亚瑟王、圆桌武士为主题，整个建筑宛如中世纪的城堡，夜间闪耀的灯光更使其如梦似幻。Excalibur Hotel 分别采用了190 mm，240 mm，290 mm 三种规格的混凝土砌块来建造配筋混凝土砌块砌体剪力墙。加州圣地亚哥大学对 Excalibur Hotel 的模型结构进行了振动台试验，结果表明，该结构抗震性能良好。在1994年的洛杉矶大地震中，该酒店周围的建筑物已严重受损而该酒店建筑依旧保持完整。

图1-5　Excalibur Hotel

1.1.2 我国砌体结构规范的沿革

20 世纪 50 年代以前，我国所建造的砌体结构房屋主要是民用住宅等，不仅层数低，且只凭借个人经验设计而不做任何计算，并无相关的砌体结构设计理论。

1955 年 12 月，国家基本建设委员会发文在我国推荐使用苏联的《砖石及钢筋砖石结构设计标准及技术规范》（НиТУ 120—55）。该规范采用的是定值的极限状态设计法。

20 世纪 50 年代后期，我国开始对砌体结构做了一些相关试验和研究。与此同时，原建筑工程部组织有关单位着手制定我国的设计规范，先后编写过三个初稿，即《砖石及钢筋砖石结构设计规范》（初稿，1963，北京）、《砖石结构设计规范》（草稿，1966，沈阳）及《砖石结构的设计和计算》（草稿，1970，沈阳）。它们均因种种原因未能得到批准和出版，直到 20 世纪 60 年代，我国的砌体结构设计基本上仍按照上述苏联规范的方法进行。

20 世纪 60 年代初到 70 年代初，在有关部门的积极带领和组织下，在全国范围内对砖石结构进行了比较大规模的试验研究和调查，并且积极开拓出了很多适用于中国国情的理论、方法，最终于 1973 年 11 月由国家基本建设委员会批准颁布了我国第一部砌体结构设计规范《砖石结构设计规范》（GBJ 3—73），至此我国的砌体结构设计进入了一个崭新的阶段。

20 世纪 70 年代中期至 80 年代，基于唐山地震灾害的惨痛教训，我国对砌体结构进行了第二次比较大规模的试验和研究。在砌体结构的设计方法、多层房屋的空间工作性能、墙梁的共同工作以及砌块砌体的力学性能和砌块房屋的设计等方面取得了新的成绩。此外，对配筋砌体、构造柱和砌体结构房屋的抗震性能方面也进行了多次试验和研究。最终制定了《砌体结构设计规范》（GBJ 3—88），在采用以概率理论为基础的极限状态设计法、多层砌体结构中考虑房屋的空间工作以及考虑墙和梁作为共同工作设计墙梁等方面已达到世界先进水平。

20 世纪 90 年代以来，随着我国对砌体结构的研究愈加深入，砌体结构有了更多的发展，重点表现在《砌体结构设计规范》（GB 50003—2001）的颁布。这部标准既适用于砌体结构的静力设计又适用于抗震设计，既适用于无筋砌体结构的设计又适用于较多类型的配筋砌体结构设计，既适用于低层砌体结构房屋的设计又适用于高层砌体结构房屋的设计。此外，这部标准充分考虑了我国墙体材料革新的需要，增加了许多新型砌体材料，扩充了配筋砌体结构的类型。这部标准的颁布标志着我国建立了较为完整的砌体结构设计的理论体系和应用体系。具体体现在以下几个方面：

（1）采用统一模式的砌体强度计算公式，建立了合理反映砌体材料和灌孔影响的灌孔砌块砌体强度计算公式；

（2）完善了以剪切变形理论为依据的房屋考虑空间工作的静力分析方法；

（3）适当提高了砌体结构的可靠度，引入了与砌体结构设计密切相关的砌体施工质量控制等级，与国际标准接轨；

（4）采用附加偏心距法建立砌体构件轴心受压、偏心受压和双向偏心受压互为衔接的承载力计算方法；

（5）建立了反映不同破坏形态的砌体受剪构件的抗剪承载力计算方法；

（6）配筋砖砌体构件类型较多，符合我国工程实际，且带面层的组合砌体构件与组合墙的轴心受压承载力的计算方法相协调；

（7）较大地加强了减轻或防止房屋墙体开裂的措施；

（8）基于带拉杆拱的组合受力构件的强度理论，建立了简支墙梁、连续墙梁和框支墙梁的设计方法；

（9）建立了较为完整且具有我国砌体结构特点的配筋混凝土砌块砌体剪力墙结构体系，扩大了砌体结构的应用范围。

2012年颁布实施的新规范《砌体结构设计规范》（GB 50003—2011），对前一版规范进行了"补充、简化、完善"。

本次规范主要修订的内容是：

（1）增加了适应节能减排、墙材革新要求、成熟可行的新型砌体材料，并提出相应的设计方法，根据试验研究，修订了部分砌体强度的取值方法，对砌体强度调整系数进行了简化；

（2）增加了提高砌体耐久性的有关规定，完善了砌体结构的构造要求；

（3）针对新型砌体材料墙体存在的裂缝问题，增补了防止或减轻因材料变形而引起墙体开裂的措施；

（4）完善和补充了夹心墙设计的构造要求；

（5）补充了砌体组合墙平面外偏心受压计算方法；

（6）扩大了配筋砌块砌体结构的应用范围，增加了框支配筋砌块剪力墙房屋的设计规定；

（7）根据地震震害，结合砌体结构特点，完善了砌体结构的抗震设计方法，补充了框架填充墙的抗震设计方法。

目前许多国家正在改变用按弹性理论的允许应力进行设计的传统，积极采用极限状态设计法，砌体结构的设计方法正跃进到一个新的水平。综观土木工程史，对砌体结构的认知从模糊到清晰，从感性到理性，从经验到理论，砌体结构在不断发展，它始终是世界上土木工程界不可或缺的一种重要的结构体系。

1.2 传统砌体结构的优缺点

传统砌体结构之所以被如此广泛地应用，是因为它有着下列几项主要优点：

（1）易就地取材。

生产砌块所需的天然石材、黏土、砂等几乎随处可见，分布广，且砖的制作工艺相对简单，较之水泥、钢材和木材便宜，因此便于就地取材，利于生产且经济实惠。

（2）耐火和持久性能好。

砌体结构具有很好的耐火性，以及较好的持久性，使用期限较长，如我国著名的万里长城便是采用砌体结构，始于先秦时期修建，如今已有2 000多年的历史，依然完好。

（3）具有良好的保温、隔热性能。

传统砌体结构很多具备良好的保温、隔热性能，节能效果显著。

（4）节约钢筋、水泥和木材。

砌体结构较之钢筋混凝土结构可以节约水泥和钢材，同时，由于砌体结构砌筑时无需模板及特殊的施工设备，可以节省木材。

除上述优点外，砌体结构也有下列一些缺点：

（1）传统砌体结构自重大。

传统砌体的强度较低，故建筑物中需要采用较大截面的构件，其体积大，在传统的砌体结构住宅建筑中，砌体墙体重约占建筑物总重的一半，材料用量较多，故结构自重也大。因此，现代砌体结构越来越注意采用轻质高强的砌体材料。

（2）传统砌体结构砌筑工作时人工作业多。

传统砌体结构采用手工方式进行砌筑，所需人工多，生产效率低，对个人熟练程度要求高，施工质量良莠不齐、不易保证。现在随着国家住宅产业化和现代化的发展，必须发展装配式砌体结构，墙体在预制厂提前预制完成，到现场即可实现装配，这样墙体的质量可以得到有效控制，同时也大大提高了施工效率。

（3）砂浆和砖石间黏结力弱。

传统砌体结构中，砂浆和砖石间黏结力较弱，故无筋砌体的抗拉、抗弯以及抗剪强度较其抗压强度低了很多，进而导致无筋砌体结构的抗震性能较差。

1.3 砌体结构的应用范围

砌体结构在工业与民用建筑、交通运输及水利建设方面均有应用。

1.3.1 工业与民用建筑

（1）工业建筑。

在工业厂房及钢筋混凝土框架结构的建筑中，砌体结构通常作为自承重围护墙，起到围护作用。一些中、小型厂房，多层轻工业厂房，食堂，仓库等建筑，也广泛地采用砌体作墙身或立柱的承重结构。砌体结构还用于建造其他各种构筑物，如烟囱、料仓、地沟、水池等。

（2）民用建筑。

国内住宅、办公楼等民用建筑中的基础、内外墙、柱、过梁、屋盖和地沟等都可采用砌体结构。随着砌体质量的提高及其计算理论的不断发展，5~6层高的房屋采用以砖砌体承重的砌体结构在我国十分普遍，甚至有不少城市建至7~8层。而随着配筋砌体结构的迅速发展，我国辽宁盘锦、上海、黑龙江哈尔滨、湖南株洲等地先后建成多幢配筋混凝土砌块剪力墙的高层建筑。此外，在某些产石材的地区，也可用毛石承重墙建造房屋，此类房屋可高达6层。农村建筑如房屋、粮仓等也多采用砌体结构尤其是砖砌体建造。

1.3.2 交通运输

在交通运输方面，砌体结构可用于桥梁、隧道。此外，各式地下渠道、涵洞、挡土墙也常采用石材砌筑。

1.3.3 水利建设

在水利建设方面，可以用石料砌筑坝和渡槽等。

自20世纪50年代以来，我国水利水电事业取得辉煌成就，水工砌石建筑物的发展日新月异，一些规模宏大的砌石坝、砌石水闸、砌石渡槽、砌石渠道、砌石水电站等工程兴起，在国民经济和社会生活中发挥了显著作用。

石料来源广，开采工艺简单，在劳动力资源丰富的地方，可以因地制宜地建造各式各样的水工建筑物，建造时无需复杂的机械设备，无需设置专用模板及温度控制措施，也不必修筑高标准的导流工程等。用石料做成的水工建筑物具有耐冲刷、易排水、承载力大、稳定性好、牢固耐久、安全可靠等优点。这些优点使水工砌石建筑物不仅在历史上彰显出巨大威力，而且在今后建设具有中国特色的水利水电事业中还将占有极其重要的位置。

1.4 现代砌体结构的发展

1.4.1 现代砌体结构特点

通过将传统砌体结构与一系列新型的高新科技结合，现代砌体结构获得了新的发展，实现了新的飞跃。

（1）墙体材料由单一使用功能向多功能发展。

我国砌体结构发展之初主要是砌体结构房屋数量的发展，而且使用的多为烧结黏土实心砖，烧结黏土实心砖功能单一，渐渐已不能满足市场对多建筑功能的使用要求。此后，我国开始进行墙体材料革新，烧结黏土实心砖也开始不断改进，形成了烧结多孔砖、烧结空心砖、烧结保温砖等，材料由单一的砌筑围护功能向轻质、高强、保温隔热、节能环保等多功能方向发展。

（2）墙体材料组成由单一材料向复合材料发展。

随着技术的进步与发展，我国的新材料技术也实现了质的飞跃，各种集多功能于一体的新型复合墙体材料相继出现。它们克服了传统材料功能单一的缺点，两种或多种材料复合之后综合了各种材料的优点形成了性能更为优异的材料，具备节能环保、轻质高强、保温隔热、隔音、施工方便快捷的优点，符合我国墙体材料革新的要求，应用前景十分广阔。

（3）充分利用建筑垃圾及工业固体废弃物。

随着人类社会发展到一定阶段，人类社会与自然环境的矛盾也愈加明显，人类生产建设活动产生的大量的建筑垃圾及工业固体废弃物已经成为世界各国所要面临的重大问题之一。目前，充分利用大量的建筑垃圾及固体废料生产制作建筑材料，变废为宝，是我国建设资源节约型、环境友好型社会及走可持续发展道路的重要出路之一。利用建筑垃圾及工业固体废弃物生产制作烧结粉煤灰砖、蒸压灰砂砖以及混凝土砌块等多种绿色墙材，甚至将其应用于现在主流的装配式建筑的墙体材料中，是砌体结构的新领域。

1.4.2 现代砌体结构发展趋势

随着社会经济的发展和科学技术的进步，砌体结构也将向着绿色环保、高品质及装配式砌体结构方向不断发展。

1.4.2.1 绿色环保

烧结黏土实心砖的生产会占用耕地资源，造成大量的环境污染和破坏，我国有关部门提出了墙体材料革新的要求。目前我国已经进入"十三五"墙体材料革新的重要阶段，此前我国的墙体材料革新已经取得了一定的成果，涌现了一批优秀的处于国内领先水平的新型墙材企业。目前，我国墙体材料革新一方面正在加大力度限制高能耗、高资源消耗、高污染、低效益的产品的生产；另一方面，通过引进国外先进的技术和生产线，将大量的建筑垃圾和工业固体废弃物通过生产线变废为宝，生产出绿色环保、节能无污染、可循环再生的墙体材料，积极建设资源节约型、环境友好型社会，积极走可持续发展道路，实现生态文明的建设，实现人与自然的和谐相处。

1.4.2.2 高品质

目前，与发达国家相比，我国的砌体材料存在着强度低、耐久性差的问题。以烧结黏土砖的抗压强度为例，我国的烧结黏土砖强度一般为 7.5~15 MPa，承重空心砖的孔洞率≤25%，体积质量一般为 4 kN/m³；然而发达国家的砖的抗压强度一般均可达到 30~60 MPa，更有甚者可达到 100 MPa，承重空心砖的孔洞率可达到 40%~60%，体积质量一般为 1.3 kN/m³，最轻的可达到 0.6 kN/m³。根据国外的经验和我国的条件，只要在配料、成型、烧结工艺上进行改进，可显著提高砖的强度和质量。在墙体材料方面，提高材料强度和减轻材料自重，即可有效地减小构件尺寸。

因此，采用轻质高强材料，即轻质高强的块体和高强度的砂浆，尤其是高黏结强度的砂浆，是一个重要的发展方向。

轻质高强材料具有以下几个优点：

（1）采用轻质高强建材，可大大节省砖、砂、石、灰等材料的用量。据估计，在我国，传统建筑材料的运输的比重在长途货运中约占比 20%，若把传统建材的用量节省 20%，即可大大缓解材料运输的压力。

（2）轻质高强建材可减少墙体材料用量，同时可减薄墙身和减小构件截面，较大程度地节省了空间，使得房屋的有效使用面积提高 5%~10%，此外还兼具保温隔热隔音的效果。

（3）可使基础设计更趋于经济、合理。在高层建筑中，修筑基础的费用在整个造价中所占比例较大，特别是在深层软地基的地区，在此修筑基础的费用在整个工程造价中所占比例可能超过 20%，若能够将基础上层的建筑的自重减轻，那么可以适当减小修筑的基础，从而降低基础造价。

（4）利于抗震，由我国现行的《建筑抗震设计规范》（GB 50011—2010）可知，建筑物自重越大，所受的地震作用越大，反之，建筑物自重越小，所受地震作用越小。采用轻质高强的墙材，可以大大减轻整个建筑的自重，是既经济又有效的抗震措施。

（5）使用轻质高强的墙材，可提高施工效率，有利于向装配式砌体建筑发展。

采用空心砖（见图 1-6）替代实心砖是墙体材料发展的一个重要方向。尤其是采用高孔洞率、高强度的大块空心砖，利于节省材料、减轻建筑自重、提高砌筑效率、减少运输量并降低工程造价。目前我国承重空心砖孔洞率一般小于 30%，抗压强度一般小于 10 MPa，少数可达到 30 MPa，且生产量少。然而在国外，承重空心砖抗压强度可大于 40 MPa，空心砖尺寸相比国内也较大，如法国的空心砖尺寸为 500 mm×150 mm×300 mm，德国空心砖的尺寸为 400 mm×300 mm×240 mm）。

制作高性能墙板也是值得重视的一个发展方向。在房屋建筑中应用板材有一系列优点，故发达

图 1-6 空心砖

国家均将高性能建筑板材作为推进住宅产业化的首选墙材产品。以德国为例，加气混凝土高性能墙板（见图 1-7）在德国得到了广泛的应用。加气混凝土墙板的主要原料为硅质材料及钙质材料，通过发气材料并配以经防腐处理的钢筋网片，经加水搅拌、浇注成型、预养切割、蒸压养护最终制成具备轻质高强、保温隔热、耐火阻燃、绿色环保等诸多优点的高性能板材。

二战之后遗留的大量建筑垃圾使得德国人在战后重建中意识到必须要尽可能地减少建筑垃圾，因此绿色环保的加气混凝土墙板在德国的战后重建工程中得到了广泛的应用。此外，随着技术的不断发展，德国企业开拓进取，利用建筑垃圾生产出优质的加气混凝土墙板，并与装配式建筑相结合，大大提高了生产效率。目前，加气混凝土用量占德国总建筑工程材料用量的60%以上。

图 1－7　加气混凝土高性能墙板

　　节能保温在当下社会越来越受重视。保温墙材也是未来砌体结构发展的一个重要方向。目前广泛应用的内保温技术和外保温技术均存在明显不足。如外墙内保温易结露，占用房屋套内使用面积，二次装修损害保温效果；外墙外保温耐久性差，保温系统需定期维护，容易脱落。因此，更好的墙体保温墙材亟待研发。如图 1－8（a）为新型自保温墙体砌块，其本身可以采用混凝土制作，在孔中放入轻质保温芯材；也可以采用轻质的材料制作，用于砌筑填充墙，均能够满足房屋对保温性能的要求［见图 1－8（b）］。

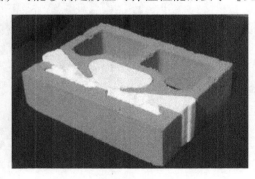

（a）新型自保温墙体砌块　　　　　　（b）自保温页岩砌块

图 1－8　新型自保温墙材

如图 1-9 所示为一种新型的自保温配筋砌块砌体剪力墙。自保温配筋砌块砌体剪力墙结构体系无需专门做内保温或外保温，可直接实现全结构保温，且在施工时墙板无需模板，同时墙体的钢材用量大量减少，综合造价相比钢筋混凝土剪力墙结构的房屋少 10%，可应用于对节能减排等要求较高的绿色建筑中。湖南省长沙市望城区高域·自然城（一期）13#、20#两幢建筑即采用自保温配筋砌块砌体剪力墙结构体系。这两幢建筑于 2014 年 5 月开始地上工程建设，2014 年 10 月完成砌筑工程，共使用配筋砌块约 4 000 m^3，其中自保温配筋砌块 2 000 m^3，普通配筋砌块 2 000 m^3，如图 1-10 所示。湖南省长沙市芙蓉生态新城三号安置小区东地块廉租房项目，如图 1-11 所示，建筑面积 17 043 m^2，建筑层数 10 层，建筑高度 28.2 m，抗震设防烈度 6 度。该项目采用自保温配筋砌块砌体剪力墙体系技术，不仅节约了成本，而且保证了保障房的建设质量，其将成为长沙市节能减排示范的新的亮点。

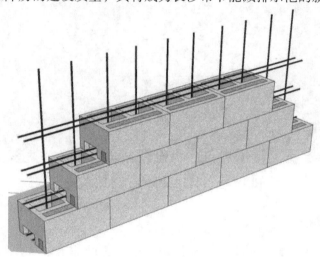

图 1-9　自保温配筋砌块砌体剪力墙

图 1-10　望城区高域·自然城（一期）

13

图 1-11 芙蓉生态新城三号安置小区

1.4.3 装配式砌体结构

2015 年 11 月 14 日，中华人民共和国住房和城乡建设部出台《建筑产业现代化发展纲要》，计划到 2020 年装配式建筑占新建建筑的比例 20% 以上，到 2025 年装配式建筑占新建建筑的比例 50% 以上；

2016 年 2 月 22 日，中华人民共和国国务院出台《关于大力发展装配式建筑的指导意见》，意见中要求要因地制宜发展装配式混凝土结构、钢结构和现代木结构等装配式建筑，力争用 10 年左右的时间，使装配式建筑占新建建筑面积的比例达到 30%；

2016 年 7 月 5 日，中华人民共和国住房和城乡建设部出台《住房城乡建设部 2016 年科学技术项目计划装配式建筑科技示范项目名单》，并公布了 2016 年科学技术项目建设装配式建筑科技示范项目名单；

2016 年 9 月 14 日，中华人民共和国国务院总理李克强主持召开国务院常务会议，提出要大力发展装配式建筑推动产业结构调整升级；

2016 年 9 月 27 日，中华人民共和国国务院出台《国务院办公厅关于大力发展装配式建筑的指导意见》，对大力发展装配式建筑和钢结构重点区域、未来装配式建筑占比新建筑目标、重点发展城市进行了明确规定。

这些相关政策的密集出台，预示着我国的装配式建筑的发展开始进入快速发展阶段。

装配式建筑，即将在工厂已经预制好的各种构件运送到施工现场直接装配而成的建筑。装配式砌体结构是装配式建筑的一部分，即采用工厂预制的整片墙体构件在施工现场通过不同连接方式组装而成的砌体结构。如图 1-12 所示为贵州兴贵恒远新型建材有限公司生产的装配式砌体墙体。装配式的墙体既可作为承重墙，也可以作为填充墙。一般而言，当装配式建筑采用的是预制块材砌成的墙体，可建造3~5层，若配置钢筋或提高砌块强度，建筑层数可适当增加，装配式砌块砌体墙可采用自动砌墙机快速生产所需墙体并在工厂养护。装配式砌体结构适应性强，生产工艺简单，施工简便，造价较低，并且可以利用地方材料和工业废料，从而降低生产成本。

（a）装配式砌体承重墙　　　　　　　　　（b）装配式砌体填充墙

图1-12　装配式砌体墙体

相比于传统的墙体施工砌筑的现场湿作业多、受天气影响大、施工速度慢且人工成本高等缺点，装配式砌体结构具有以下显著的优点：

（1）绿色环保。

通过墙体的预制，可以省去砌筑砂浆和抹灰等施工工序，可以减少现场的湿作业，减少施工过程中的垃圾，保持工地的干净整洁，从而减少对环境的污染。

（2）可标准化、工厂化生产预制墙体。

装配式砌体结构在生产过程中可以实现墙体制造自动化，通过引进先进设备生产线，完全可以实现墙体预制的工业化和自动化。其中，半自动造墙机能够大大缩短铺砂浆或黏结剂的作业时间；而全自动造墙机，可实现全天运行，每天可以生产任意厚度的墙体1 000余方。不仅能够安全、系统化地生产墙体，而且极大地提高了经济效益。

（3）墙体质量优异。

传统的墙体砌筑质量很受施工工人技术、天气状况等诸多因素的影响，而通过墙体制造自动化生产出来的预制墙体比传统方式砌筑的墙体有着更好的平整度、更佳的保温性能和更高的整体性，同时能最大限度地改善墙体开裂、渗漏等质量通病，极大地提高了墙体的质量。

（4）施工速度快。

工程中所使用的墙板等都已在工厂预制好，运送到施工工地现场即可直接拼装，大大地加快了施工速度，较之传统方法节省了近30%的时间，从而极大降低了现场施工强度，甚至省去了砌筑和抹灰工序，因此大大缩短了整体工期。

（5）节省人工费用。

当前中国基层劳动人口逐渐减少，并且工地上的一线技术工人多数为50岁以上的"老年"农民工，人工费用逐年攀升，而采用装配式砌体结构能大大减少人力成本。以其墙体的生产过程为例，一条自动化生产线仅需要5~6人即可完成整个生产过程，同时在工地现场进行拼装时，也仅需要少数工人即可快速完成砌体墙板的装配，大大地节省了劳动力，降低了人工费用。

（6）经济效益显著。

装配式砌体结构较之传统的建筑砌墙方法，大大节省了工作时间，使施工进度加快了约30%（见图1-13），同时大大减少了人工的投入，并且减少了浪费，节省了原材料、工序方面的费用，经济效益和社会效益均十分显著。

（a）9：00 开始第一层墙体的吊装

（b）14：00 完成墙体的吊装和拼接工作

（c）16：00 完成楼板的装配

（d）16：30 开始第二层的装配

图 1-13　多层装配式砌体结构承重墙施工过程

本章小结

（1）砌体结构是指用砖、砌块及石砌体砌筑的结构，有着十分悠久的历史。砌体结构在工业与民用建筑、交通运输及水利建设方面均有应用。

（2）传统砌体结构的优点包括：易就地取材；具有良好性能；节约材料；便于工业化生产和施工。缺点包括：结构自重大；砌筑工作繁重；砂浆和砖石间黏结力弱；环保性低。

（3）现代砌体结构单功能材料向多功能材料发展、单一材料向复合材料发展，广泛利用固体废料。

（4）目前砌体结构存在的问题包括：在价格上无优势；施工技术复杂；新型墙体材料的研制没有通过长期考验；引进国外的技术不适合我国国情。

（5）随着社会经济的发展和科学技术的进步，砌体结构也将向着绿色环保、高品质及装配式砌体结构方向不断发展。

思考题与习题

1-1 什么是砌体？

1-2 什么是砌体结构？

1-3 新旧砌体结构规范的主要修改内容有哪些？

1-4 砌体结构有哪些类型？

1-5 简述传统砌体结构的优缺点。

1-6 砌体结构的应用范围有哪些？

1-7 简述装配式砌体结构的优缺点。

1-8 砌体结构的发展趋势是什么？

1-9 "十三五"期间我国墙体材料革新的主要目标是什么？

1-10 您觉得中国的砌体结构今后会向哪个方向发展？

第2章　砌体材料及砌体的力学性能

本章学习目标：
  （1）熟悉砌体材料的种类及砌体结构的分类；
  （2）熟悉影响砌体轴心抗拉、弯曲抗拉、抗剪强度的主要因素及其强度的确定方法；
  （3）熟悉砌体墙体产生裂缝的原因及裂缝的控制措施；
  （4）掌握砌体的受压破坏特征、砌体抗压强度的影响因素及抗压强度计算；
  （5）了解砌体弹性模量、摩擦系数、线膨胀系数和收缩率。

2.1　块体材料和砂浆

  砌体结构由块体和砂浆砌筑而成，这两种材料受力性能的共同特点是抗压能力较强而抗拉强度很低。因此，砌体结构适用于轴心受压构件或小偏心受压构件，如房屋的基础、承重墙、柱等。此外，砌体墙体也可作为房屋的填充墙、隔断墙等非承重构件。

2.1.1　块体材料

  常见的块体材料有砖、砌块、石材。块体的强度等级根据其抗压强度划分，用符号"MU"（masonry unit）表示，单位为 MPa。

2.1.1.1　砖

  砖，外形多为直角六面体。其长度不超过 365 mm，宽度不超过 240 mm，高度不超过 115 mm。工程中所使用的烧结普通砖、烧结多孔砖、混凝土普通砖、混凝土多孔砖、非烧结硅酸盐砖等，均可简称为砖。所谓多孔砖，是指孔洞率等于或大于 25%，孔的尺寸小而数量多的砖，多孔砖可用于承重结构。

  （1）烧结普通砖。

  按《烧结普通砖》（GB/T 5101—2017），以黏土、页岩、煤矸石、粉煤灰为主要原料经焙烧而成的普通砖，称为烧结普通砖（如图 2-1）。根据其原料不同，可分为烧结黏土砖、烧结页岩砖、烧结煤矸石砖、烧结粉煤灰砖等。烧结普通砖按其抗压强度不同可分为 MU30，MU25，MU20，MU15 和 MU10 五个强度等级，详见表 2-1 的规定。目前，我国生产的标准实心砖的规格为 240 mm×115 mm×53 mm。

图 2-1　烧结普通砖

表 2-1　烧结普通砖强度等级 MPa

强度等级	抗压强度平均值 $f_m \geqslant$	变异系数 $\delta \leqslant 0.21$	变异系数 $\delta \geqslant 0.21$
		抗压强度标准值 $f_k \geqslant$	单块最小抗压强度值 $f_{min} \geqslant$
MU30	30.0	22.0	25.0
MU25	25.0	18.0	22.0
MU20	20.0	14.0	16.0
MU15	15.0	10.0	12.0
MU10	10.0	6.5	7.5

（2）烧结多孔砖。

按《烧结多孔砖和多孔砌块》（GB 13544—2011），以黏土、页岩、煤矸石和粉煤灰为主要原料，经焙烧而成用于承重部位的多孔砖，称为烧结多孔砖（如图 2-2）。其孔洞率不大于 35%，且孔的尺寸小而数量多。

烧结多孔砖的规格有 M 型、P 型及模数多孔砖。M 型砖的规格尺寸为 240 mm×190 mm×90 mm，P 型砖的规格尺寸为 240 mm×150 mm×90 mm，模数多孔砖的规格尺寸主要有 190 mm×240 mm×90 mm，190 mm × 190 mm × 90 mm，190 mm ×

图 2-2　烧结多孔砖

140 mm×90 mm，240 mm×90 mm×90 mm。烧结多孔砖按其抗压强度的不同可分为 MU30，MU25，MU20，MU15 和 MU10 五个强度等级，应符合表 2-2 中的相应规定。

此外，在我国，以黏土、页岩、煤矸石和粉煤灰为主要原料，经焙烧而成，孔洞率等于或大于 40%，且孔的尺寸大而数量少的砖，称为烧结空心砖。烧结多孔砖主要用于承重部位和非承重部位，而烧结空心砖则常用于非承重部位。

表 2-2　烧结多孔砖强度等级 MPa

强度等级	抗压强度平均值 $f_m \geqslant$	抗压强度标准值 $f_k \geqslant$
MU30	30.0	22.0
MU25	25.0	18.0
MU20	20.0	14.0
MU15	15.0	10.0
MU10	10.0	6.5

（3）混凝土砖。

混凝土砖分为混凝土普通砖和混凝土多孔砖。

① 混凝土普通砖。

按《混凝土实心砖》（GB/T 21144—2007），以水泥和骨料以及根据需要加入掺合料、外加剂等，经水搅拌、成型、养护制成的实心砖，称为混凝土实心砖（如图 2-3）。其主规格尺寸为 240 mm×115 mm×53 mm，又称为混凝土普通砖。按其抗压强度不同可分为 MU30，MU25，MU20 和 MU15 四个强度等级，如表 2-3 所示。

图 2-3　混凝土实心砖

表 2-3　混凝土普通砖强度等级　　　　　　　　　　　　　　　　MPa

强度等级	抗压强度	
	平均值 f_m ≥	单块最小值 f_{min} ≥
MU30	30.0	26.0
MU25	25.0	21.0
MU20	20.0	16.0
MU15	15.0	12.0

② 混凝土多孔砖。

按《承重混凝土多孔砖》（GB 25779—2010），以水泥、砂和石为主要原料，经配料、搅拌、成型、养护制成，用于承重的多排孔混凝土砖，称为混凝土多孔砖（如图 2-4）。其主要规格尺寸为 240 mm×115 mm×90 mm，190 mm×190 mm×90 mm。按其抗压强度不同可分为 MU25，MU20 和 MU15 三个强度等级，如表 2-4 所示。在施工中，用于承重的混凝土多孔砖的孔洞应垂直于铺浆面，即砖的铺浆面宜为盲孔或半盲孔中。

图 2-4　混凝土多孔砖

表 2-4　混凝土多孔砖强度等级　　　　　　　　　　　　　　　　MPa

强度等级	抗压强度	
	平均值 f_m ≥	单块最小值 f_{min} ≥
MU25	25.0	20.0
MU20	20.0	16.0
MU15	15.0	12.0

（4）硅酸盐砖。

硅酸盐砖，如图 2-5 所示，主要包括蒸压灰砂砖和蒸压粉煤灰砖两大类。

蒸压灰砂普通砖指以石灰等钙质材料和砂浆等硅质材料为主要原料，经坯料制备、压制排气成型、高压蒸汽养护而成的砖，简称灰砂砖。

蒸压粉煤灰普通砖指以石灰、消石灰（如电石渣）或水泥等钙质材料与粉煤灰等硅质材料及集料（砂）为主要原料，掺加适量石膏，经坯料制备、压制排气成型、高压蒸汽养护而成的砖，简称粉煤灰砖。由此可见，生产和推广应用这类砖，可大量利用工业废料，减少环境污染。

硅酸盐砖的砖型和规格与烧结砖的相同，可制成普通砖与多孔砖，按其抗压强度不同分为MU25，MU20 和 MU15 三个强度等级。由于蒸压粉煤灰砖在使用过程中会受到炭化影响，在确定其强度等级时，应考虑炭化系数 k，k 不应小于 0.85。

图 2-5　硅酸盐砖

2.1.1.2　砌块

承重用的砌块主要是普通混凝土小型砌块、轻集料混凝土小型空心砌块和烧结保温砌块。

（1）普通混凝土小型砌块。

按《普通混凝土小型砌块》（GB 8239—

图 2-6　普通混凝土小型砌块

2014），用水泥作胶结料，砂、石作骨料，经搅拌、振动（或压制）成型、养护等工艺过程制成的砌块，称为普通混凝土小型砌块（如图 2-6），其主要规格尺寸为 390 mm×190 mm×190 mm，按抗压强度不同可将其分为 MU40，MU35，MU30，MU25，MU20，MU15，MU10，MU7.5 和 MU5 九个强度等级，如表 2-5 所示。

表 2-5　普通混凝土小型砌块强度等级　　　　　　　　　　　　　　　MPa

强度等级	抗压强度	
	平均值 $f_m \geqslant$	单块最小值 $f_{min} \geqslant$
MU40	40.0	32.0
MU35	35.0	28.0
MU30	30.0	24.0
MU25	25.0	20.0
MU20	20.0	16.0
MU15	15.0	12.0
MU10	10.0	8.0
MU7.5	7.5	6.0
MU5	5.0	4.0

（2）轻集料混凝土小型空心砌块。

按《轻集料混凝土小型空心砌块》（GB/T 15229—2011），轻集料混凝土小型空心砌块是以浮石、火山渣、煤渣、自然煤矸石、陶粒等为粗骨料制作的混凝土小型空心砌块（如图2-7），其主要规格尺寸亦为 390 mm×190 mm×190 mm，按抗压强度不同可将其分为 MU10，MU7.5，MU5，MU3.5 和 MU2.5 五个强度等级，如表2-6所示。混凝土砌块掺有 15% 以上的粉煤灰等火山灰质掺合料时，在使用过程中会受到炭化影响，因此在确定其强度等级时，应考虑炭化系数 k，k 不应小于 0.85。

图 2-7　轻集料混凝土小型空心砌块

表 2-6　轻集料混凝土小型空心砌块强度等级 MPa

强度等级	抗压强度		密度等级范围/（kg/m³）
	平均值 $f_m \geqslant$	最小值 $f_{min} \geqslant$	
MU10	10.0	8.0	≤1 200[a] ≤1 400[b]
MU7.5	7.5	6.0	≤1200[a] ≤1 300[b]
MU5	5.0	4.0	≤1 200
MU3.5	3.5	2.8	≤1 000
MU2.5	2.5	2.0	≤800

注：当砌块的抗压强度同时满足 2 个强度等级或 2 个以上强度等级要求时，应以满足要求的最高强度等级为准。

　　a：除自然煤矸石掺量不小于砌块质量 35% 以外的其他砌块；

　　b：自然煤矸石掺量不小于砌块质量 35% 的砌块。

（3）烧结保温砌块。

按《烧结保温砖和保温砌块》（GB 26538—2011），烧结保温砌块外形多为直角六面体，经焙烧而成，主要用于建筑物围护结构保温隔热。砌块系列中主规格的长度、宽度和高度有一项或一项以上分别大于 365 mm，240 mm 和115 mm，但高度不大于长度或宽度的六倍，长度不超过高度的三倍，如图2-8所示。常结合主要原料命名，如烧结黏土砌块、烧结页岩砌块、烧结粉煤灰砌块等。其特点是在烧结砌块主体的底部设置有空心槽，空心槽与空心槽之间有加强筋，上部有无

图 2-8　烧结保温砌块

孔的加强层，材料用亚黄土、炉渣、粉煤灰、减缩素混合搅拌，养护后经 900 ℃ 以上的窑焙烧制成。结构简单、制造方便、质量轻、干缩率低，能够承重，并且无有害物质，可以提高废渣掺量。按抗压强度不同将其分为 MU15，MU10，MU7.5，MU5，MU3.5 五个强度等级，应符合表 2-7 的要求。

表 2-7　烧结保温砌块强度等级　　　　　　　MPa

强度等级	抗压强度平均值 $f_m \geq$	变异系数 $\delta \leq 0.21$	变异系数 $\delta > 0.21$
		抗压强度标准值 $f_k \geq$	单块最小抗压强度值 $f_{min} \geq$
MU15	15.0	10.0	12.0
MU10	10.0	7.0	8.0
MU7.5	7.5	5.0	5.8
MU5	5.0	3.5	4.0
MU3.5	3.5	2.5	2.8

2.1.1.3　石材

石材按其重度分为重质岩石和轻质岩石。重质岩石的抗压强度高，耐久性好，但导热系数大，可用于基础砌体和重要房屋的贴面层。

石材按其加工后的外形规则程度，分为料石和毛石。料石又分为细料石、粗料石和毛料石。

按石材抗压强度的不同可将其分为 MU100，MU80，MU60，MU50，MU40，MU30 和 MU20 七个强度等级。

石材大小、规格不尽相同，通常用 3 个边长为 70 mm 的立方体试块进行抗压实验，取破坏强度的平均值来确定其强度等级，也可使用表 2-8 所示的立方体尺寸，但需要考虑尺寸效应对强度等级的影响，应将破坏强度的平均值乘以表内相应的换算系数，以此确定石材的强度等级。

表 2-8　石材强度等级的换算系数

立方体边长/mm	200	150	100	70	50
换算系数	1.43	1.28	1.14	1	0.86

新开采的石材由于可能具有放射性，因此不建议室内使用。

2.1.2　块材的折压比及孔洞率

所谓折压比，即块材的抗折强度与抗压强度之比。

块材的折压比、孔洞率以及壁肋厚度对砌体的受力性能有重要影响。因此在《墙体材料应用统一技术规范》（GB 50574—2010）中，对承重砖的折压比和非烧结砖块材的孔洞率等作出了规定，分别见表 2-9 和表 2-10。

表 2-9　承重砖的折压比

砖种类	砖高度/mm	砖强度等级				
		MU30	MU25	MU20	MU15	MU10
		最小折压比				
蒸压普通砖	53	0.16	0.18	0.20	0.25	—
多孔砖	90	0.21	0.23	0.24	0.27	0.32

注：①蒸压普通砖包括蒸压灰砂实心砖和蒸压粉煤灰实心砖；
　　②多孔砖包括烧结多孔砖和混凝土多孔砖。

表 2-10　非烧结砖块材的孔洞率、壁及肋厚要求

块材类型及用途		孔洞率/%	最小外壁/mm	最小肋厚/mm	其他要求
多孔砖	承重	≤35	15	15	孔的长度与宽度比小于2
	自承重	—	10	10	—
砌块	承重	≤47	30	25	孔的圆角半径不应小于20 mm
	自承重	—	15	15	

注：①承重墙体的混凝土多孔砖的孔洞应垂直于铺浆面。当孔的长度与宽度比不小于2时，外壁的厚度不应小于
　　18 mm；当孔的长度与宽度比小于2时，外壁的厚度不应小于15 mm；
　　②承重含孔块材，其长度方向的中部不得设孔，中肋厚度不宜小于20 mm。

研究表明，长期使用的烧结普通砖的抗压强度与抗折强度有较好的对应关系，相应抗压强度下其抗折强度能满足受力要求，因而不太关注其折压比。但对于蒸压硅酸盐砖，受原材料、成型设备及生产工艺的影响，其抗压强度与抗折强度有较大差异，砌体受力后块材易发生脆性破坏。对于多孔砖，由于孔洞的存在，也影响到其抗压强度。折压比小的块材，砌体受力后导致结构过早开裂，并易产生脆性破坏。砌体的块材壁肋厚度过小，也易导致砌体强度下降，结构过早开裂。这些裂缝重则将危及结构的安全，轻则直接影响到结构的正常使用与耐久性。因此《砌体结构设计规范》（GB 50003—2011）对此进行了相关规定。

2.1.3　砂浆

砂浆是由胶结料和细集料加水搅拌而成的混合材料，有时也加入掺合料与外加剂以改变砂浆的性能。

按《砌筑砂浆配合比设计规程》（JGJ/T 98—2010），砂浆有砌筑砂浆、现场配置砂浆、预拌砂浆等。

2.1.3.1　砌筑砂浆

砌筑砂浆是将砖、石、砌块等块材经砌筑成为砌体，起黏结、衬垫和传力作用的砂浆，根据胶结料的不同可将砂浆分为水泥砂浆以及混合砂浆。

（1）水泥砂浆。

水泥砂浆是由水泥、细骨料和水等依据一定的配合比配成的砂浆，其防水性好，常用于

砌筑潮湿环境中的砌体，如基础等。水泥砂浆的强度等级可分为 M5，M7.5，M10，M15，M20，M25 和 M30 七个等级。

（2）混合砂浆。

混合砂浆是指由砂、水泥、石灰及水等按一定比例配制而成的混合物，其具有良好的和易性，一般用于地面以上的砌体，其强度等级可以分为 M5，M7.5，M10 和 M15 四个等级。

2.1.3.2 预拌砂浆

按《预拌砂浆应用技术规程》（JGJ/T 223—2010），预拌砂浆是指由专业生产厂生产的湿拌砂浆或干混砂浆。预拌砂浆是一种新型节能绿色建筑材料，是现代科技的结晶，与传统配制的砂浆相比，预拌砂浆具有原材料来源质量稳定、混合工艺现代化、砂浆配比精确、工业化成产、使用方便、施工效率高等优点，其强度等级与水泥砂浆强度等级相同，可分为 M5，M7.5，M10，M15，M20，M25 和 M30 七个等级。《预拌砂浆》（GB/T 25181—2010）中将预拌砂浆分为干混砂浆及湿拌砂浆两种类型。

（1）干混砂浆。

水泥、干燥骨料或粉料、添加剂以及根据性能确定的其他组分，按一定比例，在专业生产厂经计量、混合而成的混合物，在使用地点按规定比例加水或配套组分拌和使用，称为干混砂浆。按用途可分为干混砌筑砂浆、干混抹灰砂浆、干混地面砂浆、干混普通防水砂浆、干混陶瓷砖黏结砂浆、干混界面砂浆、干混保温板黏结砂浆、干混保温板抹面砂浆、干混聚合物水泥防水砂浆、干混自流平砂浆、干混耐磨地坪砂浆和干混饰面砂浆，并采用表 2-11 所示的代号。其中，干混砌筑砂浆、干混抹灰砂浆、干混地面砂浆和干混普通防水砂浆按强度等级、抗渗等级的分类应符合表 2-12 的规定。

表 2-11　干混砂浆代号

品种	干混砌筑砂浆	干混抹灰砂浆	干混地面砂浆	干混普通防水砂浆	干混陶瓷砖黏结砂浆	干混界面砂浆
代号	DM	DP	DS	DW	DTA	DIT
品种	干混保温板黏结砂浆	干混保温板抹面砂浆	干混聚合物水泥防水砂浆	干混自流平砂浆	干混耐磨地坪砂浆	干混饰面砂浆
代号	DEA	DBI	DWS	DSL	DFH	DDR

表 2-12　干混砂浆分类

项目	干混砌筑砂浆		干混抹灰砂浆		干混地面砂浆	干混普通防水砂浆
	普通砌筑砂浆	薄层砌筑砂浆	普通抹灰砂浆	薄层抹灰砂浆		
强度等级	M5，M7.5，M10，M15，M20，M25，M30	M5，M10	M5，M10，M15，M20	M5，M10	M15，M20，M25	M10，M15，M20
抗渗等级	—	—	—	—	—	P6，P8，P10

（2）湿拌砂浆。

水泥、细骨料、矿物掺合料、外加剂、添加剂和水，按一定比例，在搅拌站经计量、拌制后，运至使用地点，并在规定时间内使用的拌合物，称为湿拌砂浆。按用途分为湿拌砌筑砂浆、湿拌抹灰砂浆、湿拌地面砂浆和湿拌防水砂浆，并采用表 2－13 的代号，强度等级、抗渗等级的分类应符合表 2－14 的规定。

表 2－13　湿拌砂浆代号

品种	湿拌砌筑砂浆	湿拌抹灰砂浆	湿拌地面砂浆	湿拌防水砂浆
代号	WM	WP	WS	WW

表 2－14　湿拌砂浆分类

项目	湿拌砌筑砂浆	湿拌抹灰砂浆	湿拌地面砂浆	湿拌防水砂浆
强度等级	M5，M7.5，M10，M15，M20，M25，M30	M5，M10，M15，M20	M15，M20，M25	M10，M15，M20
抗渗等级	—	—	—	P6，P8，P10

2.1.3.3　砂浆强度等级

砂浆强度等级以符号"M"（mortar）表示；对于蒸压灰砂砖、蒸压粉煤灰砖砌体，砌筑砂浆的强度等级以符号"Ms"（mortar silicate）表示；对于混凝土砖、混凝土砌块砌体，砌筑砂浆的强度等级以符号"Mb"（mortar brick，mortar block）表示，其灌孔混凝土的强度等级以符号"Cb"表示。

砂浆的强度等级应按下列规定采用：

（1）烧结普通砖、烧结多孔砖、蒸压灰砂普通砖和蒸压粉煤灰普通砖砌体采用的普通砂浆强度等级：M15，M10，M7.5，M5 和 M2.5；蒸压灰砂普通砖和蒸压粉煤灰普通砖砌体采用的专用砌筑砂浆强度等级：Ms15，Ms10，Ms7.5 和 Ms5.0。

（2）混凝土普通砖、混凝土多孔砖、单排孔混凝土砌块和煤矸石混凝土砌块砌体采用的砂浆强度等级：Mb20，Mb15，Mb10，Mb7.5 和 Mb5。

（3）双排孔或多排孔轻集料混凝土砌块砌体采用的砂浆强度等级：Mb10，Mb7.5 和 Mb5。

（4）毛料石、毛石砌体采用的砂浆强度等级：M7.5，M5 和 M2.5。

根据不同规范，砂浆强度等级的确定有两种试验方法和评定标准，现介绍如下：

砂浆强度等级用标准养护条件下养护 28 d 的立方体试块（70.7 mm×70.7 mm×70.7 mm）进行抗压实验而确定，但是在不同规范中，制作砂浆试块时采用的底模不同，有不带底试模和带底试模两种：

（1）根据《砌体结构设计规范》（GB 50003—2011）规定，确定砂浆强度等级时采用同类块体作砂浆试块的底模，即不带底试模。采用不带底试模的主要目的是在实验中尽可能地模拟砂浆在砌体结构中所处的实际状态，试件每组为 6 块，按 6 个试块受压破坏强度的平均值确定砂浆强度，当 6 个试块中的强度最大值或最小值与平均值的差值超过 20% 时，取中间

4 个试块的强度平均值。

（2）根据《建筑砂浆基本性能试验方法标准》（JGJ/T 70—2009）规定，制作砂浆试块时采用带底的钢模或塑料模作为底模，即带底试模。试件每组为 3 个试块，以 3 个试块受压破坏强度的平均值确定砂浆强度；当 3 个试块中强度最大值或最小值与中间值的差值超过中间值的 15% 时，取中间值作为该组试块的抗压强度；当 3 个试块中强度最大值和最小值与中间值的差值均超过中间值的 15% 时，该组实验结果无效。采用带底试模相比于采用不带底试模，对砂浆强度的影响更小，因而其变异性更小，可靠度更高。

我国地大物博，且砂浆强度易受自身理化性质（如密实性、含水率等）与外界环境的影响，为了能够可靠地测出砂浆试块的强度，《建筑砂浆基本性能试验方法标准》（JGJ/T 70—2009）规定采用带底试模来制作砂浆试块。但研究结果表明，这种方法测得的砂浆抗压强度要比《砌体结构设计规范》（GB 50003—2011）的方法测得的抗压强度低 50% ~ 70%。所以《建筑砂浆基本性能试验方法标准》（JGJ/T 70—2009）指出，目前考虑与砌体结构设计、施工质量验收规范的衔接，应将带底试模制作试块测量出的强度乘以换算系数 1.35，作为砂浆抗压强度。

由此可见，与砂浆强度测试相关的规范尚未完善与统一，砂浆强度与底模的关系仍值得我们去深入分析与研究。

2.1.4 专用砌筑砂浆及灌孔混凝土

为了进一步提高蒸压灰砂砖、蒸压粉煤灰砖、混凝土小型空心砌块及混凝土砖砌体建筑的质量，依据我国砌体结构设计、施工经验及其相关的研究成果，发布了现行《混凝土小型空心砌块和混凝土砖砌筑砂浆》（JC 860—2008）及《混凝土砌块（砖）砌体用灌孔混凝土》（JC 861—2008）两部标准。

（1）蒸压灰砂普通砖、蒸压粉煤灰砖专用砌筑砂浆。

由水泥、砂、水以及根据需要掺入的掺和料和外加剂等组分，按一定比例，采用机械拌和制成，专门用于砌筑蒸压灰砂砖或蒸压粉煤灰砖砌体，且砌体抗剪强度应不低于烧结普通砖砌体的取值的砂浆，其强度等级用 Ms×× 表示。

（2）混凝土小型空心砌块和混凝土砖专用砌筑砂浆。

由水泥、砂、水以及根据需要掺入的掺和料和外加剂等组分，按一定比例，采用机械拌和制成，专门用于砌筑混凝土砌块的砌筑砂浆，其强度等级表示为 Mb××。该砂浆施工时易于铺砌、灰缝饱满，黏结性能好。

（3）混凝土砌块灌孔混凝土。

由水泥、集料、水以及根据需要掺入的掺和料和外加剂等组分，按一定比例，采用机械搅拌后，用于浇注混凝土砌块砌体芯柱或其他需要填实部位孔洞的混凝土，简称砌块灌孔混凝土，其强度等级用 Cb×× 表示。它是一种高流动性和低收缩的细石混凝土，可改善砌体结构的整体工作性能、局部受力性能和抗震性能。

2.1.5 砌体轴心抗拉强度、弯曲抗拉强度和抗剪强度

2.1.5.1 砌体轴心受拉

（1）砌体轴心受拉破坏性能。

砌体结构因其较好的抗压性能而常在结构中用于受压构件，有时也用于承受拉力，如水池、

挡土墙、门窗过梁等。如前文所述，砌体的抗压强度主要取决于块体的强度，而砌体的抗拉强度则和砂浆与块体的黏结强度密切相关，该黏结强度包括切向黏结强度和法向黏结强度。

当砌体的切向黏结强度低于砖的抗拉强度时，如图 2-9（a）所示，砌体沿图示截面发生破坏，破坏面呈齿状，称为砌体沿齿缝截面破坏。

当砂浆强度较高，块体强度较低时，砂浆与块体间的切向黏结强度大于砖的抗拉强度，砌体将沿砖的截面破坏，如图 2-9（b）所示，称为砌体沿块体截面破坏。这种情况极其少见。

当砌体所受的拉力垂直于砌体灰缝时，灰缝受到的法向应力很大，而砌体的法向黏结强度极低，砌体发生沿通缝截面的破坏，如图 2-9（c）所示。由于此种破坏更具脆性，结构中禁止出现拉力垂直于灰缝的情况。

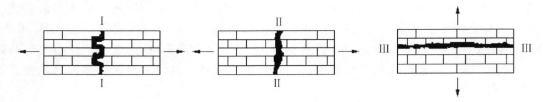

（a）砌体沿齿缝截面破坏　　（b）砌体沿块体截面破坏　　（c）砌体沿通缝截面破坏

图 2-9　砌体的轴心受拉破坏形态

（2）砌体轴心抗拉强度表达式。

如上所述，砌体的轴心抗拉强度取决于砂浆的强度和砌体的种类，按照《砌体结构设计规范》（GB 50003—2011），砌体轴心抗拉强度平均值表达式为

$$f_{t,m} = k_3 \sqrt{f_2} \tag{2-1}$$

式中，$f_{t,m}$——砌体轴心抗拉强度平均值；

f_2——砂浆的抗压强度平均值；

k_3——与砌体种类有关的系数，查表 2-15 可得。

表 2-15　砌体轴心抗拉、弯曲抗拉和抗剪强度计算系数

砌体种类	轴心抗拉	弯曲抗拉		抗剪
	k_3	k_4		k_5
		沿齿缝	沿通缝	
烧结普通砖、烧结多孔砖、混凝土普通砖、混凝土多孔砖	0.141	0.250	0.125	0.125
蒸压灰砂普通砖、蒸压粉煤灰普通砖	0.09	0.18	0.09	0.09
混凝土砌块	0.069	0.081	0.056	0.069
毛料石	0.075	0.113	—	0.188

2.1.5.2　砌体弯曲受拉

类似于轴心受拉的情况，砌体弯曲受拉时同样有三种破坏形态：沿齿缝截面破坏、沿块体截面破坏和沿通缝截面破坏。

按照《砌体结构设计规范》（GB 50003—2011），砌体弯曲抗拉强度表达式为

$$f_{tm,m} = k_4 \sqrt{f_2} \qquad (2-2)$$

式中，$f_{tm,m}$——砌体弯曲抗拉强度平均值；

f_2——砂浆的抗压强度平均值；

k_4——与砌体种类有关的系数，查表2-15可得。

2.1.5.3 砌体受剪性能

砌体结构一般很少受到纯剪作用，通常处于剪压复合受力状态，砌体截面所受剪应力与垂直应力的比值称为剪压比。

砌体构件的剪压比决定了砌体受剪时的破坏形态。

（1）剪摩破坏：当剪压比较大（砌体所受剪力大于砌体所受压力）时，砌体将沿通缝截面发生滑移而破坏，称为剪摩破坏。

（2）剪压破坏：当剪压比较小时，砌体沿齿缝截面产生裂缝而破坏，称为剪压破坏。

（3）斜压破坏：当剪压比非常小时，压应力在破坏时起主导作用，砌体产生沿压应力方向的裂缝而破坏，称为斜压破坏。

按照《砌体结构设计规范》（GB 50003—2011），砌体抗剪强度表达式为

$$f_{v,m} = k_5 \sqrt{f_2} \qquad (2-3)$$

式中，$f_{v,m}$——砌体抗剪强度平均值；

f_2——砂浆的抗压强度平均值；

k_5——为与砌体种类有关的系数，查表2-15可得。

2.2 砌体结构类型

砌体是用不同尺寸和形状的起骨架作用的块体材料和起胶结作用的砂浆按一定的砌筑方式砌筑而成的整体，常用作一般工业与民用建筑物受力构件中的墙、柱、基础，多高层建筑物的外围护墙体和分隔填充墙体，以及挡土墙、水池、烟囱等部位。

砌体可按照所用材料、砌法以及在结构中所起作用等方面的不同进行分类。按砌体中有无配筋可分为无筋砌体与配筋砌体，无筋砌体按照所用材料的不同又分为砖砌体、砌块砌体及石砌体；按实心与否可分为实心砌体与空斗砌体；按在结构中所起的作用不同可分为承重砌体与自承重砌体等。

2.2.1 无筋砌体结构

无筋砌体结构是指无筋或者配置非受力钢筋的砌体结构，按照所用材料的不同可分为砖砌体、砌块砌体和石砌体结构。

（1）砖砌体结构。

由砖和砂浆砌筑而成的整体材料称为砖砌体，如图2-10（a）所示，包括烧结普通砖、烧结多孔砖、混凝土多孔砖和蒸压硅酸盐砖砌体。

砖砌体结构的使用面很广。根据现阶段我国墙体材料革新的要求，实行限时、限地禁止使用黏土实心砖。对于烧结黏土多孔砖，应认识到它是墙体材料革新中的一个过渡产品，其生产和使用亦将逐步受到限制。

（2）砌块砌体结构。

由砌块和砂浆砌筑而成的整体材料称为砌块砌体，如图 2-10（b）所示，目前国内外常用的砌块砌体以混凝土空心砌块砌体为主，包括普通混凝土空心砌块砌体和轻骨料混凝土空心砌块砌体。砌块按尺寸大小的不同分为小型、中型和大型三种。小型砌块尺寸较小，型号多，尺寸灵活，施工时可不必借助吊装设备而用手工砌筑，适用面广，但劳动量大。中型砌块尺寸较大，适于机械化施工，便于提高劳动生产率，但其型号少，使用不够灵活。大型砌块尺寸大，有利于生产工厂化、施工机械化，可大幅提高劳动生产率，加快施工进度，但需要有相当的生产设备和施工能力。

轻质砌块中间加一层保温层就成了保温砌块，由保温砌块砌筑而成的整体材料称为保温砌块砌体。当用这种砌体砌筑时，建筑的保温问题也解决了，省时、省工、效果好，目前国内外都在积极发展该种砌体。图 2-10（c）是国外的保温砌块。

砌块砌体砌筑施工前需考虑的一项重要工作为砌块排列设计，设计时应充分利用其规律性，尽量减少砌块类型，使其排列整齐，避免通缝，砌筑牢固，以取得良好的经济技术效果。

（3）石砌体结构。

由天然石材和砂浆（或混凝土）砌筑而成的整体材料称为石砌体，如图 2-10（d）所示。用作石砌体的石材有毛石和料石两种。毛石又称片石，是经采石场爆破直接获得的形状不规则的石块。料石是由人工或机械开采出的较规则的六面体石块，再略经凿琢而成。根据石材的分类，石砌体又可分为料石砌体、毛石砌体和毛石混凝土砌体等。石砌体结构主要在石材资源丰富的地区使用。

（a）砖砌体

（b）砌块砌体

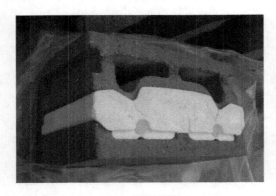

（c）保温砌块

（d）石砌块

图 2-10　无筋砌体结构

2.2.2 配筋砌体结构

配筋砌体结构是指由配置钢筋的砌体作为建筑物主要受力构件的结构。是网状配筋砌体柱、水平配筋砌体墙、砖砌体和钢筋混凝土面层或钢筋砂浆面层组合砌体柱（墙）、砖砌体和钢筋混凝土构造柱组合墙以及配筋砌块砌体剪力墙结构的统称，详见本书第7章。

配筋砌体结构具有较高的承载力和延性，改善了无筋砌体结构的受力性能，减小了构件的截面尺寸，同时增强了结构的整体性，扩大了砌体结构的应用范围。

2.3 砌体墙体的裂缝控制

2.3.1 砌体墙体产生裂缝的原因

（1）地基的土质结构不一致。

建筑之前需要将地基压实和平整，地基的土质结构也要尽量相似，保证地质的受力强度相同。地基如果没有做好，就会影响整体建筑的受力情况。土质弹性不同就会造成竖直方向上可供升降的程度不同，从而导致竖直方向上产生剪力，使房屋中的砌体墙体产生较大范围的裂缝。

（2）水平方向承重情况不同。

建筑通常不齐整，整体建筑会出现局部高度不同以及砌体墙体厚度不同等众多结构不齐整的、形状不规则的建筑情况。这些情况使得建筑在同一水平面的受力情况不同，从而产生竖直方向的剪力，造成砌体墙体多部位的裂缝。

（3）温度差异。

温度差异比较普遍，而且不可避免。砌体墙体因热胀冷缩容易产生裂缝。造成墙体开裂的原因还有内外温度差、向阳面和背阳面温度的差异。向阳面的墙体外张，背阳面的墙体内缩，因此产生剪力造成裂缝。

（4）干缩变形。

墙体的干缩是由块体内的水分蒸发引起的，干缩后块体体形变小，而且由于局部温度的不同，砌体墙体不同部分的干缩现象也不一致。因此，易产生墙体裂缝。砌体墙体使用的砖块分为烧结制品和非烧结制品，烧结制品几乎不会发生干缩现象，非烧结制品墙体易发生干缩变形。

2.3.2 砌体墙体裂缝控制措施

（1）打好地基，划分单元格。

地基是建筑的关键因素，在施工前需要将地基表面的土质进行压实处理，尤其要注意压实边缘位置。此外，建筑的单元格划分除了要考虑地基土质之外，还要考虑墙体长度、房屋受力等因素。对单元格进行合理的划分，能够很好地保证单元格内建筑水平方向的受力大致相同，进而防止裂缝的发生。

（2）合理地设置沉降缝和伸缩缝。

合理地设置沉降缝和伸缩缝是防止建筑产生裂缝的有效措施。房屋的沉降缝要根据建筑层数和纵横墙的长度来进行设置；伸缩缝主要是考虑到不同墙面的温度差异而设置的，能够有效缩短不同墙面的温度差异范围，以此降低出现裂缝的可能。

（3）提高房屋的整体刚性。

提高房屋的整体刚性，除了加基础圈梁之外，还可以通过加构造柱和圈梁来提高砌体结构的整体性，从而降低墙体发生裂缝的可能性。另外，砌体结构房屋的高宽比例等也要控制好。

（4）采取对墙体进行保温、隔热的措施。

采取保温隔热的措施是为了防止室内、外的温度差和向阳面、向阴面的温度差造成裂缝。保温层一般在隔热层的下边，隔热层一般设置在砌体房屋的顶层。在大型建筑中隔热层和水泥面之间一般有一定的空隙；在小型的建筑中，隔热层可以使用很薄的隔热薄膜。保温层可以阻挡向阳向阴、温度骤变等方面的温度差。

（5）灰缝处铺设钢筋网或加设圈梁以减少块体干缩的危害。

非烧结制品很容易发生炭化和水分蒸发的现象，因此干缩的问题需要着重考虑。对于非烧结制品建造的砌体房屋，可以考虑在合理的间距内铺设水平和竖直方向的钢筋网，或者在水平方向铺设钢筋混凝土圈梁，尽量加大整个墙体的抗剪力和刚性，减少干缩带来的房屋整体性问题。

2.4 砌体的抗压强度

砌体在我国民用建筑和工业建筑中被广泛用作墙、柱等受压构件，为保证结构或构件的安全，必须研究和掌握砌体的抗压性能，从而为设计提供可靠依据。

2.4.1 砌体的受压破坏特征

（1）普通砖砌体。

砖砌体轴心受压时，按照裂缝的出现、发展和破坏特点，大致分为三个阶段，如图 2－11 所示。

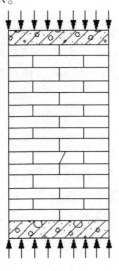
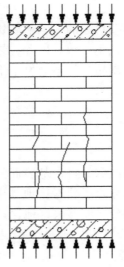
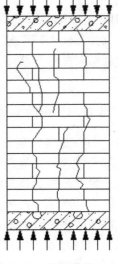

（a）弹性受力阶段　　　　（b）弹塑性受力阶段　　　　（c）破坏阶段

图 2－11　砌体轴心受压破坏形态和发展过程

第一阶段：从砌体受压开始，当压力增大至 50%~70% 的破坏荷载时，砌体内出现第一条裂缝（有时数条，称第一批裂缝），如图 2-11（a）。其特点是仅在单块砖内产生细小的裂缝，如果压力不增加，该裂缝亦不发展，砌体处于弹性受力阶段。

第二阶段：随着压力的增大，当压力为破坏荷载的 80%~90% 时，砌体内裂缝增多，单块砖内裂缝不断发展，并沿竖向通过若干块砖，逐渐在砌体内形成一段段较连续的裂缝，如图 2-11（b）。其特点是即使压力不增加，砌体的压缩变形也在增长，裂缝继续加长增宽，砌体临近破坏，处于弹塑性受力阶段。砌体结构在使用中若出现这种状态是十分危险的，应立即采取措施进行加固处理。

第三阶段：压力继续增加至砌体完全破坏，如图 2-11（c）。其特点是砌体中的裂缝急剧加长增宽，连续的竖向贯通裂缝把砌体分割成小柱体，砌体个别块体材料被压碎或小柱体失稳。此时砌体的强度称为砌体的破坏强度。

（2）多孔砖砌体。

烧结多孔砖和混凝土多孔砖砌体的轴心受压试验表明，砌体内产生第一批裂缝时的压力约为破坏压力的 70%，在砌体受力的第二阶段，出现裂缝的数量不多，但裂缝竖向贯通的速度快，且临近破坏时砖的表面普遍出现较大面积的剥落。多孔砖砌体轴心受压时，自第二至第三个受力阶段所经历的时间较短。这是因为多孔砖的高度比普通砖的高度大，且存在较薄的孔壁，致使多孔砖砌体较普通砖砌体具有更为显著的脆性破坏特征。

（3）混凝土小型砌块砌体。

混凝土小型空心砌块砌体轴心受压时，按照裂缝的出现、发展及破坏特点，也可分为三个受力阶段。但对于空心砌块砌体，空洞率大、砌块各壁较薄；对于灌孔的砌块砌体，应考虑块体与芯柱的共同作用。这些特点使其砌体的破坏特征较普通砖砌体的破坏特征有所区别，主要表现在以下几方面：

①在受力的第一阶段，砌体内往往只产生一条较细的裂缝，由于砌块的高度较普通砖的高度大，第一条裂缝通常在一块砌块的高度内贯通。

②对于空心砌块砌体，第一条竖向裂缝常在砌体宽面上沿砌块孔边产生，随着压力的增加，沿砌块孔边或沿砂浆竖缝产生裂缝，并在砌体窄面上也产生裂缝。

③对于灌孔砌块砌体，随着压力的增加，砌块周边的肋对混凝土芯体有一定的横向约束作用。这种约束作用与砌块和芯体混凝土的强度有关，当砌块抗压强度远比芯体混凝土的抗压强度低时，第一条竖向裂缝常在砌块孔洞中部的肋上产生，随后各肋均有裂缝出现，砌块先于芯体开裂；当砌块抗压强度与芯体混凝土抗压强度相近时，砌块与芯体均产生竖向裂缝，表明砌块与芯体能够较好地共同工作。随着芯体混凝土横向变形的增大，砌块孔洞中部肋上的竖向裂缝加宽，砌块的肋向外崩出，砌体完全破坏，破坏时芯体混凝土有多条明显的纵向裂缝。

此外，混凝土小型砌块砌体分为未灌孔砌块砌体及灌孔砌块砌体两种（见图 8-12），根据湖南大学施楚贤教授、宋力等人的研究结果，未灌孔砌块砌体及灌孔砌块砌体的受压破坏过程也存在区别。

对于未灌孔砌块砌体，其轴心受压时，自加载直至破坏，受压过程划分为三个阶段。

第一阶段：砌体开始受压至产生第一批裂缝。此阶段，砌体宽面上沿块体孔边会随着压力增大而逐渐产生一条或多条竖向细裂缝，且裂缝往往会贯穿一块块体高度。相关试验结果表明，未灌孔砌块砌体内产生第一批裂缝时的压力为破坏时压力的 60%~80%。

第二阶段：单块砌体内的裂缝随荷载增加而不断发展，且竖向通过1~2块砌块，最终于砌体内形成一贯通裂缝。此外，于砌体侧面及沿孔边或沿砂浆竖缝处均产生裂缝，裂缝产生于孔洞中部，但多位于孔边。此时，即便压力不再增加，裂缝仍会继续发展，砌体已临近破坏。相关试验结果表明，未灌孔砌块砌体该阶段压力为破坏时压力的85%~90%。

第三阶段：砌体中裂缝随压力的继续增加而迅速加长加宽，最终因砌体侧面裂缝骤然加宽而破坏。

此外，国内外相关试验结果表明，类似于未灌孔砌块砌体，灌孔砌块砌体从开始受压直至破坏，按照裂缝的出现、发展及破坏特点，受压过程亦划分为三个阶段，但其区别如下：

①相比于未灌孔砌块砌体，灌孔砌块砌体出现第一批裂缝时的荷载更高。

②在第二受力阶段，灌孔砌块砌体产生的裂缝较之未灌孔砌块砌体更多，其裂缝很细。

③灌孔砌块砌体被破坏时可能会出现两种破坏形式：一种为灌孔砌块砌体中的芯柱混凝土先达到其极限荷载，变形急剧增加最终导致外侧砌块肋被破坏；另一种是灌孔砌块砌体中的砌块先达到其极限荷载，因砌块破坏而导致砌体截面刚度下降，从而芯柱混凝土上所受的力急剧增加最终被破坏。

（a）未灌孔砌块砌体　　　　　　　　　（b）灌孔砌块砌体

图 2-12　混凝土小型砌块砌体

（4）毛石砌体。

毛石砌体受压时，由于毛石和灰缝形状不规则，砌体的均质性较差，砌体的复杂应力状态更为不利，因而产生第一批裂缝时的压力与破坏压力的比值，相对于普通砖砌体的更小，约为0.3，且毛石砌体内产生的裂缝不如普通砖砌体那样分布有规律。

2.4.2　砌体的受压应力状态

砌体是由块体与砂浆黏结而成，砌体在压力作用下，其强度将取决于砌体中块体和砂浆的受力状态，这与单一均质材料的受压强度是不同的。在砌体受压破坏时，有一个重要的特征是单块砖先开裂，且砌体的抗压强度总是低于块体的抗压强度，这是砌体内的单块砖受到复杂应力作用的结果。

首先，由于砌体内灰缝的厚薄不一，砂浆难以饱满、均匀密实，砖的表面又不完全平整和规则，砌体受压时砖并非如想象的那样均匀受压，而是处于受拉、受弯和受剪的复杂应力状态，如图 2-13 所示。

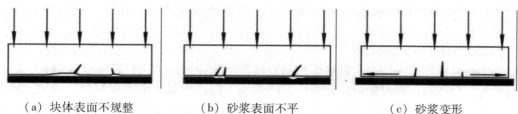

| （a）块体表面不规整 | （b）砂浆表面不平 | （c）砂浆变形 |

图 2-13 单个块体的受压状态

其次，砖和砂浆弹性模量和横向变形的不相等，亦增大了上述复杂应力。砂浆的横向变形一般大于砖的横向变形，砌体受压后它们相互约束，使砖内产生拉应力。砌体内的砖又可视为弹性地基（水平缝砂浆）上的梁，砂浆的弹性模量越小，砖的变形越大，砖内产生的弯、剪应力越大。

再次，竖向灰缝内的砂浆和砌块的黏结力也不能保证砌体的整体性，且砌体的竖向灰缝不饱满、不密实，易在竖向灰缝上产生应力集中。

因此，砌体内的砖易受到较大的弯曲、剪切和拉应力的共同作用。由于脆性材料的抗弯、抗剪和抗拉强度很低，因而砌体受压时，单块砖在复杂应力作用下首先开裂，破坏时砌体内砖的抗压强度得不到充分发挥。

2.4.3 砌体抗压强度的影响因素

砌体是一种各向异性的复合材料，受压时具有一定的塑性变形能力。影响砌体抗压强度的因素较多，现归纳为下列两个大的方面：砌体材料的物理、力学性能和砌体工程施工质量。

2.4.3.1 砌体材料的物理、力学性能

（1）块体和砂浆的强度。

块体与砂浆的强度等级是确定砌体强度最主要的因素。一般来说，随着块体和砂浆强度的提高，砌体强度也会有所增高，且在某种程度上单个块体的抗压强度决定了砌体的抗压强度。此外，砌体的破坏主要由单个块体受弯、剪应力作用引起的，故对单个块体材料除要求有一定的抗压强度外，还必须具有一定的抗弯或抗折强度。对于砌体结构中所用砂浆，砌体的抗压强度随砂浆强度等级的提高而提高。对于灌孔的混凝土小型空心砌块砌体，块体强度和灌孔混凝土强度是影响其砌体强度的主要因素，砌筑砂浆强度的影响不明显。为充分发挥材料强度，应使砌块混凝土的强度和灌孔混凝土的强度接近。

（2）块体的规整程度和尺寸。

块体表面越平整，灰缝厚度越均匀，越有利于改善砌体的复杂应力状态，使砌体抗压强度提高。块体的尺寸，尤其是块体的高度（厚度）对砌体抗压强度的影响较大，高度大的块体的抗弯、抗剪和抗拉能力较大。根据试验研究，砖的尺寸对砌体抗压强度的影响系数 φ_d 可按式（2-4）计算：

$$\varphi_d = 2\sqrt{\frac{h+7}{l}} \qquad (2-4)$$

式中，h——砖的高度，mm；

l——砖的长度，mm。

按式（2-4），当砖的尺寸由标准尺寸 240 mm×115 mm×53 mm 改变为 240 mm×115 mm×90 mm 时，对于前者 $\varphi_d = 1.0$，对于后者 $\varphi_d = 1.27$。可见当砖的高度由 53 mm 增加至 90 mm

时，砌体抗压强度有明显的提高。但应注意，块体高度增大后，砌体受压时的脆性亦有增大。

（3）砂浆的变形与和易性。

低强度砂浆的变形率较大，在砌体中随着砂浆压缩变形的增大，块体受到的弯、剪和拉应力也增大，砌体抗压强度降低。和易性好的砂浆，施工时较易铺砌成饱满、均匀、密实的灰缝，可减小砌体内的复杂应力状态，砌体抗压强度提高。采用强度等级低的水泥砂浆时，砂浆的保水性与和易性差，砌体抗压强度平均降低 10%。

3.4.3.2 砌体工程施工质量

砌体工程施工质量综合了砌筑质量、施工管理水平和施工技术水平等因素的影响，它较全面地反映了在砌体内复杂应力作用下的不利影响的程度。具体表现在水平灰缝砂浆饱满度、块体砌筑时的含水率、砂浆灰缝厚度、砌体组砌方法以及施工质量控制等级五个方面。这些也是影响砌体工程各种受力性能的主要因素。

（1）水平灰缝砂浆饱满度。

试验表明，水平灰缝砂浆越饱满，砌体抗压强度越高。当水平灰缝砂浆饱满度为 73% 时，砌体抗压强度可达到规范规定的强度值。砌体施工中要求砖砌体水平灰缝的砂浆饱满度不得小于 80%，竖向灰缝不得出现透明缝、瞎缝和假缝；对于混凝土小型砌块砌体，水平灰缝的砂浆饱满度不得低于 90%（按净面积计算），竖向灰缝的砂浆饱满度不得低于 80% 且不得出现透明缝和瞎缝；对于石砌体，砂浆饱满度不得低于 80%。

（2）块体砌筑时的含水率。

砌体抗压强度随块体砌筑时含水率的增大而提高，但含水率对砌体抗剪强度的影响则不同，且施工中既要防止砂浆失水过快又要避免砌筑时产生砂浆流淌，因而要采用适宜的含水率。对于烧结普通砖、多孔砖，含水率宜控制为 10%～15%；对于灰砂砖、粉煤灰砖，含水率宜为 8%～12%，且应提前 1～2 天浇水湿润。普通混凝土小型砌块具有饱和吸水率低和吸水速度迟缓的特点，一般情况下施工时可不浇水（在天气干燥炎热的情况下可提前浇水湿润）。轻骨料混凝土小型砌块的含水率较大，可提前浇水湿润。

（3）砂浆灰缝厚度。

砂浆灰缝过厚或过薄都能加剧砌体内的复杂应力状态，对砌体抗压强度产生不利影响。灰缝横平竖直，适宜的均匀厚度，既有利于砌体均匀受力，又保证了对砌体表面美观的要求。对于砖砌体和砌块砌体，灰缝厚度宜为 10 mm，但不应小于 8 mm，亦不应大于 12 mm；对于毛料石和粗料石砌体，灰缝厚度不宜大于 20 mm；对于细料石砌体，不宜大于 5 mm。

（4）砌体组砌方法。

砌体的组砌方法直接影响到砌体强度和结构的整体受力性能。应采用上下错缝、内外搭接的方法。尤其是砖柱不得采用包心砌法，否则其强度和稳定性将严重下降。砌块砌体应对孔、错峰和反砌。所谓反砌，即将砌块的底面朝上砌筑于墙体上，有利于铺砌砂浆和保证水平灰缝砂浆的饱满度。

（5）施工质量控制等级。

砌体工程除与上述因素有关外，还应考虑施工现场的技术水平和管理水平等因素的影响。《砌体结构工程施工质量验收规范》（GB 50203—2011）依据施工现场的质量管理、砂浆和混凝土强度、砌筑工人技术等级综合水平，从宏观上将砌体工程施工质量控制等级分为 A，B，C 三级，将直接影响到砌体强度的取值。在表 2－16 中，砂浆与混凝土强度有离散性小、离散性较小和离散性大之分，与砂浆、混凝土施工质量"优良""一般"和"差"三个水平相应，其划分方法见表2-17和表2-18。

表 2-16　砌体施工质量控制等级

项目	施工质量控制等级		
	A	B	C
现场质量管理	监督检查制度健全，并严格执行；施工方有在岗专业技术管理人员，人员齐全，并持证上岗	监督检查制度基本健全，并能执行；施工方有在岗专业技术管理人员，并持证上岗	有监督检查制度；施工方有在岗专业技术管理人员
砂浆、混凝土强度	试块按规定制作，强度满足验收规定，离散性小	试块按规定制作，强度满足验收规定，离散性较小	试块按规定制作，强度满足验收规定，离散性大
砂浆拌合	机械拌合；配合比计量控制严格	机械拌合；配合比计量控制一般	机械或人工拌合；配合比计量控制较差
砌筑工人	中级工以上，其中高级工不少于30%	高、中级工不少于70%	初级工以上

注：①砂浆、混凝土强度离散性根据强度标准差确定；
　　②配筋砌体不得为C级施工。

表 2-17　砌筑砂浆质量水平　　　　　　　　MPa

强度标准差　　　强度等级　　质量水平	M5	M7.5	M10	M15	M20	M30
优良	1.00	1.50	2.00	3.00	4.00	6.00
一般	1.25	1.88	2.50	3.75	5.00	7.50
差	1.50	2.25	3.00	4.50	6.00	9.00

表 2-18　混凝土质量水平

评定标准	质量水平　生产单位　强度等级	优良		一般		差	
		<C20	≥C20	<C20	≥C20	<C20	≥C20
强度标准差/MPa	预拌混凝土厂	≤3.0	≤3.5	≤4.0	≤5.0	>4.0	>5.0
	集中搅拌混凝土的施工现场	≥3.5	≤4.0	≤4.5	≤5.5	>4.5	>5.5
强度等于或大于混凝土强度等级值的百分率/%	预拌混凝土厂、集中搅拌混凝土的施工现场	≥95		>85		≤85	

（6）砌体强度试验方法及其他因素。

砌体抗压强度是按照一定的尺寸、形状和加载方法等条件，通过试验确定的。如果这些条件不一致，所测得的抗压强度显然是不同的。在我国，砌体抗压强度及其他强度是按《砌体基本力学性能试验方法标准》（GB/T 50129—2011）的要求来确定的。如外形尺寸为240 mm×115 mm×53 mm 的普通砖，其砌体抗压试件的标准尺寸（厚度×宽度×高度）为240 mm×370 mm×720 mm，试件厚度和宽度的制作允许误差为±5 mm，试件高度按高厚比为3确定。非普通砖砌体抗压试件中的截面尺寸可稍作调整。当砖砌体的截面尺寸与240 mm×370 mm不符时，其抗压修正系数按式（2-5）计算：

$$\varphi = \frac{1}{0.72 + \dfrac{20s}{A}} \qquad (2-5)$$

式中，s——试件的截面周长，mm；

A——试件的截面面积，mm^2。

砌体强度随龄期的增长而提高，主要是因为砂浆强度随龄期的增长而提高。但龄期超过28天以后，砌体强度增长缓慢。另一方面，结构在长期荷载作用下，砌体强度有所降低。对于工程结构中的砌体与实验室中的砌体，一般认为前者的抗压强度略高于后者。在我国的砌体结构设计中，目前尚未考虑这些方面的影响。

2.4.4 砌体抗压强度表达式

在我国，有关单位对各类砌体进行大量抗压强度的试验，获取了大量的试验数据。数据表明，各类砌体轴心抗压强度平均值主要取决于块体（砖、石、砌块）的抗压强度平均值f_1和砂浆的抗压强度平均值f_2，并提出如下计算公式，其中的各参数按照表2-19取值。

$$f_m = k_1 f_1^{\alpha}(1 + 0.07f_2)k_2 \qquad (2-6)$$

式中，f_m——砌体轴心抗压强度平均值，MPa；

k_1——与砌体类别有关的参数；

f_1——块体（砖、石、砌块）的抗压强度平均值，MPa；

α——与块体类别有关的参数；

f_2——砂浆抗压强度平均值，MPa；

k_2——砂浆强度影响的修正系数。

由于块体和砂浆的抗压强度（f_1和f_2）显著影响砌体的抗压强度，因而成为公式中的主要变量。对于不同的砌体，为了反映块体种类、块体尺寸等因素的影响，引入了上述参数。施工质量的影响则另行考虑。

表2-19 公式中的计算参数

砌体种类	k_1	α	k_2
烧结普通砖、烧结多孔砖、蒸压灰砂普通砖、蒸压粉煤灰普通砖、混凝土普通砖、混凝土多孔砖	0.78	0.5	当$f_2 < 1$时，$k_2 = 0.6 + 0.4f_2$
混凝土砌块、轻集料混凝土砌块	0.46	0.9	当$f_2 = 0$时，$k_2 = 0.8$

砌体种类	k_1	α	k_2
毛料石	0.79	0.5	当 $f_2 < 1$ 时，$k_2 = 0.6 + 0.4f_2$
毛石	0.22	0.5	当 $f_2 < 2.5$ 时，$k_2 = 0.4 + 0.24f_2$

注：①k_2 在列表条件以外时均等于 1；

②混凝土砌块砌体的轴心抗压强度平均值，当 $f_2 > 10$ MPa 时，应乘系数 $1.1 - 0.01f_2$，MU20 的砌体应乘系数 0.95，且满足 $f_1 \geqslant f_2$，$f_1 \leqslant 20$ MPa。

随着砌块建筑的发展，近年来的试验和研究表明，当 $f_1 \geqslant 20$ MPa，$f_2 > 15$ MPa 且 $f_2 > f_1$ 时，按以上公式的计算值高于试验值，因而确定混凝土砌块砌体的抗压强度时提出了注②的要求。

对于单排孔混凝土砌块，对孔砌筑并灌孔的砌体，空心砌块砌体与芯柱混凝土共同工作，砌体的抗压强度大幅提高。现取芯柱混凝土的受压应力-应变（$\sigma - \varepsilon$）关系为

$$\sigma = \left[2\left(\frac{\varepsilon}{\varepsilon_0}\right) - \left(\frac{\varepsilon}{\varepsilon_0}\right)^2 \right] f_{c,m} \qquad (2-7)$$

式中，ε_0——芯柱混凝土的峰值应变，可取 0.002；

$f_{c,m}$——灌孔混凝土轴心抗压强度平均值。

由于空心砌块砌体与芯柱混凝土的峰值应力在不同应变下产生，空心砌块砌体的峰值应变可取 0.001 5，当式（2-7）中取 $\varepsilon = 0.001 5$，$\varepsilon_0 = 0.002$，可得 $\sigma \approx 0.94 f_{c,m}$。按应力叠加方法并考虑灌孔率的影响，灌孔砌块砌体抗压强度平均值可按式（2-8）计算：

$$f_{g,m} = f_m + 0.94 \frac{A_C}{A} f_{c,m} \qquad (2-8)$$

式中，$f_{g,m}$——灌孔砌块砌体抗压强度平均值，MPa；

f_m——空心砌块砌体抗压强度平均值，MPa；

A_C——灌孔混凝土截面面积，mm^2；

A——砌体截面面积，mm^2。

当取 $f_{c,m} = 0.67 f_{cu,m}$ 时，可得另一表达式：

$$f_{g,m} = f_m + 0.63 \frac{A_C}{A} f_{cu,m} \qquad (2-9)$$

式中，$f_{cu,m}$——灌孔混凝土立方体抗压强度平均值，MPa。

2.5 砌体弹性模量、摩擦系数、线膨胀系数和收缩率

2.5.1 砌体的弹性模量

在计算砌体结构由于温度变化，支座沉降的内力时，需要利用砌体的弹性模量。由于砌体是弹塑性材料，故受压状态下的 $\sigma - \varepsilon$ 曲线是非线性的，应力和应变的比值不是常数，其弹性模量随应变的增大而减小。国内外对砌体受压应力-应变关系进行了大量的研究，其 $\sigma - \varepsilon$ 关系的表达式有对数函数型、理分式型、多项式型等十余种。

参考国外资料及国内相关研究，砌体的变形主要是由灰缝中砂浆的变形引起的。因此《砌体结构设计规范》（GB 50003—2011）主要根据砂浆强度，适当考虑砌体种类及砌体抗压强度设计值的影响，来确定砌体的弹性模量，如表 2 – 20 所示。

表 2 – 20 砌体的弹性模量

砌体种类	砂浆强度等级			
	≥M10	M7.5	M5	M2.5
烧结普通砖、烧结多孔砖砌体	1 600f	1 600f	1 600f	1 390f
混凝土普通砖、混凝土多孔砖砌体	1 600f	1 600f	1 600f	—
蒸压灰砂普通砖、蒸压粉煤灰普通砖砌体	1 060f	1 060f	1 060f	—
非灌孔混凝土砌块砌体	1 700f	1 600f	1 500f	—
粗料石、毛料石、毛石砌体	—	5 650	4 000	2 250
细料石砌体	—	17 000	12 000	6 750

注：①轻集料混凝土砌块砌体的弹性模量，可按表中混凝土砌块砌体的弹性模量采用；
②表中砌体抗压强度设计值不考虑调整系数 γ_a；
③表中砂浆为普通砂浆，采用专用砂浆砌筑的砌体的弹性模量也按此表取值；
④对于混凝土普通砖、混凝土多孔砖、混凝土和轻集料混凝土砌块砌体，其砂浆强度等级分别为：≥Mb10，Mb7.5 和 Mb5；
⑤对于蒸压灰砂普通砖和蒸压粉煤灰普通砖砌体，当采用专用砂浆砌筑时，其强度设计值按表中数值采用。

由表 2 – 20 可知，对于石砌体，其弹性模量与抗压强度设计值无关，这是由于石材的弹性模量远高于砂浆的弹性模量，砌体的变形主要取决于砂浆的变形，故砌体的弹性模量仅按砂浆的强度等级确定。

单排孔且对孔砌筑的混凝土砌块灌孔砌体的弹性模量 E，应按式（2 – 10）计算：

$$E = 2\ 000f_g \tag{2 – 10}$$

式中，f_g——灌孔砌体的抗压强度设计值。

砌体的剪变模量按砌体弹性模量的 2/5 采用。烧结普通砖砌体的泊松比可取 0.15。

2.5.2 砌体的摩擦系数

砌体在横向滑移时会产生摩擦力，摩擦力的大小与砌体的法向应力和摩擦系数有关。

按照《砌体结构设计规范》（GB 50003—2011），砌体在不同情况下的摩擦系数如表 2 –21 所示。

表 2 – 21 砌体的摩擦系数

材料类别	摩擦面情况	
	干燥	潮湿
砌体沿砌体或混凝土滑动	0.70	0.60
砌体沿木材滑动	0.60	0.50
砌体沿钢滑动	0.45	0.35
砌体沿砂或卵石滑动	0.60	0.50

续表

材料类别	摩擦面情况	
	干燥	潮湿
砌体沿粉土滑动	0.55	0.40
砌体沿黏性土滑动	0.50	0.30

2.5.3 砌体的线膨胀系数和收缩率

砌体的线膨胀系数指砌体的温度每升高1℃时，其单位长度的伸长量。在计算温度应力时，线膨胀系数是重要的参数。

除了热胀冷缩，砌体在浸水时体积膨胀，在失水时体积收缩，因此计算非荷载引起的应力时，除线膨胀系数外，还应考虑砌体的收缩率。

《砌体结构设计规范》（GB 50003—2011）规定的砌体线膨胀系数和收缩率如表2-22所示。

表2-22　砌体线膨胀系数和收缩率

砌体类别	线膨胀系数/(10^{-6}/℃)	收缩率/（mm/m）
烧结普通砖、烧结多孔砖砌体	5	-0.1
蒸压灰砂普通砖、蒸压粉煤灰普通砖砌体	8	-0.2
混凝土普通砖、混凝土多孔砖、混凝土砌块砌体	10	-0.2
轻集料混凝土砌块砌体	10	-0.3
料石和毛石砌体	8	—

注：表中的收缩率是由达到收缩允许标准的块体砌筑28天的砌体收缩系数。当地有可靠的砌体收缩实验数据时，亦可采用当地的实验数据。

本章小结

（1）砌体结构由块体和砂浆砌筑而成。块体材料有砖、砌块、石材；砂浆有水泥砂浆、石灰砂浆以及混合砂浆。块体的强度等级根据其抗压强度划分，用符号"MU"表示。砂浆的强度等级以符号"M"表示；对于混凝土砖、混凝土砌块砌体，砌筑砂浆的强度等级以符号"Mb"表示，其灌孔混凝土的强度等级以符号"Cb"表示；对于蒸压灰砂砖、蒸压粉煤灰砖砌体，砌筑砂浆的强度等级以符号"Ms"表示。

（2）砌体的抗拉强度则取决于砂浆与块体的黏结强度，砌体的轴心受拉破坏形态有砌体沿齿缝截面破坏、砌体沿块体截面破坏、砌体沿通缝截面破坏。砌体弯曲受拉时破坏形态同轴心受拉类似。

（3）普通砖砌体轴心受压破坏大致分为三个阶段：弹性受力阶段仅在单块砖内产生细小的裂缝；弹塑性受力阶段即使压力不增加，砌体的压缩变形也在增长，裂缝继续加长增宽；破坏阶段砌体中的裂缝急剧加长增宽。

（4）砌体墙体产生裂缝的原因：地基的土质结构不一致；水平方向承重情况不同；温度

差异；干缩变形。砌体墙体裂缝控制措施：打好地基，划分单元格；合理设置沉降缝和伸缩缝；提高房屋的整体刚性；采取对墙体进行保温、隔热的措施；灰缝处铺设钢筋网或圈梁以减少块体干缩的危害。

（5）砌体为弹塑性材料，其受压应力-应变关系呈非线性特征，并主要与砂浆有关。因此主要根据砂浆强度，适当考虑砌体种类及砌体抗压强度设计值的影响，来确定砌体的弹性模量。

思考题与习题

2-1　简述普通砖、多孔砖及空心砌体的定义。

2-2　对块材的折压比及孔洞率有何要求？

2-3　何谓 Mb？

2-4　何谓 Ms？

2-5　什么是混凝土砌块（砖）灌孔混凝土？

2-6　应该如何选择砌体材料和确定其最低强度等级？

2-7　为什么确定砂浆强度等级有两种试验方法？

2-8　确定砂浆强度等级时为何要采用同类块体作砂浆强度试块的底模？

2-9　如何计算砌体抗压强度平均值？

2-10　如何计算混凝土小型空心砌块砌体抗压强度平均值？

2-11　砌体抗压强度平均值、标准值和设计值之间存在何种关系？

2-12　如何确定混凝土砌块灌孔砌体抗压强度设计值？

2-13　多孔砖砌体与普通砖砌体的抗压强度之间存在何种差异？

2-14　砌体沿通缝截面和沿齿缝截面的抗剪强度有何种区别？

2-15　砌体抗剪强度和抗震抗剪强度应如何确定？

2-16　如何确定混凝土砌块灌孔砌体抗剪强度设计值？

第 3 章　砌体结构设计方法

本章学习目标：

（1）熟悉以概率理论为基础的极限状态设计方法的概念；

（2）掌握砌体结构构件按承载能力极限状态设计的荷载效应和砌体强度设计值的确定方法；

（3）了解保证砌体结构正常使用极限状态及耐久性的设计方法。

3.1　结构设计方法

3.1.1　早期研究

在早期，人们采用砖石作为建筑材料时，只能通过经验进行设计或工程作业，例如借鉴前人建造时所采用的结构构件尺寸并加以改进。同时为安全起见，建造者通常会采用比较保守的结构截面尺寸。

随着力学的发展，人们开始采用弹性理论方法进行砌体结构设计，将砌体看成理想的弹性材料，按容许应力设计法进行设计。20 世纪 30 年代初期，苏联注意到按弹性理论计算的结果和试验结果不相符，于是在对偏心受压构件进行计算时引入了修正系数。1943 年，苏联规范（Y57—43）正式采用了按破坏阶段的设计方法。1955 年，苏联颁布了按极限状态进行设计的规范《砖石及钢筋砖石结构设计标准及技术规范》（НиТУ 120—55），该规范采用了按荷载系数 n、材料系数 k 和工作条件系数 m 来考虑不同条件影响的极限概率设计方法，因此又称为三系数法。该方法对荷载和材料强度的标准值分别采用概率取值，优于容许应力设计法和破坏强度设计法。其设计表达式为

$$\sum n_i N_{ik} \leqslant \Phi(k f_k,\ m,\ a) \qquad (3-1)$$

式中，n_i——荷载系数；

$\quad N_{ik}$——荷载作用下构件截面内力标准值；

$\quad k$——材料系数；

$\quad f_k$——砌体强度标准值；

$\quad m$——工作条件系数；

$\quad a$——截面几何特征系数。

在 20 世纪 50 年代以前，我国并无统一的设计理论与规范。在 20 世纪 50 年代初，中华人民共和国国家基本建设委员会发文在全国推荐使用苏联《砖石及钢筋砖石结构设计标准及技术规范》（НиТУ 120—55）。此后 20 年内，我国一直沿用苏联规范。1973 年 11 月，国家基本建设委员会批准颁布了我国第一部《砖石结构设计规范》（GBJ 3—73），该规范采用多系数分析、单一安全系数表达的半概率极限状态设计法，将经验与统计结果统一至

安全系数中。采用该方法的优点是计算过程简单，计算结果较为可靠。构件截面承载力可按式（3-2）验算：

$$KN_k \leqslant \Phi(f_m, a) \qquad\qquad (3-2)$$
$$K = k_1 k_2 k_3 k_4 k_5 c \qquad\qquad (3-3)$$

式中，K——安全系数；

$\quad\quad N_k$——构件截面内力；

$\quad\quad f_m$——砌体平均极限强度；

$\quad\quad k_1$——砌体强度变异影响系数；

$\quad\quad k_2$——砌体因材料缺乏系统试验的变异影响系数；

$\quad\quad k_3$——砌筑质量变异影响系数；

$\quad\quad k_4$——构件尺寸偏差、计算公式假定与实际不完全相符等变异影响系数；

$\quad\quad k_5$——荷载变异影响系数；

$\quad\quad c$——考虑各种最不利因素同时出现的组合系数。

1989年，我国砌体结构设计采用以概率理论为基础的极限状态设计方法，颁布了《砌体结构设计规范》（GBJ 3—88）。2002年，我国颁布了《砌体结构设计规范》（GB 50003—2001）；2011年，我国又对《砌体结构设计规范》（GB 50003—2001）进行了修订，颁布了《砌体结构设计规范》（GB 50003—2011）。其设计方法仍采用极限状态设计方法。

3.1.2 极限状态设计法

整个结构或结构的一部分构件超过某一特定状态就不能满足设计规定的某一功能要求，此特定状态称为该功能的极限状态。结构的极限状态分为承载能力极限状态与正常使用极限状态。承载能力极限状态可理解为结构或结构构件发挥允许的最大承载功能的状态。结构构件由于塑性变形，其几何形状发生显著改变，虽未达到最大承载能力但已彻底不能使用，也属于达到这种极限状态。正常使用极限状态可理解为结构或结构构件达到使用功能上允许的某个限值的状态，例如建筑变形过大会影响人们对建筑的使用。

砌体结构的设计不仅应当满足承载能力要求，也应当符合正常使用要求。当构件或结构满足承载能力极限状态时，说明构件或结构本身安全，可通过采取构造措施来保证其正常使用功能。

结构上的作用分为直接作用（荷载）和间接作用两种。直接作用指施加在结构上的一组集中力或分布力，例如永久荷载和可变荷载。间接作用指引起结构外加变形或约束变形的原因，如基础沉降、混凝土收缩、温度变化等。

结构上的作用按随时间的变异情况可分为以下几类：

①永久作用。在设计基准期内，其量值不随时间变化或其变化与平均值相比可以忽略不计的作用。如结构重力、土压力等。

②可变作用。在设计基准期内，其量值随时间变化且其变化与平均值相比不可忽略的作用。如楼面活荷载、风荷载、雪荷载等。

③偶然作用。在设计基准期内，不一定出现但一旦出现其量值很大且持续时间很短的作用。如爆炸、撞击、罕遇地震等。

结构对所受作用的反应称为作用效应，一般用 S 表示。除永久作用外，施加在结构上的荷载，不但具有随机性，而且一般还与时间参数有关，即作用效应为随机变量。某些可变作用可采用概率模型进行简化。

结构抗力 R 是指整个结构或结构构件承受作用效应（即内力和变形）的能力，如构件的承载能力、刚度等。抗力可按一定的计算模式确定。影响抗力的主要因素有材料性能（强度、变形模量等）、几何参数（构件尺寸）等和计算模式的精确性（抗力计算所采用的基本假设、计算公式不够精确等）。这些因素都是随机变量，因此由这些因素综合而成的结构抗力也是一个随机变量。

由上述可见，结构上的作用（特别是可变作用）与时间有关，结构抗力也与时间有关，结构抗力随时间变化。

当仅有作用效应和结构抗力两个基本变量时，结构按极限状态设计应符合下列要求：

$$Z = R - S \tag{3-4}$$

式中，S——结构的作用效应；

R——结构的抗力。

当 $Z>0$ 时，结构处于可靠状态；

当 $Z<0$ 时，结构处于失效状态；

当 $Z=0$ 时，结构处于极限状态。

由结构极限状态方程：

$$Z = R - S = 0 \tag{3-5}$$

可知结构的失效概率为

$$p_{\mathrm{f}} = p(Z < 0) \tag{3-6}$$

当仅有作用效应 S 和结构抗力 R 两个基本变量且均按正态分布时，Z 也为正态分布，可得

$$\mu_{\mathrm{Z}} = \mu_{\mathrm{R}} - \mu_{\mathrm{S}} \tag{3-7}$$

$$\sigma_{\mathrm{Z}} = \sqrt{\sigma_{\mathrm{R}}^2 + \sigma_{\mathrm{S}}^2} \tag{3-8}$$

$$\beta = \frac{\mu_{\mathrm{R}} - \mu_{\mathrm{S}}}{\sqrt{\sigma_{\mathrm{R}}^2 + \sigma_{\mathrm{S}}^2}} = \frac{\mu_{\mathrm{Z}}}{\sigma_{\mathrm{Z}}} \tag{3-9}$$

式中，β——结构构件的可靠指标；

μ_{S}，σ_{S}——分别为结构构件作用效应的平均值和标准差；

μ_{R}，σ_{R}——分别为结构构件抗力的平均值和标准差。

此时式（3-6）可转换为

$$p_{\mathrm{f}} = \int_{-\infty}^{-\frac{\mu_{\mathrm{Z}}}{\sigma_{\mathrm{Z}}}} \frac{1}{\sqrt{2\pi}} \exp\left(-\frac{x^2}{2}\right) \mathrm{d}x = \Phi\left(-\frac{\mu_{\mathrm{Z}}}{\sigma_{\mathrm{Z}}}\right) = \Phi(-\beta) = 1 - \Phi(\beta) \tag{3-10}$$

式中，p_{f}——结构构件失效概率。

如图 3-1 所示，当 β 越大时，失效概率 p_{f} 越小。同时从式（3-7）（3-8）（3-9）可知，当 σ_{R}，σ_{S} 一定时，μ_{R} 与 μ_{S} 之差越大，即结构抗力平均值与荷载效应平均值之差越大时，β 越大，结构越安全；当 μ_{R} 与 μ_{S} 之差一定时，σ_{R}，σ_{S} 越大，即结构抗力离散性与荷载效应离散性越大时，β 越小，结构越不安全。

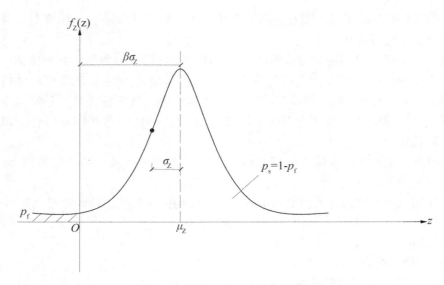

图 3-1 结构功能函数与失效概率

由式（3-10）可知可靠指标 β 与失效概率 p_f 在数值上是相互对应的，其对应关系可按表 3-1 查询。

表 3-1 可靠指标 β 与失效概率 p_f 的对应关系

β	2.7	3.2	3.7	4.2
p_f	3.5×10^{-3}	6.9×10^{-4}	1.1×10^{-4}	1.3×10^{-5}

由于不同建筑的设计目的与使用功能各不相同，《建筑结构可靠性设计统一标准》（GB 50068—2018）根据建筑结构破坏可能产生的后果（危及人的生命、造成经济损失、产生社会影响等）的严重性，将建筑结构划分为三个安全等级，并且根据建筑的破坏形态采用不同的可靠指标，见表 3-2。

表 3-2 建筑结构的安全等级和结构构件承载能力极限状态的可靠指标

安全等级	破坏后果	建筑物类型	结构构件承载能力极限状态的可靠指标	
			延性破坏	脆性破坏
一级	很严重	重要的房屋	3.7	4.2
二级	严重	一般的房屋	3.2	3.7
三级	不严重	次要的房屋	2.7	3.2

注：①对于特殊的建筑物，其安全等级可根据具体情况另行确定；
　　②地震区的砌体结构设计，应按现行国家标准《建筑工程抗震设防分类标准》（GB 50223—2008）根据建筑物重要性区分建筑物类别；
　　③当承受偶然作用时，结构构件的可靠指标应符合专门规范的规定。

可以看出，建筑结构划分原则为将一般的建筑物列入中间等级，重要的建筑物提高一级，次要的建筑物降低一级。需要指出，在考虑经济性与重要程度后，部分结构构件的安全等级可以与整个结构的安全等级不同。如提高某一结构构件的安全等级所需额外费用很少，又能减轻整个结构的破坏从而大大减少人员伤亡和财物损失，则可将该结构构件的安全等级比整个结构的安全等级提高一级；相反，如某一结构构件的破坏并不影响整个结构或其他结构构件，则可将其安全等级降低一级。

3.1.3　设计基准期和设计使用年限

在进行建筑结构设计时，许多参数都是与时间相关的，如可变荷载、材料性能和设计地震动参数等。设计基准期，就是为确定可变作用及与时间有关的材料性能取值而选用的时间参数。在我国，设计基准期为50年，如设计时需采用其他设计基准期，则必须另行确定在设计基准期内最大荷载的概率分布及相应的统计参数。

设计使用年限是设计规定的一个时期，在这一规定的时期内，只需要进行正常的维护而不需进行大修就能按预期目的使用，完成预定的功能，即房屋建筑在正常设计、正常施工、正常使用和维护下所应达到的使用年限。当结构的使用年限超过设计使用年限后，并不意味着结构不能继续使用，而是结构失效概率会高于设计值，此时需对建筑物进行重新评估。结构的设计使用年限应按表3-3采用，也可以根据具体要求适当提高。

表3-3　设计使用年限分类

类别	设计使用年限/年	示例
1	5	临时性结构
2	25	易于替换的结构构件
3	50	普通房屋和建筑物
4	100	纪念性建筑和特别重要的建筑结构

3.1.4　砌体结构设计表达式

砌体结构按承载能力极限状态设计时，应按下列公式中最不利组合进行验算：

$$\gamma_0\left(1.3S_{Gk} + 1.5\gamma_L S_{Q1k} + \gamma_L\sum_{i=2}^{n}\gamma_{Qi}\psi_{ci}S_{Qik}\right) \leqslant R(f,\ a_k,\ \ldots) \tag{3-11}$$

式中，γ_0——结构重要性系数，对于安全等级为一级或设计使用年限为50年以上的结构构件，不应小于1.1，对于安全等级为二级或设计使用年限为50年的结构构件，不应小于1.0，对于安全等级为三级或设计使用年限为1~5年的结构构件，不应小于0.9；

γ_L——结构构件的抗力模型不定性系数，对于静力设计，考虑结构设计使用年限的荷载调整系数，设计使用年限为5年，取0.9，设计使用年限为50年，取1.0，设计使用年限为100年，取1.1；

S_{Gk}——永久荷载标准值的效应；

S_{Q1k}——在基本组合中起控制作用的一个可变荷载标准值的效应；

S_{Qik}——第i个可变荷载标准值的效应；

$R(\cdot)$——结构构件的抗力函数；

γ_{Qi}——第 i 个可变荷载的分项系数；

ψ_{ci}——第 i 个可变荷载的组合值系数，一般情况下应取 0.7，对于书库、档案库、储藏室或通风机房、电梯机房应取 0.9；

f——砌体的强度设计值，$f = f_k/\gamma_f$；

f_k——砌体的强度标准值，$f_k = f_m - 1.645\sigma_f$；

γ_f——砌体结构的材料性能分项系数，一般情况下，宜按施工控制等级为 B 级考虑，取 $\gamma_f = 1.6$，当为 C 级时，取 $\gamma_f = 1.8$，当为 A 级时，取 $\gamma_f = 1.5$；

f_m——砌体的强度平均值，可按现行国家标准《砌体结构设计规范》（GB 50003—2011）附录 B 的方法确定；

σ_f——砌体强度的标准差；

a_k——几何参数标准值。

注：①施工质量控制等级划分要求，应符合现行国家标准《砌体结构工程施工质量验收标准》（GB 50203—2011）的有关规定；

②2018 年 11 月 1 日，中华人民共和国住房和城乡建设部发布了关于国家标准《建筑结构可靠性设计统一标准》的公告，于 2019 年 04 月 1 日起实施《建筑结构可靠性设计统一标准》（GB 50068—2018），原《建筑结构可靠度设计统一标准》（GB 50068—2001）同时废止。

当砌体结构作为一个刚体，需验算整体稳定性时，例如倾覆、滑移、漂浮等，应按下列公式中最不利组合进行验算：

$$\gamma_0\left(1.3S_{G2k} + 1.5\gamma_L S_{Q1k} + \gamma_L\sum_{i=2}^{n}S_{Qik}\right) \leqslant 0.8S_{G1k} \tag{3-12}$$

式中，S_{G1k}——起有利作用的永久荷载标准值的效应；

S_{G2k}——起不利作用的永久荷载标准值的效应。

在验算整体稳定性时，永久荷载效应与可变荷载效应符号相反，而前者对结构承载力起有利作用。此时，若永久荷载分项系数仍取同号效应时相同的值，则结构构件的可靠度将受到影响。为了保证结构构件必要的可靠度，规定当永久荷载效应对整体稳定性有利时，取 $\gamma_G = 0.8$。

新规范引入了施工质量控制等级作为设计的控制因素，其中 A，B，C 三个等级应按照《砌体结构工程施工质量验收规范》（GB 50203—2011）中对应的等级要求进行施工质量控制。但是考虑到我国目前的施工质量水平，对一般多层房屋宜按 B 级控制，对配筋砌体剪力墙高层建筑，设计时宜选用 B 级的砌体强度指标，而在施工时宜采用 A 级的施工质量控制等级。这样做是有意提高这种结构体系的安全储备。

表 3-4　砌体施工质量控制等级

项目	施工质量控制等级		
	A	B	C
现场质量管理	监督检查制度健全，并严格执行；施工方有在岗专业技术管理人员，人员齐全，并持证上岗	监督检查制度基本健全，并能执行；施工方有在岗专业技术管理人员，并持证上岗	有监督检查制度；施工方有在岗专业技术管理人员

续表

项目	施工质量控制等级		
	A	B	C
砂浆、混凝土强度	试块按规定制作，强度满足验收规定，离散性小	试块按规定制作，强度满足验收规定，离散性较小	试块按规定制作，强度满足验收规定，离散性大
砂浆拌合	机械拌合；配合比计量控制严格	机械拌合；配合比计量控制一般	机械或人工拌合；配合比计量控制较差
砌筑工人	中级工以上，其中高级工不少于30%	高、中级工不少于70%	初级工以上

注：①砂浆、混凝土强度离散性大小根据强度标准差确定；
　　②配筋砌体不得为C级施工。

3.2　砌体结构设计指标

3.2.1　砌体强度设计值

在式（3-11）和式（3-12）中提到了砌体强度标准值 f_k、设计值 f 和平均值 f_m 之间的关系，可直接推出砌体强度设计值。为了使用方便，《砌体结构设计规范》（GB 50003—2011）给出了龄期为28天的以毛截面计算的各类砌体抗压强度设计值，当施工质量控制等级为B级时，块体和砂浆的强度等级按下列规定采用。

（1）烧结普通砖和烧结多孔砖砌体。

烧结普通砖和烧结多孔砖砌体的抗压强度设计值，应按表3-5采用。

表3-5　烧结普通砖和烧结多孔砖砌体的抗压强度设计值　　　　　MPa

砖强度等级	砂浆强度等级					砂浆强度
	M15	M10	M7.5	M5	M2.5	0
MU30	3.94	3.27	2.93	2.59	2.26	1.15
MU25	3.60	2.98	2.68	2.37	2.06	1.05
MU20	3.22	2.67	2.39	2.12	1.84	0.94
MU15	2.79	2.31	2.07	1.83	1.60	0.82
MU10	—	1.89	1.69	1.50	1.30	0.67

注：当烧结多孔砖的孔洞率大于30%时，表中数值应乘以0.9。

（2）混凝土普通砖和混凝土多孔砖砌体。

采用混凝土砖（砌块）砌体以及蒸压硅酸盐砖砌体时，应采用与块体材料相适应且能提高砌筑工作性能的专用砌筑砂浆；尤其对于块体高度较高的普通混凝土砖空心砌块，普通砂浆很难保证竖向灰缝的砌筑质量。因此《砌体结构设计规范》（GB 50003—2011）规定在采用混凝土砖（砌块）砌体时，应同时采用强度等级不小于 Mb5.0 的专用砌筑砂浆。蒸压硅酸盐砖则由于其表面光滑，与砂浆黏结力较差，砌体沿灰缝抗剪强度较低，影响了蒸压硅酸盐砖在地震设防区的推广与应用。因此，为了保证砂浆砌筑时的工作性能和砌体抗剪强度不低于用普通砂浆砌筑的烧结普通砖砌体，应采用黏结性强度高、工作性能好的专用砂浆砌筑。

混凝土普通砖和混凝土多孔砖砌体的抗压强度设计值，应按表 3－6 采用。

表 3－6　混凝土普通砖和混凝土多孔砖砌体的抗压强度设计值　　　　　　MPa

砖强度等级	砂浆强度等级					砂浆强度
	Mb20	Mb15	Mb10	Mb7.5	Mb5	0
MU30	4.61	3.94	3.27	2.93	2.59	1.15
MU25	4.21	3.60	2.98	2.68	2.37	1.05
MU20	3.77	3.22	2.67	2.39	2.12	0.94
MU15	—	2.79	2.31	2.07	1.83	0.82

（3）蒸压灰砂普通砖和蒸压粉煤灰砖砌体。

国内研究资料表明，蒸压灰砂普通砖砌体抗压强度和烧结普通砖砌体抗压强度比较接近，而蒸压粉煤灰砖砌体抗压强度相当或略高于烧结普通砖砌体的抗压强度，故蒸压灰砂普通砖和蒸压粉煤灰砖砌体的抗压强度指标取用烧结普通砖砌体的抗压强度指标。需要指出的是，该指标系采用同类砖为砂浆强度试块底模时的抗压强度指标。当采用黏土砖底模时砂浆强度会提高，相应的砌体强度达不到规范要求的强度指标，砌体抗压强度降低 10% 左右。

蒸压灰砂普通砖和蒸压粉煤灰砖砌体的抗压强度设计值，应按表 3－7 采用。

表 3－7　蒸压灰砂普通砖和蒸压粉煤灰砖砌体的抗压强度设计值　　　　　　MPa

砖强度等级	砂浆强度等级				砂浆强度
	M15	M10	M7.5	M5	0
MU25	3.60	2.98	2.68	2.37	1.05
MU20	3.22	2.67	2.39	2.12	0.94
MU15	2.79	2.31	2.07	1.83	0.82

注：当采用专用砂浆砌筑时，其抗压强度设计值按表中数值采用。

（4）单排孔混凝土和轻集料混凝土砌块砌体。

为适应砌块建筑的发展，新规范增加了 MU20 强度等级，并对 MU20 的砌体适当地降低了强度值。

对孔砌筑的单排孔混凝土和轻集料混凝土空心砌块砌体的抗压强度设计值，应按表 3－8 采用。

表 3-8　单排孔混凝土和轻集料混凝土空心砌块砌体的抗压强度设计值　　MPa

砌块强度等级	砂浆强度等级					砂浆强度
	Mb20	Mb15	Mb10	Mb7.5	Mb5	0
MU20	6.30	5.68	4.95	4.44	3.94	2.33
MU15	—	4.61	4.02	3.61	3.20	1.89
MU10	—	—	2.79	2.50	2.22	1.31
MU7.5	—	—	—	1.93	1.71	1.01
MU5	—	—	—	—	1.19	0.70

注：①对于独立柱或厚度为双排组砌的砌块砌体，应按表中数值乘以 0.7；

②对于 T 形截面墙体、柱，应按表中数值乘以 0.85。

单排孔混凝土砌块对孔砌筑时，灌孔砌体的抗压强度设计值 f_g 应按下列方法确定：

①混凝土砌块砌体的灌孔混凝土强度等级不应低于 Cb20，且不应低于 1.5 倍的块体强度等级，灌孔混凝土强度指标取同强度等级的混凝土强度指标。

②灌孔混凝土砌块砌体的抗压强度设计值 f_g，应按式（3-13）计算：

$$f_g = f + 0.6\alpha f_c \qquad (3-13)$$
$$\alpha = \delta\rho \qquad (3-14)$$

式中，f_g——灌孔混凝土砌块砌体的抗压强度设计值，该值不应大于未灌孔砌体抗压强度设计值的 2 倍；

f——未灌孔混凝土砌块砌体的抗压强度设计值，应按表 3-8 采用；

f_c——灌孔混凝土的轴心抗压强度设计值；

α——混凝土砌块砌体中灌孔混凝土面积与砌体毛面积的比值；

δ——混凝土砌块的孔洞率；

ρ——混凝土砌块砌体的灌孔率，系截面灌孔混凝土面积与截面孔洞面积的比值，灌孔率应根据受力或施工条件确定，且不应小于 33%。

（5）双排孔或多排孔轻集料混凝土砌块砌体。

多排孔轻集料混凝土砌块材料目前有火山渣混凝土、浮石混凝土和陶粒混凝土，在我国寒冷地区应用较多，特别是我国吉林和黑龙江地区已开始推广应用。多排孔砌块主要考虑节能要求，排数有二排、三排和四排，孔洞率较小，砌块规格各地不一，块体强度等级较低，一般不超过 MU10。

双排孔或多排孔轻集料混凝土砌块砌体的抗压强度设计值，应按表 3-9 采用。

表 3-9　双排孔或多排孔轻集料混凝土砌块砌体的抗压强度设计值　　MPa

砌块强度等级	砂浆强度等级			砂浆强度
	Mb10	Mb7.5	Mb5	0
MU10	3.08	2.76	2.45	1.44
MU7.5	—	2.13	1.88	1.12

砌块强度等级	砂浆强度等级			砂浆强度
	Mb10	Mb7.5	Mb5	0
MU5	—	—	1.31	0.78
MU3.5			0.95	0.56

注：①表中的砌块为火山渣、浮石和陶粒轻集料混凝土砌块；
　　②对于厚度方向为双排组砌的轻集料混凝土砌块砌体的抗压强度设计值，应按表中数值乘以0.8。

（6）毛料石砌体。

块体高度为180~350 mm的毛料石砌体的抗压强度设计值，应按表3-10采用。

表3-10　毛料石砌体的抗压强度设计值　　　　　　　　　MPa

毛料石强度等级	砂浆强度等级			砂浆强度
	M7.5	M5	M2.5	0
MU100	5.42	4.80	4.18	2.13
MU80	4.85	4.29	3.73	1.91
MU60	4.20	3.71	3.23	1.65
MU50	3.83	3.39	2.95	1.51
MU40	3.43	3.04	2.64	1.35
MU30	2.97	2.63	2.29	1.17
MU20	2.42	2.15	1.87	0.95

注：对于细料石砌体、粗料石砌体和干砌勾缝石砌体，应按表中数值应分别乘以调整系数1.4，1.2和0.8。

（7）毛石砌体。

毛石砌体的抗压强度设计值，应按表3-11采用。

表3-11　毛石砌体的抗压强度设计值　　　　　　　　　MPa

毛石强度等级	砂浆强度等级			砂浆强度
	M7.5	M5	M2.5	0
MU100	1.27	1.12	0.98	0.34
MU80	1.13	1.00	0.87	0.30
MU60	0.98	0.87	0.76	0.26
MU50	0.90	0.80	0.69	0.23
MU40	0.80	0.71	0.62	0.21
MU30	0.69	0.61	0.53	0.18
MU20	0.56	0.51	0.44	0.15

3.2.2 轴心抗拉强度设计值、弯曲抗拉强度设计值和抗剪强度设计值

龄期为28天的以毛截面计算的各类砌体的轴心抗拉强度设计值、弯曲抗拉强度设计值和抗剪强度设计值，应符合下列规定：

（1）当施工质量控制等级为 B 级时，强度设计值应按表 3-12 采用。

表 3-12　沿砌体灰缝截面破坏时砌体的轴心抗拉强度设计值、弯曲抗拉强度设计值

和抗剪强度设计值　　　　　　　　　　　　　　　　　　　　　　MPa

强度类别	破坏特征及砌体种类		砂浆强度等级			
			≥M10	M7.5	M5	M2.5
轴心抗拉	沿齿缝	烧结普通砖、烧结多孔砖	0.19	0.16	0.13	0.09
		混凝土普通砖、混凝土多孔砖	0.19	0.16	0.13	—
		蒸压灰砂普通砖、蒸压粉煤灰普通砖	0.12	0.10	0.08	—
		混凝土和轻集料混凝土砌块	0.09	0.08	0.07	—
		毛石	—	0.07	0.06	0.04
弯曲抗拉	沿齿缝	烧结普通砖、烧结多孔砖	0.33	0.29	0.23	0.17
		混凝土普通砖、混凝土多孔砖	0.33	0.29	0.23	—
		蒸压灰砂普通砖、蒸压粉煤灰普通砖	0.24	0.20	0.16	—
		混凝土和轻集料混凝土砌块	0.11	0.09	0.08	—
		毛石	—	0.11	0.09	0.07
	沿通缝	烧结普通砖、烧结多孔砖	0.17	0.14	0.11	0.08
		混凝土普通砖、混凝土多孔砖	0.17	0.14	0.11	—
		蒸压灰砂普通砖、蒸压粉煤灰普通砖	0.12	0.10	0.08	—
		混凝土和轻集料混凝土砌块	0.08	0.06	0.05	—
抗剪		烧结普通砖、烧结多孔砖	0.17	0.14	0.11	0.08
		混凝土普通砖、混凝土多孔砖	0.17	0.14	0.11	—
		蒸压灰砂普通砖、蒸压粉煤灰普通砖	0.12	0.10	0.08	—
		混凝土和轻集料混凝土砌块	0.09	0.08	0.06	—
		毛石	—	0.19	0.16	0.11

注：①对于用形状规则的块体砌筑的砌体，当搭接长度与块体高度的比值小于1时，其轴心抗拉强度设计值 f_t 和弯曲抗拉强度设计值 f_{tm} 应按表中数值乘以搭接长度与块体高度的比值后采用；

②表中数值是依据普通砂浆砌筑的砌体确定的，采用经研究性试验且通过技术鉴定的专用砂浆砌筑的蒸压灰砂普通砖、蒸压粉煤灰普通砖砌体时，其抗剪强度设计值按相应普通砂浆强度等级砌筑的烧结普通砖砌体采用；

③对于混凝土普通砖、混凝土多孔砖、混凝土和轻集料混凝土砌块砌体，表中的砂浆强度等级分别为 ≥Mb10，Mb7.5 及 Mb5。

（2）单排孔混凝土砌块对孔砌筑时，灌孔砌体的抗剪强度设计值 f_{vg}，应按式（3-15）计算：

$$f_{vg} = 0.2 f_g^{0.55} \tag{3-15}$$

式中，f_g——灌孔砌体的抗压强度设计值（MPa）。

3.2.3 砌体强度设计值的调整

下列情况的各类砌体，其砌体强度设计值应乘以调整系数 γ_a：

（1）对于无筋砌体构件，其截面面积小于 0.3 m^2 时，γ_a 为其截面面积加 0.7；对于配筋砌体构件，当其截面面积小于 0.2 m^2 时，γ_a 为其截面面积加 0.8；构件截面面积以 "m^2" 计。

（2）当砌体用强度等级小于 M5.0 的水泥砂浆砌筑时，对于 3.2.1 节各表中的数值，γ_a 为 0.9；对于表 3-12 中数值，γ_a 为 0.8。

（3）当验算施工中房屋的构件时，γ_a 为 1.1。

施工阶段砂浆尚未硬化的新砌砌体的强度和稳定性，可按砂浆强度为零进行验算。对于冬期采用掺盐砂浆法施工的砌体，砂浆强度等级按常温施工的强度等级提高一级时，砌体强度和稳定性可不验算。配筋砌体不得用掺盐砂浆法施工。

3.3 耐久性设计

3.3.1 耐久性设计原则

结构的耐久性指结构在正常维护条件下，随时间变化仍能满足预定功能要求的能力。砌体结构的耐久性包括两个方面，一是对配筋砌体结构构件的钢筋的保护；二是对砌体材料的保护。其中，钢筋的主要问题为钢筋锈蚀，从而引起结构抗拉、抗剪能力下降或使砌体结构产生裂纹。而砌体材料自身随着时间的推移，性能也会逐渐下降，表现为开裂、炭化甚至风化、粉化。这些变化不仅影响结构正常工作，甚至引起严重事故。砌体结构与钢筋混凝土结构都具有较好的耐久性。而砌体结构中的钢筋保护增加了砌体部分，故比混凝土结构的耐久性好，无筋砌体尤其是烧结类砖砌体的耐久性更好。

对砌体结构进行耐久性设计时，不仅应考虑结构所处环境（表 3-13），还应考虑构件所选材料、受力特征和施工条件等因素，结构或材料的各项标准应当符合国家有关规定。

砌体结构的耐久性应根据表 3-13 的环境类别和设计使用年限进行设计。

表 3-13　砌体结构的环境类别

环境类别	条件
1	正常居住及办公建筑的内部干燥环境
2	潮湿的室内或室外环境，包括与无侵蚀性土和水接触的环境
3	严寒和使用化冰盐的潮湿环境（室内或室外）
4	与海水直接接触的环境，或处于滨海地区的盐饱和的气体环境
5	有化学侵蚀的气体、液体或固态形式的环境，包括有侵蚀性土壤的环境

3.3.2 钢筋的耐久性规定

当设计使用年限为 50 年时，砌体中钢筋的耐久性选择应符合表 3-14 的规定。

表 3 - 14 砌体中钢筋的耐久性选择

环境类别	钢筋种类和最低保护要求	
	位于砂浆中的钢筋	位于灌孔混凝土中的钢筋
1	普通钢筋	普通钢筋
2	重镀锌或有等效保护的钢筋	当采用混凝土灌孔时，可为普通钢筋；当采用砂浆灌孔时应为重镀锌或有等效保护的钢筋
3	不锈钢或有等效保护的钢筋	重镀锌或有等效保护的钢筋
4 和 5	不锈钢或有等效保护的钢筋	不锈钢或有等效保护的钢筋

注：①对于夹心墙的外叶墙，应采用重镀锌或有等效保护的钢筋；
　　②表中的钢筋即为国家现行标准《混凝土结构设计规范》（GB 50010—2010）和《冷轧带肋钢筋混凝土结构技术规程》（JGJ 95—2003）等标准规定的普通钢筋或非预应力钢筋。

设计使用年限为 50 年时，砌体中钢筋的保护层厚度应符合下列规定：
（1）配筋砌体中钢筋的最小混凝土保护层应符合表 3 - 15 的规定。
（2）灰缝中钢筋外露砂浆保护层的厚度不应小于 15 mm。
（3）所有钢筋端部均应有与对应钢筋的环境类别条件相同的保护层厚度。
（4）对于填实的夹心墙或特别的墙体构造，钢筋的最小保护层厚度应符合下列规定：
①用于环境类别 1 时，应取 20 mm 厚砂浆或灌孔混凝土与钢筋直径较大者；
②用于环境类别 2 时，应取 20 mm 厚灌孔混凝土与钢筋直径较大者；
③采用重镀锌钢筋时，应取 20 mm 厚砂浆或灌孔混凝土与钢筋直径较大者；
④采用不锈钢钢筋时，应取钢筋的直径。

表 3 - 15 钢筋的最小混凝土保护层厚度

环境类别	混凝土强度等级			
	C20	C25	C30	C35
	最低水泥含量/（kg/m³）			
	260	280	300	320
1	20	20	20	20
2	—	25	25	25
3	—	40	40	30
4	—	—	40	40
5	—	—	—	40

注：①材料中最大氯离子含量和最大碱含量应符合现行国家标准《混凝土结构设计规范》（GB 50010—2010）的规定；
　　②当采用防渗砌体块体和防渗砂浆时，可以考虑部分砌体（含抹灰层）的厚度作为保护层，但对环境类别 1，2，3，其混凝土保护层的厚度相应不应小于 10 mm，15 mm 和 20 mm；
　　③钢筋砂浆面层的组合砌体构件的钢筋保护层厚度宜比表 3 - 15 规定的混凝土保护层厚度数值增加 5~10 mm；
　　④对于安全等级为一级或设计使用年限为 50 年以上的砌体结构，钢筋保护层的厚度应至少增加 10 mm。

3.3.3 砌体材料的耐久性

当设计使用年限为 50 年时，砌体材料的耐久性应符合下列规定：

（1）地面以下或防潮层以下的砌体、潮湿房间的墙或环境类别 2 的砌体，所用材料的最低强度等级应符合表 3-16 的规定。

表 3-16 地面以下或防潮层以下的砌体、潮湿房间的墙或环境类别 2 的砌体所用材料的最低强度等级

潮湿程度	烧结普通砖	混凝土普通砖、蒸压普通砖	混凝土砌块	石材	水泥砂浆
稍潮湿的	MU15	MU20	MU7.5	MU30	M5
很潮湿的	MU20	MU20	MU10	MU30	M7.5
含水饱和的	MU20	MU25	MU15	MU40	M10

注：①在冻胀地区，地面以下或防潮层以下的砌体，不宜采用多孔砖，如采用时，其孔洞应用不低于 M10 的水泥砂浆预先灌实。当采用混凝土空心砌块时，其孔洞应采用强度等级不低于 Cb20 的混凝土预先灌实。
②对于安全等级为一级或设计使用年限大于 50 年的房屋，表中材料强度等级应至少提高一级。

（2）处于环境类别 3~5 中有侵蚀性介质的砌体材料应符合下列规定：

①不应采用蒸压灰砂普通砖、蒸压粉煤灰普通砖；

②应采用实心砖，砖的强度等级不应低于 MU20，水泥砂浆的强度等级不应低于 M10；

③混凝土砌块的强度等级不应低于 MU15，灌孔混凝土的强度等级不应低于 Cb30，砂浆的强度等级不应低于 Mb10；

④应根据环境条件对砌体材料的抗冻指标、耐酸碱性能提出要求，或符合有关规范的规定。

本章小结

（1）极限状态设计方法以概率理论为基础。结构的极限状态分为承载能力极限状态与正常使用极限状态。通过采取构造措施来保证其正常使用功能，通过计算或验算来满足砌体结构设计的承载能力要求。

（2）设计基准期和设计使用年限是不同的概念。设计基准期是为确定可变作用及与时间有关的材料性能等取值而选取的时间参数。设计使用年限是设计规定的一个时期，在这一规定的时期内，只需要进行正常的维护而不需进行大修就能按预期目的使用，完成预定的功能。

（3）砌体强度标准值 f_k 统一采用强度平均值 f_m 概率密度分布函数的 0.05 分位值，砌体强度的保证率为 95%。砌体强度设计值 f 等于砌体强度标准值除以材料分项系数。对于同一种砌体强度来说，其平均值、标准值和设计值大小关系为 $f_m > f_k > f$。

（4）砌体的使用情况复杂多样，在某些情况下砌体的强度有可能降低，在某些情况下需要适当提高或降低结构的安全储备，因此设计时应对各类砌体强度设计值进行适当调整。

（5）结构的耐久性指结构在正常维护条件下，随时间变化仍能满足预定功能要求的能力。砌体结构的耐久性应考虑结构所处环境、构件所选材料、受力特征和施工条件等因素。

思考题与习题

3-1　我国砌体结构设计方法经历了怎样的发展历程?

3-2　请列举抗力的主要影响因素。

3-3　结构构件的可靠指标与失效概率间存在怎样的关系?

3-4　何谓设计基准期?何谓设计使用年限?简述两者的区别。

3-5　试述砌体结构以概率理论为基础进行承载力极限状态设计时,其承载力极限状态设计表达式的基本概念。

3-6　简述计算砌体结构的承载力时的几种最不利荷载效应组合,并解释原因。

3-7　砌体结构与混凝土结构相比,在正常使用极限状态的验算上有何区别?

3-8　简述确定各类砌体强度设计值的基本方法。

3-9　何谓零号砂浆?为何零号砂浆亦能承受一定的荷载?

3-10　为何有的情况下要调整砌体强度设计值?

3-11　如何确定砌体施工质量控制等级?

3-12　施工质量控制等级与砌体结构设计有何内在联系?

3-13　何谓结构的耐久性?砌体结构的耐久性体现在哪些方面?

3-14　砌体结构适用的环境类别有哪些?

3-15　如何进行砌体结构耐久性设计?

第4章　砌体构件的承载力计算

本章学习目标：
（1）了解影响无筋砌体构件受压承载力和局部受压承载力的主要因素；
（2）掌握无筋砌体构件受压、局部受压的计算；
（3）了解无筋砌体构件轴心受拉、受弯、受剪性能及其承载力计算。

4.1　受压构件

砌体材料的受压性能优于其受拉、受弯、受剪性能，因此砌体结构广泛应用于墙、柱和基础等受压构件。本节重点讨论无筋砌体受压构件。

4.1.1　影响受压构件承载力的因素

（1）砌体的抗压强度。

砌体的抗压强度主要取决于砂浆和块体的强度等级。砌体的抗压强度是影响无筋砌体构件抗压承载力的主要因素。其他条件相同的情况下，砌体抗压强度越大，砌体构件的抗压承载力亦越大。

（2）构件的截面面积。

当砌体结构的材料无法满足承载力要求而又没有强度更高的材料可供选择时，增大构件截面面积是提高构件抗压承载力的有效方法，该方法不仅可以增大构件的受力面积，而且可以减小构件的高厚比。

（3）偏心距。

在实际工程中，理想的轴心受压构件是不存在的，当偏心距 e 很小时，可近似视为轴心受压。

偏心受压构件不仅会受到轴向压力的作用，而且也受到由轴向力的偏心距导致的弯矩作用，因此其承载力明显低于相同情况下的轴心受压构件，在不考虑高厚比对构件受压承载力产生影响的情况下，需采用砌体偏心影响系数 α_e（$\alpha_e \leqslant 1$）来考虑这种不利影响：

$$N = \alpha_e f_m A \qquad (4-1)$$

根据实践得出，可以用材料力学的方法，把构件视为完全弹性材料，从而计算出构件的偏心影响系数 α_e。

设构件所受压力为 N，偏心距为 e，截面面积为 A，截面回转半径为 i，受压边缘至截面形心轴的距离为 y，则临界状态为

$$\sigma = \frac{N}{A} + \frac{My}{I} = \frac{N}{A} + \frac{Ney}{Ai^2} = \frac{N}{A}\left(1 + \frac{ey}{i^2}\right) = f_m \qquad (4-2)$$

那么有

58

$$N = \frac{1}{1 + \dfrac{ey}{i^2}} f_m A = \alpha_e f_m A \qquad (4-3)$$

故

$$\alpha_e = \frac{1}{1 + \dfrac{ey}{i^2}} \qquad (4-4)$$

但是由于砌体为弹塑性材料等原因，由上述方法计算的偏心影响系数低于实际的偏心影响系数，《砌体结构设计规范》（GB 50003—2011）在上述公式的基础上，对大量实验数据进行统计分析，提出了砌体偏心影响系数的计算公式：

$$\alpha_e = \frac{1}{1 + \left(\dfrac{e}{i}\right)^2} \qquad (4-5)$$

若构件截面为矩形截面，则

$$\alpha_e = \frac{1}{1 + 12\left(\dfrac{e}{h}\right)^2} \qquad (4-6)$$

（4）构件高厚比。

当受压构件的高厚比（即材料力学中的长细比）较大时，构件在承受压力的过程中，通常会出现侧向变形的增大，进而产生附加弯曲应力，导致构件的抗压承载力显著下降。

《砌体结构设计规范》（GB 50003—2011）引入稳定系数 φ_0 来考虑这种不利影响，即

$$\varphi_0 = \frac{1}{1 + \eta \beta^2} \qquad (4-7)$$

式中，φ_0——轴心受压构件的稳定系数；

η——与砂浆强度等级有关的系数，当砂浆强度等级大于或等于 M5 时，η 等于 0.001 5，当砂浆强度等级等于 M2.5 时，η 等于 0.002，当砂浆强度等级等于 0 时，η 等于 0.009；

β——构件的高厚比。

根据《砌体结构设计规范》（GB 50003—2011），构件高厚比应按下列公式计算：
对矩形截面，

$$\beta = \gamma_\beta \frac{H_0}{h} \qquad (4-8)$$

对 T 形截面，

$$\beta = \gamma_\beta \frac{H_0}{h_T} \qquad (4-9)$$

式中，γ_β——不同材料砌体构件的高厚比修正系数，按表 4-1 采用；

H_0——受压构件的计算高度，按表 4-2 确定；

h——矩形截面轴向力偏心方向的边长，当轴心受压时为截面较小边长；

h_T——T 形截面的折算厚度，可近似按 $3.5i$ 计算，i 为截面回转半径。

表 4-1　高厚比修正系数 γ_β

砌体类别	γ_β
烧结普通砖、烧结多孔砖	1.0
混凝土普通砖、混凝土多孔砖、混凝土及轻集料混凝土砌块	1.1
蒸压灰砂普通砖、蒸压粉煤灰普通砖、细料石	1.2
粗料石、毛石	1.5

受压构件的计算高度 H_0，应根据房屋类别和构件支承条件等按表 4-2 采用。表中的构件高度 H，应按下列规定采用：

①在房屋底层，为楼板顶面到构件下端支点的距离。下端支点的位置，可取在基础顶面；当埋置较深且有刚性地坪时，可取室外地面下 500 mm 处。

②在房屋其他层，为楼板或其他水平支点间的距离。

③对于无壁柱的山墙，可取层高加山墙尖高度的 1/2；对于带壁柱的山墙，可取壁柱处的山墙，高度。

表 4-2　受压构件的计算高度 H_0

房屋类别			柱		带壁柱墙或周边拉接的墙		
			排架方向	垂直排架方向	$s > 2H$	$H < s \leqslant 2H$	$s \leqslant H$
有吊车的单层房屋	变截面柱上段	弹性方案	$2.5H_u$	$1.25H_u$	$2.5H_u$		
		刚性、刚弹性方案	$2.0H_u$	$1.25H_u$	$2.0H_u$		
	变截面柱下段		$1.0H_l$	$0.8H_l$	$1.0H_l$		
无吊车的单层和多层房屋	单跨	弹性方案	$1.5H$	$1.0H$	$1.5H$		
		刚弹性方案	$1.2H$	$1.0H$	$1.2H$		
	多跨	弹性方案	$1.25H$	$1.0H$	$1.25H$		
		刚弹性方案	$1.10H$	$1.0H$	$1.1H$		
	刚性方案		$1.0H$	$1.0H$	$1.0H$	$0.4s+0.2H$	$0.6s$

注：①表中 s 为房屋横墙的间距，H_u 为变截面柱的上段高度，H_l 为变截面柱的下段高度；

②对于上端为自由端的构件，$H_0 = 2H$；

③独立砖柱，当无柱间支撑时，柱在垂直排架方向的 H_0 应按表中数值乘以 1.25 后采用；

④自承重墙的计算高度应根据周边支承或拉接条件确定。

4.1.2　受压构件承载力基本计算公式

综合考虑上述影响砌体构件承载力的影响因素，给出无筋砌体受压构件承载力的计算公式：

$$N \leqslant \varphi f A \qquad (4-10)$$

式中，N ——轴向力设计值；

φ ——高厚比 β 和轴向力的偏心距 e 对受压构件承载力的影响系数；

f——砌体的抗压强度设计值;

A——截面面积。

（1）对于矩形截面构件，当轴向力偏心方向的截面边长大于另一方向的边长时，除按偏心受压构件计算外，还应对较小边长方向，按轴心受压构件进行验算。

（2）按内力设计值计算的轴向力的偏心距 e 不应超过 $0.6y$，y 为截面重心到轴向力所在偏心方向截面边缘的距离。当偏心距不满足规范要求时，可以通过调整构件的截面尺寸等有效措施来减少偏心距，甚至可以改变其结构方案。

影响系数 φ 同时考虑了偏心距和高厚比两个因素。为了综合考虑这两个因素，假设高厚比带来的不利影响是它使受压构件产生了一个附加偏心距 e_i，以矩形截面为例，则

$$\varphi = \alpha_e = \frac{1}{1 + 12\left(\dfrac{e}{h} + \dfrac{e_i}{h}\right)^2} \tag{4-11}$$

为了计算出附加偏心距 e_i，令 $e = 0$，则

$$\varphi_0 = \varphi = \frac{1}{1 + 12\left(\dfrac{e_i}{h}\right)^2} \tag{4-12}$$

那么

$$e_i = h\sqrt{\frac{1}{12}\left(\frac{1}{\varphi_0} - 1\right)} \tag{4-13}$$

其中 φ_0 由式（4-7）给出，则

$$\frac{e_i}{h} = \sqrt{\frac{1}{12}\left(\frac{1}{\varphi_0} - 1\right)} \tag{4-14}$$

故得

$$\varphi = \frac{1}{1 + 12\left[\dfrac{e}{h} + \sqrt{\dfrac{1}{12}\left(\dfrac{1}{\varphi_0} - 1\right)}\right]^2} \tag{4-15}$$

现将无筋砌体矩形截面单向偏心受压构件承载力的影响系数 φ 的两种确定方法表述如下：

（1）公式法。当 $\beta \leqslant 3$ 时，有

$$\varphi = \frac{1}{1 + 12\left(\dfrac{e}{h}\right)^2} \tag{4-16}$$

当 $\beta > 3$ 时，有

$$\varphi = \frac{1}{1 + 12\left[\dfrac{e}{h} + \sqrt{\dfrac{1}{12}\left(\dfrac{1}{\varphi_0} - 1\right)}\right]^2} \tag{4-17}$$

$$\varphi_0 = \frac{1}{1 + \eta\beta^2} \tag{4-18}$$

式中，e——轴向力的偏心距，如图 4-1 所示;

h——矩形截面的轴向力偏心方向的边长，若截面为 T 形截面，应以折算厚度 h_T 代替 h，$h_T = 3.5i$，i 为 T 形截面的回转半径;

φ_0——轴心受压构件的稳定系数；

η——与砂浆强度等级有关的系数，当砂浆强度等级大于或等于 M5 时 η 等于 0.001 5，当砂浆强度等级等于 M2.5 时 η 等于 0.002，当砂浆强度等级等于 0 时 η 等于 0.009；

β——构件的高厚比。

由此可知，当高厚比 $\beta \leqslant 3$ 时，有 $\varphi = \alpha_e$；当偏心距 $e = 0$ 时，有 $\varphi = \varphi_0$。

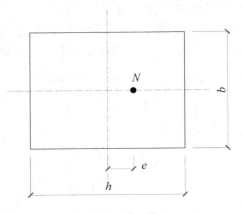

图 4－1　截面偏心

（2）查表法。影响系数 φ 亦可按表 4－3~表 4－5 采用。

表 4-3 影响系数 φ（砂浆强度等级≥M5）

β	$\dfrac{e}{h}$ 或 $\dfrac{e}{h_{T}}$												
	0	0.025	0.05	0.075	0.1	0.125	0.15	0.175	0.2	0.225	0.25	0.275	0.3
≤3	1	0.99	0.97	0.94	0.89	0.84	0.79	0.73	0.68	0.62	0.57	0.52	0.48
4	0.98	0.95	0.90	0.85	0.80	0.74	0.69	0.64	0.58	0.53	0.49	0.45	0.41
6	0.95	0.91	0.86	0.81	0.75	0.69	0.64	0.59	0.54	0.49	0.45	0.42	0.38
8	0.91	0.86	0.81	0.76	0.70	0.64	0.59	0.54	0.50	0.46	0.42	0.39	0.36
10	0.87	0.82	0.76	0.71	0.65	0.60	0.55	0.50	0.46	0.42	0.39	0.36	0.33
12	0.82	0.77	0.71	0.66	0.60	0.55	0.51	0.47	0.43	0.39	0.36	0.33	0.31
14	0.77	0.72	0.66	0.61	0.56	0.51	0.47	0.43	0.40	0.36	0.34	0.31	0.29
16	0.72	0.67	0.61	0.56	0.52	0.47	0.44	0.40	0.37	0.34	0.31	0.29	0.27
18	0.67	0.62	0.57	0.52	0.48	0.44	0.40	0.37	0.34	0.31	0.29	0.27	0.25
20	0.62	0.57	0.53	0.48	0.44	0.40	0.37	0.34	0.32	0.29	0.27	0.25	0.23
22	0.58	0.53	0.49	0.45	0.41	0.38	0.35	0.32	0.30	0.27	0.25	0.24	0.22
24	0.54	0.49	0.45	0.41	0.38	0.35	0.32	0.30	0.28	0.26	0.24	0.22	0.21
26	0.50	0.46	0.42	0.38	0.35	0.33	0.30	0.28	0.26	0.24	0.22	0.21	0.19
28	0.46	0.42	0.39	0.36	0.33	0.30	0.28	0.26	0.24	0.22	0.21	0.19	0.18
30	0.42	0.39	0.36	0.33	0.31	0.28	0.26	0.24	0.22	0.21	0.20	0.18	0.17

表 4-4 影响系数 φ（砂浆强度等级 M2.5）

β	$\dfrac{e}{h}$ 或 $\dfrac{e}{h_{\mathrm{T}}}$												
	0	0.025	0.05	0.075	0.1	0.125	0.15	0.175	0.2	0.225	0.25	0.275	0.3
≤3	1	0.99	0.97	0.94	0.89	0.84	0.79	0.73	0.68	0.62	0.57	0.52	0.48
4	0.97	0.94	0.89	0.84	0.78	0.73	0.67	0.62	0.57	0.52	0.48	0.44	0.40
6	0.93	0.89	0.84	0.78	0.73	0.67	0.62	0.57	0.52	0.48	0.44	0.40	0.37
8	0.89	0.84	0.78	0.72	0.67	0.62	0.57	0.52	0.48	0.44	0.40	0.37	0.34
10	0.83	0.78	0.72	0.67	0.61	0.56	0.52	0.47	0.43	0.40	0.37	0.34	0.31
12	0.78	0.72	0.67	0.61	0.56	0.52	0.47	0.43	0.40	0.37	0.34	0.31	0.29
14	0.72	0.66	0.61	0.56	0.51	0.47	0.43	0.40	0.36	0.34	0.31	0.29	0.27
16	0.66	0.61	0.56	0.51	0.47	0.43	0.40	0.36	0.34	0.31	0.29	0.26	0.25
18	0.61	0.56	0.51	0.47	0.43	0.40	0.36	0.33	0.31	0.29	0.26	0.24	0.23
20	0.56	0.51	0.47	0.43	0.39	0.36	0.33	0.31	0.28	0.26	0.24	0.23	0.21
22	0.51	0.47	0.43	0.39	0.36	0.33	0.31	0.28	0.26	0.24	0.23	0.21	0.20
24	0.46	0.43	0.39	0.36	0.33	0.31	0.28	0.26	0.24	0.23	0.21	0.20	0.18
26	0.42	0.39	0.36	0.33	0.31	0.28	0.26	0.24	0.22	0.21	0.20	0.18	0.17
28	0.39	0.36	0.33	0.30	0.28	0.26	0.24	0.22	0.21	0.20	0.18	0.17	0.16
30	0.36	0.33	0.30	0.28	0.26	0.24	0.22	0.21	0.20	0.18	0.17	0.16	0.15

表 4-5 影响系数 φ（砂浆强度等级 0）

β	$\dfrac{e}{h}$ 或 $\dfrac{e}{h_T}$												
	0	0.025	0.05	0.075	0.1	0.125	0.15	0.175	0.2	0.225	0.25	0.275	0.3
≤3	1	0.99	0.97	0.94	0.89	0.84	0.79	0.73	0.68	0.62	0.57	0.52	0.48
4	0.87	0.82	0.77	0.71	0.66	0.60	0.55	0.51	0.46	0.43	0.39	0.36	0.33
6	0.76	0.70	0.65	0.59	0.54	0.50	0.46	0.42	0.39	0.36	0.33	0.30	0.28
8	0.63	0.58	0.54	0.49	0.45	0.41	0.38	0.35	0.32	0.30	0.28	0.25	0.24
10	0.53	0.48	0.44	0.41	0.37	0.34	0.32	0.29	0.27	0.25	0.23	0.22	0.20
12	0.44	0.40	0.37	0.34	0.31	0.29	0.27	0.25	0.23	0.21	0.20	0.19	0.17
14	0.36	0.33	0.31	0.28	0.26	0.24	0.23	0.21	0.20	0.18	0.17	0.16	0.15
16	0.30	0.28	0.26	0.24	0.22	0.21	0.19	0.18	0.17	0.16	0.15	0.14	0.13
18	0.26	0.24	0.22	0.21	0.19	0.18	0.17	0.16	0.15	0.14	0.13	0.12	0.12
20	0.22	0.20	0.19	0.18	0.17	0.16	0.15	0.14	0.13	0.12	0.12	0.11	0.10
22	0.19	0.18	0.16	0.15	0.14	0.14	0.13	0.12	0.12	0.11	0.10	0.10	0.09
24	0.16	0.15	0.14	0.13	0.13	0.12	0.11	0.11	0.10	0.10	0.09	0.09	0.08
26	0.14	0.13	0.13	0.12	0.11	0.11	0.10	0.10	0.09	0.09	0.08	0.08	0.07
28	0.12	0.12	0.11	0.11	0.10	0.10	0.09	0.09	0.08	0.08	0.08	0.07	0.07
30	0.11	0.10	0.10	0.09	0.09	0.09	0.08	0.08	0.07	0.07	0.07	0.07	0.06

4.2 局部受压

局部受压分为局部均匀受压和局部不均匀受压两种。

4.2.1 砌体局部均匀受压

（1）局部抗压强度提高系数。

前面的章节中已经指出，砌体局部受压时，由于受到周边非直接受压砌体的侧向压力作用及力的扩散的影响，其抗压强度会有所提高，为 $\gamma \times f$。γ 称为砌体局部抗压强度提高系数，与周边约束局部受压面积的砌体截面面积以及局部受压砌体所处的位置等因素有关。取

$$\gamma = 1 + \xi \sqrt{\frac{A_0}{A_l} - 1} \tag{4-19}$$

对于系数 ξ，中心局部受压时，$\xi = 0.7$；其他情况下，$\xi = 0.35$。为简化计算且偏于安全，统一取 $\xi = 0.35$。于是砌体的局部抗压强度系数 γ 统一按下式计算：

$$\gamma = 1 + 0.35 \sqrt{\frac{A_0}{A_l} - 1} \tag{4-20}$$

式中，A_0——影响砌体局部抗压强度的计算面积；

A_l——局部受压面积。

（2）影响砌体局部抗压强度的计算面积 A_0。

影响局部抗压强度的计算面积按下列情况确定：

①在图 4-2（a）的情况下，$A_0 = (a + c + h) h$；

②在图 4-2（b）的情况下，$A_0 = (b + 2h) h$；

③在图 4-2（c）的情况下，$A_0 = (a + h) h + (b + h_1 - h) h_1$；

④在图 4-2（d）的情况下，$A_0 = (a + h) h$。

式中，a，b——分别为矩形局部受压面积 A_l 的长和宽；

h，h_1——分别为墙厚或柱的较小边长，墙厚；

c—矩形局部受压面积的外边缘至构件边缘的较小距离，当 $c > h$ 时，应取为 h。

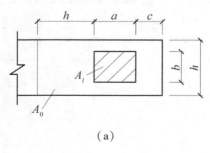

（a）

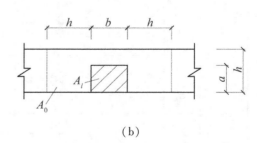

（b）

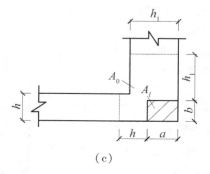

（c）

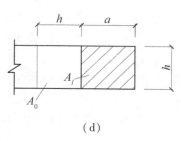

（d）

图 4-2 影响砌体局部抗压强度的面积 A_0

（3）砌体截面中受局部均匀压力时的承载力计算。

砌体截面中受局部均匀压力时的承载力应按式（4-21）计算：

$$N_l \leq \gamma f A_l \qquad (4-21)$$

式中，N_l——局部受压面积上的轴向力设计值；

　　　γ——砌体局部抗压强度提高系数；

　　　f——砌体的抗压强度设计值，局部受压面积小于 0.3 m² 时，可不考虑强度调整系数 γ_a 的影响；

　　　A_l——局部受压面积。

当 $\dfrac{A_0}{A_l}$ 大于某一限值时，会出现危险的劈裂破坏。为了避免该情况发生，按上述公式计算 γ 时，γ 值应符合下列规定：

①在图 4-2（a）的情况下，$\gamma \leq 2.5$；

②在图 4-2（b）的情况下，$\gamma \leq 2.0$；

③在图 4-2（c）的情况下，$\gamma \leq 1.5$；

④在图 4-2（d）的情况下，$\gamma \leq 1.25$；

⑤灌孔的混凝土砌块砌体，在①②两种情况下，还应符合 $\gamma \leq 1.5$，未灌孔混凝土砌块砌体，$\gamma = 1.0$；

⑥当对多孔砖砌体孔洞难以灌实时，$\gamma = 1.0$，当设置混凝土垫块时，按垫块下的砌体局部受压计算。

4.2.2 梁端支承处砌体的局部受压

（1）上部荷载对局部抗压强度的影响。

梁端支承处砌体局部受压时，梁在荷载作用下发生弯曲变形，由于梁端的转动，梁端下砌体的局部受压呈非均匀受压状态，应力图形为曲线，最大压应力在支座内边缘处。

作用在梁端砌体上的轴向力除梁端支承压力 N_l 外，还有由上部荷载产生的轴向力 N_0，当上部荷载产生的平均压应力 σ_0（$\sigma_0 = N_0/A_l$）较小时，随梁上荷载的增加，梁端底部砌体的局部压缩变形增大，梁端顶部与砌体的接触面减小，甚至与砌体脱开形成缝隙，砌体逐渐以内拱作用传递上部荷载，此时，σ_0 的存在和扩散对下部砌体有横向约束作用，提高了砌体局部受压承载力。但这种内拱作用是有变化的，随着 σ_0 的增大，梁端顶部与砌体接触面也相应增加，上述内拱作用就会减小，其有利效应也相应减小，这一影响以上部荷载的折减系数表示。根据试验研究且偏于安全的考虑，规定当 $A_0/A_l \geq 3$ 时，不考虑上部荷载的影响。

（2）梁端有效支承长度。

梁端支承在砌体上时，由于梁的挠曲变形和支承处砌体压缩变形的影响，梁端支承长度将由实际支承长度 a 变为有效支承长度 a_0。因此梁端下砌体局部受压面积应为 $A_l = a_0 b$（b 为梁的截面宽度）。

假设梁端转角为 θ，砌体的变形和压应力均按直线分布，则墙边缘受压变形 $y_e = a_0 \tan\theta$，该点的压应力 $\sigma_{max} = k y_e$（k 为梁端支承处砌体的压缩刚度系数）。由于实际的压应力成曲线分布，应考虑砌体压应力图形的完整系数 η，则可取 $\sigma_{max} = \eta k y$。按静力平衡条件得：

$$N_l = k y_e a_0 b = \eta k a_0^2 b \tan\theta \qquad (4-22)$$

根据试验结果，可取 $\eta k = 0.332 f_m = \dfrac{0.332}{0.48} f = 0.692 f$；对于常见的钢筋混凝土简支梁，可取 $N_l = q l / 2$（q 为均布荷载，l 为梁跨度）；$\tan\theta \approx \theta = q l^3 / 24 B$，$h_c / l \approx 1/11$（$h_c$ 为梁的截面高度）；考虑钢筋混凝土梁允许出现裂缝以及长期荷载效应对梁刚度的影响，可取梁刚度 $B \approx 0.3 E_c I_c$；当梁采用混凝土 C20 时，$E_c = 25.5 \text{ kN/mm}^2$。于是，梁端有效支承长度近似按式（4-23）计算：

$$a_0 = 10 \sqrt{\dfrac{h_c}{f}} \qquad (4-23)$$

式中，h_c——梁的截面高度，mm；

　　　f——砌体抗压强度设计值，MPa。

（3）梁端支承处砌体的局部受压承载力计算。

若上部实际荷载产生的平均压应力为 σ'_0，梁端支承压力 N_l 产生的边缘应力为 σ_l，则梁端支承边缘的最大应力 σ_{max} 应符合式（4-24）的要求：

$$\sigma_{max} = \sigma'_0 + \sigma_l = \sigma'_0 + \dfrac{N_l}{\eta A_l} \leq \gamma f \qquad (4-24)$$

即

$$\eta A_l \sigma'_0 + N_l \leq \eta \gamma f A_l \qquad (4-25)$$

取 $\sigma'_0 = \psi \dfrac{\sigma_0}{\eta}$，并代入式（4-25），得梁端支承处砌体的局部受压承载力，按下列公式计算：

$$\psi N_0 + N_l \leq \eta \gamma f A_l \qquad (4-26)$$

$$\psi = 1.5 - 0.5 \dfrac{A_0}{A_l} \qquad (4-27)$$

$$N_0 = \sigma_0 A_l \qquad (4-28)$$

$$A_l = a_0 b \qquad (4-29)$$

式中，ψ——上部荷载的折减系数，当 A_0/A_l 大于或等于 3 时，应取 ψ 等于 0；

　　　N_0——局部受压面积内上部轴向力设计值，N；

　　　N_l——梁端支承压力设计值，N；

　　　σ_0——上部平均压应力设计值，N/mm^2；

　　　η——梁端底面压应力图形的完整系数，应取 0.7，对于过梁和墙梁应取 1.0；

　　　a_0——梁端有效支承长度，mm，当 $a_0 > a$ 时，应取 a_0 等于 a，a 为梁端实际支承长度，mm；

b ——梁的截面宽度，mm。

（4）梁端下设有刚性垫块时砌体的局部受压承载力计算。

当梁端支承处砌体局部受压的计算不能满足要求时，可在梁端设置刚性垫块。刚性垫块不仅使梁端压力较好地传至砌体截面上，还可以增大局部受压面积。梁下垫块通常采用预制刚性垫块，有时也将垫块与梁现浇成整体。

刚性垫块是指高度 $t_b \geq 180$ mm，而挑出梁边的长度不大于 t_b 的垫块。考虑到垫块底面压应力分布的不均匀性，为了安全，垫块外砌体面积的有利影响系数 γ_1 取 0.8γ；刚性垫块下砌体的局部受压可采用砌体偏心受压短柱的承载力表达式进行计算。因此，在梁端下设有刚性垫块的砌体局部受压承载力按下列公式计算：

$$N_0 + N_l \leq \varphi\gamma_1 f A_b \tag{4-30}$$
$$N_0 = \sigma_0 A_b \tag{4-31}$$
$$A_b = a_b b_b \tag{4-32}$$

式中，N_0——垫块面积 A_b 内上部轴向力设计值，N；

φ ——垫块上 N_0 及 N_l 合力的影响系数，应采用表 4-2～表 4-4 中当 $\beta \leq 3$ 时的 φ 值；

γ_1 ——垫块外砌体面积的有利影响系数，γ_1 取 0.8γ，但不小于 1.0，γ 为砌体抗压强度

提高系数，$\gamma = 1 + 0.35\sqrt{\dfrac{A_0}{A_b} - 1}$；

A_b ——垫块面积，mm^2；

a_b ——垫块伸入墙内的长度，mm；

b_b ——垫块的宽度，mm。

在带壁柱墙的壁柱内设刚性垫块时，其计算面积应取壁柱范围内的面积，而不应计算翼缘部分，同时壁柱上垫块伸入翼墙内的长度不应小于 120 mm（见图 4-3）。

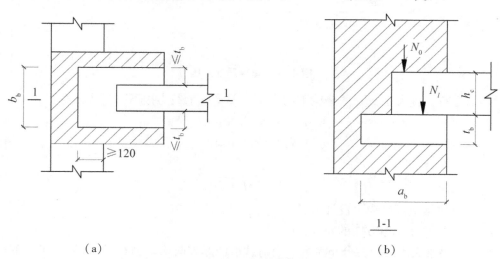

（a）   （b）

图 4-3　壁柱内设有垫块时梁端局部受压

垫块上 N_l 作用点的位置可取 $0.4a_0$，a_0 为刚性垫块上表面梁端有效支承长度，按式（4-33）计算：

$$a_0 = \delta_1 \sqrt{\frac{h_c}{f}} \tag{4-33}$$

式中，δ_1——刚性垫块的影响系数，可按下表 4－6 采用。

表 4－6　刚性垫块的影响系数 δ_1 的取值

σ_0/f	0	0.2	0.4	0.6	0.8
δ_1	5.4	5.7	6.0	6.9	7.8

注：表中其间的数值可采用线性插值法求得。

（5）梁端下设有钢筋混凝土垫梁时砌体的局部受压承载力计算。

当支承在砌体上的梁端下部设有垫梁且垫梁长度大于 πh_0 时，垫梁相当于承受集中荷载的"弹性地基"上的无限长梁，砌体可视为支承垫梁的弹性地基。垫梁能够将梁端部的集中荷载传递到较大宽度的砌体中。根据弹性地基梁理论，将曲线压应力分布图简化为三角形压应力分布图，取折算应力的分布长度 $s = \pi h_0$，即可得梁底压应力分布图如图 4－4 所示。

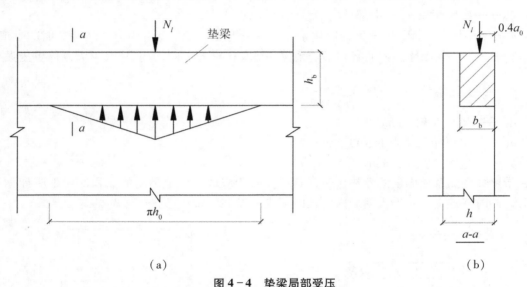

（a）　　　　　　　　　　　　　　　　　（b）

图 4－4　垫梁局部受压

对梁下设有长度大于 πh_0 的垫梁下的砌体局部受压承载力按下列公式计算：

$$N_0 + N_l \leqslant 2.4\delta_2 f b_b h_0 \tag{4-34}$$

$$N_0 = \pi b_b h_0 \sigma_0 / 2 \tag{4-35}$$

$$h_0 = 2\sqrt[3]{\frac{E_c I_c}{Eh}} \tag{4-36}$$

式中，N_0——垫梁上部轴向力设计值，N；

　　　b_b——垫梁在墙厚方向的宽度，mm；

　　　δ_2——垫梁底面压应力分布系数，当荷载沿墙厚方向均匀分布时，δ_2 取 1.0，不均匀分布时，经过计算分析考虑柔性垫梁不均匀局压情况，δ_2 取 0.8；

　　　h_0——垫梁折算高度，mm；

　　　E_c，I_c——分别为垫梁混凝土弹性模量和截面惯性矩；

　　　h_b——垫梁的高度，mm；

　　　E——砌体的弹性模量；

h ——墙厚，mm。

垫梁上梁端有效支承长度 a_0 可按式（4-33）计算。

4.3 轴心受拉、受弯和受剪

4.3.1 轴心受拉构件

砌体轴心受拉构件由于承载力极低，在工程中极少采用。圆形砌体水池、筒状仓库等为典型的轴心受拉构件，它们在水压力的作用下或仓库物料的侧向压力作用下会受到环向的拉力。

轴心受拉构件的承载力，应满足式（4-37）的要求：

$$N_t \leqslant f_t A \tag{4-37}$$

式中，N_t ——轴心拉力设计值；

f_t ——砌体的轴心抗拉强度值，应按表 3-12 采用。

4.3.2 受弯构件

过梁和挡土墙是常见的受弯构件。

对于受弯构件，不仅要计算其受弯承载力，还要验算其受剪承载力。

受弯构件的承载力，应满足式（4-38）的要求：

$$M \leqslant f_{tm} W \tag{4-38}$$

式中，M ——弯矩设计值；

f_{tm} ——砌体弯曲抗拉强度设计值，应按表 3-12 采用；

W ——截面抵抗矩，对于矩形截面，$W = \dfrac{bh^2}{12}$。

受弯构件的受剪承载力，应按下列公式计算：

$$V \leqslant f_v bz \tag{4-39}$$

$$z = I/S \tag{4-40}$$

式中，V ——剪力设计值；

f_v ——砌体的抗剪强度设计值，应按表 3-12 采用；

b ——截面宽度；

z ——内力臂，当截面为矩形时，z 取 $2h/3$（h 为截面高度）；

I ——截面惯性矩；

S ——截面面积矩。

4.3.3 受剪构件

砌体构件在垂直压力和剪力作用下有三种破坏形态，其中斜压破坏通过控制轴压比 $\dfrac{\sigma_0}{f}$ 不大于 0.8 来避免，而剪摩破坏（沿通缝）和剪压破坏（沿齿缝）的受剪承载力，则按下列公式计算：

$$V \leqslant (f_v + \alpha \mu \sigma_0) A \tag{4-41}$$

式中，V ——剪力设计值；

A ——水平截面面积；

f_v——砌体抗剪强度设计值，应按表 3-12 采用，对灌孔的混凝土砌块取 f_{vg}；

α——修正系数，当 $\gamma_G = 1.20$ 时，砖（含多孔砖）砌体取 0.60，混凝土砌块砌体取 0.64，当 $\gamma_G = 1.35$ 时，砖（含多孔砖）砌体取 0.64，混凝土砌块砌体取 0.66；

μ——剪压复合受力影响系数；

σ_0——永久荷载设计值产生的水平截面平均压应力，其值不应大于 $0.8f$。

f——砌体的抗压强度设计值；

当 $\gamma_G = 1.20$ 时，$\mu = 0.26 - 0.082\dfrac{\sigma_0}{f}$；当 $\gamma_G = 1.35$ 时，$\mu = 0.23 - 0.065\dfrac{\sigma_0}{f}$。

应注意，上述 f_v 取值不等于砌体的抗震抗剪强度设计值。此外，引入 α 系数意在考虑试验与工程实验的差异，统计数据有限以及《砌体结构设计规范》（GB 50003—2011）与《建筑抗震设计规范》（GB 50011—2010）的衔接过渡，从而保持大致相当的可靠度水准。

4.4 计算例题

【例题 4-1】 某矩形截面柱，施工质量控制等级为 B 级，采用强度等级为 MU15 的蒸压灰砂普通砖和 M10 的专用砂浆砌筑，柱在两个主轴方向的计算长度为 $H_0 = 7\,\mathrm{m}$，截面尺寸为 $490\,\mathrm{mm} \times 740\,\mathrm{mm}$，承受轴向荷载为 360 kN，在长边方向的偏心距为 $e = 100\,\mathrm{mm}$。试验算该柱的受压承载力。

【解】（1）查表法。

计算长边方向高厚比：

$$\beta = \gamma_\beta \frac{H_0}{h} = 1.2 \times \frac{7}{0.740} = 11.351 > 3$$

$$\frac{e}{y} = \frac{100}{370} = 0.27 < 0.6，符合规定。$$

$$\frac{e}{h} = \frac{100}{740} = 0.135$$

查表并用线性插值法得 $\varphi = 0.549$；截面面积 $A = 0.49 \times 0.74 = 0.362\,6\,\mathrm{m^2}$；查表得 $f = 2.31\,\mathrm{MPa}$；故 $N = \varphi f A = 459.85\,\mathrm{kN} > 360\,\mathrm{kN}$，满足要求。

验算沿短边方向的轴向受压承载力：

$$\beta' = \frac{H_0}{b} = \frac{7}{0.49} = 14.286$$

$$e = 0$$

查表并用线性插值法得 $\varphi = 0.763$；故 $N' = \varphi f A = 639.09\,\mathrm{kN} > 360\,\mathrm{kN}$，符合要求。

综上，该柱的承载力符合要求。

（2）公式法。

验算沿长边方向的轴向受压承载力：

$$\varphi_0 = \frac{1}{1 + \eta\beta^2} = 0.838，其中 \eta = 0.001\,5。$$

$$\varphi = \frac{1}{1 + 12\left[\dfrac{e}{h} + \sqrt{\dfrac{1}{12}\left(\dfrac{1}{\varphi_0} - 1\right)}\right]^2} = 0.548$$

故 $N = \varphi f A = 459.01 \text{ kN} > 360 \text{ kN}$ ，满足要求。

验算沿短边方向的轴向受压承载力：

$$\varphi = \varphi_0 = \frac{1}{1 + \eta\beta^2} = 0.766$$

故 $N' = \varphi f A = 641.61 \text{ kN} > 360 \text{ kN}$ ，符合要求。

综上，该柱的承载力符合要求。

【例题 4-2】某矩形截面砖柱，截面为 490 mm×370 mm，采用强度等级为 MU10 的烧结多孔砖、M5 的水泥混合砂浆砌筑，施工质量控制等级为 B 级。柱的计算高度 $H_0 = 5$ m，柱底截面的轴向力设计值分别为 160 kN 和 200 kN，试分别验算其承载力。

【解】由式（4-8），得砖柱高厚比为

$$\beta = \gamma_\beta \frac{H_0}{b} = 1.0 \times \frac{5.0}{0.37} = 13.51$$

由表 4-2，得 $\varphi = 0.782$。

因 $A = 0.49 \times 0.37 = 0.181\ 3 \text{ m}^2 < 0.3 \text{ m}^2$，取 $\gamma_a = A + 0.7 = 0.181\ 3 + 0.7 = 0.881\ 3$，由表 3-5，有

$$f = 0.881\ 3 \times 1.5 = 1.32 \text{ N/mm}^2$$

按式（4-10），$\varphi f A = 0.782 \times 1.32 \times 0.181\ 3 \times 1\ 000 = 187.15 \text{ kN}$

当柱底截面的轴向力设计值为 160 kN 时，$\varphi f A = 0.782 \times 1.32 \times 0.181\ 3 \times 1\ 000 = 187.15 \text{ kN} > 160 \text{ kN}$，该柱安全。

当柱底截面的轴向力设计值为 200 kN 时，$\varphi f A = 0.782 \times 1.32 \times 0.181\ 3 \times 1\ 000 = 187.15 \text{ kN} < 200 \text{ kN}$，该柱不安全。

【例题 4-3】如图 4-5 所示为一带壁柱窗间墙，采用强度等级为 MU15 的烧结多孔砖、MU10 的水泥混合砂浆砌筑，施工质量控制等级为 B 级，计算高度为 4.2 m，轴向压力设计值为 180 kN，弯矩设计值为 30 kN·m，向带壁柱一侧偏心。试验算其承载力。

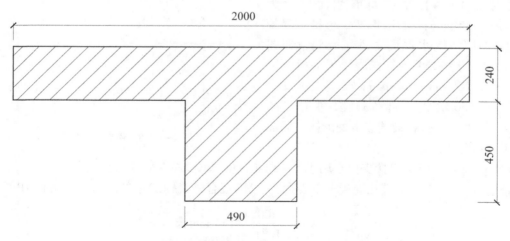

图 4-5 例题 4-3 图（单位：mm）

【解】先计算截面几何特征。

截面面积：

$$A = 2 \times 0.24 + 0.49 \times 0.45 = 0.7 \text{ m}^2$$

截面重心位置：

$$y_1 = \frac{2 \times 0.24 \times 0.12 + 0.49 \times 0.45 \times 0.465}{0.7} = 0.229 \text{ m}$$

$$y_2 = 0.69 - 0.229 = 0.461 \text{ m}$$

截面惯性矩：

$$I = \frac{2 \times 0.24^3}{12} + 2 \times 0.24 \times (0.229 - 0.12)^2 + \frac{0.49 \times 0.45^3}{12} + 0.49 \times 0.45 \times (0.461 - 0.225)^2$$

$$= 0.024 \text{ m}^4$$

回转半径：

$$i = \sqrt{\frac{I}{A}} = \sqrt{\frac{0.024}{0.7}} = 0.19 \text{ m}$$

折算厚度：

$$h_T = 3.5i = 3.5 \times 0.19 = 0.67 \text{ m}$$

偏心距：

$$e = \frac{M}{N} = \frac{30}{180} = 0.17 \text{ m} < 0.6y_2 = 0.6 \times 0.461 = 0.277 \text{ m}$$

$$\frac{e}{h_T} = \frac{0.17}{0.67} = 0.254$$

$$\beta = \gamma_\beta \frac{H_0}{h_T} = 1.0 \times \frac{4.2}{0.67} = 6.27$$

查表可知 $\varphi = 0.436$，$f = 2.31 \text{ MPa}$。

则承载力为

$$N = \varphi f A = 0.436 \times 2.31 \times 0.7 \times 10^6 = 705.01 \text{ kN} > 180 \text{ kN}$$

故承载力满足要求。

【例题 4 - 4】某窗间墙截面尺寸为 190 mm×1 000 mm，采用 MU7.5 单排孔混凝土空心砌块、M5 水泥混合砂浆砌筑，如图 4 - 6 所示。墙上支承钢筋混凝土梁，截面尺寸为 $b \times h = 200 \text{ mm} \times 400 \text{ mm}$。梁端支承反力设计值 $N_l = 50 \text{ kN}$，上部荷载设计值产生的轴力为 90 kN。试验算梁端支承处砌体的局部受压承载力是否满足要求。

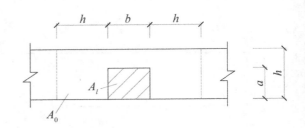

图 4 - 6　例题 4 - 4 图

【解】（1）假定梁直接支撑在墙上，$a = 240 \text{ mm}$，求梁端有效支承长度。

该墙采用 MU7.5 单排孔混凝土空心砌块、M5 混合砂浆砌筑，查表得 $f = 1.71 \text{ MPa}$，则

$$a_0 = 10\sqrt{\frac{h_c}{f}} = 10 \times \sqrt{\frac{400}{1.71}} = 153 \text{ mm} < a = 240 \text{ mm}$$

（2）求几何特征。

$$A_l = a_0 b = 153 \times 200 = 30\,600 \text{ mm}^2$$

$$A_0 = 240 \times (240 \times 2 + 200) = 163\,200 \text{ mm}^2$$

$$\frac{A_0}{A_l} = 5.33 > 3，不考虑上部荷载的影响。$$

（3）求相关系数。

$$\gamma = 1 + 0.35 \times \sqrt{\frac{A_0}{A_l} - 1} = 1 + 0.35 \times \sqrt{5.33 - 1} = 1.73 < 2$$

$$\frac{A_0}{A_l} > 3，取 \psi = 0；\eta 取 0.7。$$

（4）验算。

$$\frac{\dfrac{N_l}{A_l} + \psi\sigma_0}{\eta} = \frac{\dfrac{50\ 000}{30\ 600}}{0.7} = 2.33\ \text{MPa} \leqslant \gamma f = 1.73 \times 1.71 = 2.96\ \text{MPa}$$

故满足要求。

【例题 4-5】某窗间墙截面尺寸为 370 mm×1 200 mm，采用 MU20 烧结多孔砖、M5 混合砂浆砌筑；墙上支承有 200 mm 宽、550 mm 高的钢筋混凝土梁。梁上荷载设计值产生的支承压力设计值 $N_l = 185$ kN，上部荷载值在窗间墙上的轴向力设计值 $N_0 = 265$ kN。试验算梁端支承处砌体局部受压承载力。

【解】（1）假定梁直接支承在墙上，$a = 240$ mm。求有效支承长度 a_0 及局部受压面积 A_1，影响面积 A_0。

该墙采用 MU20 烧结多孔砖、M5 混合砂浆砌筑，查表得 $f = 2.12$ MPa，则

$$a_0 = 10\sqrt{\frac{h_c}{f}} = 10 \times \sqrt{\frac{550}{2.12}} = 161\ \text{mm} < a = 240\ \text{mm}$$

$$A_l = a_0 b = 161 \times 200 = 32\ 200\ \text{mm}^2$$

$$A_0 = 240 \times (240 \times 2 + 200) = 163\ 200\ \text{mm}^2，\frac{A_0}{A_l} = 5.07$$

（2）梁下设置预制刚性垫块，取 $t_b = 280$ mm，$a_b = 240$ mm，$b_b = 600$ mm（$< 200 + 2 \times 280 = 760$ mm），则

① $A_b = a_b b_b = 240 \times 600 = 144\ 000\ \text{mm}^2$

$$A_0 = 240 \times (240 \times 2 + 600) = 259\ 200\ \text{mm}^2，\frac{A_0}{A_b} = 1.8$$

$$\gamma = 1 + 0.35\sqrt{\frac{A_0}{A_b} - 1} = 1 + 0.35 \times \sqrt{1.8 - 1} = 1.31$$

$$\gamma_1 = 0.8\gamma = 0.8 \times 1.31 = 1.05$$

② $\sigma_0 = \dfrac{185\ 000}{240 \times 1\ 200} = 0.642\ \text{N/mm}^2，\dfrac{\sigma_0}{f} = \dfrac{0.642}{2.12} = 0.303$

$$N_0 = \sigma_0 A_b = 0.642 \times 144\ 000 = 92\ 448\ \text{N} = 92.448\ \text{kN}$$

③由表 4-5，刚性垫块的影响系数 δ_1 为

$$\delta_1 = 5.7 + \frac{6.0 - 5.7}{0.4 - 0.2} \times (0.303 - 0.2) = 5.85$$

$$a_0 = \delta_1\sqrt{\frac{h_c}{f}} = 5.85 \times \sqrt{\frac{550}{2.12}} = 94\ \text{mm}$$

垫块上 N_l 的作用点位置为

$$0.4a_0 = 0.4 \times 94 = 37.6 \text{ mm}$$

④求 φ 值。

$$e = \frac{M}{N} = \frac{265\,000 \times (120 - 37.6)}{92\,448 + 265\,000} = 61.1 \text{ mm}$$

$$\frac{e}{h} = \frac{61.1}{240} = 0.255, \quad \beta \leqslant 3$$

由表 4-2 有

$$\varphi = 0.52 + \frac{0.57 - 0.52}{0.275 - 0.25} \times (0.275 - 0.255) = 0.56$$

⑤验算。

$$\frac{\sigma_0 + \dfrac{N_l}{A_b}}{\varphi} = \frac{0.642 + \dfrac{185\,000}{144\,000}}{0.56} = 3.44 \text{ N/mm}^2 > \gamma_1 f = 1.05 \times 2.12 = 2.23 \text{ MPa}$$

故不满足要求。

【例题 4-6】 某圆形水池高 1.50 m，采用 MU20 混凝土普通砖、M10 专用砂浆砌筑，池壁厚度为 490 mm，施工质量控制等级为 B 级。试确定池壁能够承受的最大环向拉力。

【解】 查表 3-12，该池壁沿齿缝截面的轴心抗拉强度设计值为 $f_t = 0.19 \text{ MPa}$，则该池壁能够承受的最大环向拉力为

$$N_t = f_t \times b \times h = 0.19 \text{ MPa} \times 490 \text{ mm} \times 1\,500 \text{ mm} = 139.65 \text{ kN}$$

【例题 4-7】 某悬臂式矩形水池，壁高 1.5 m，壁厚 740 mm。采用 MU20 烧结普通砖及 M10 水泥砂浆砌筑，施工质量控制等级为 B 级。不计池壁自重，验算池壁下端截面的承载力。

【解】 （1）抗弯承载力验算。

按式（4-38）计算抗弯承载力，查表 3-12，得该池壁沿通缝截面的弯曲抗拉强度设计值为 $f_{tm} = 0.17 \text{ MPa}$，则

$$W = \frac{1}{6}bh^2 = \frac{1}{6} \times 1 \times 0.74^2 = 0.09 \text{ m}^3$$

池底部截面弯矩为

$$M = \frac{1}{6}pH^2 = \frac{1}{6} \times 10 \times 1.5 \times 1.5^2 \times 1.4 = 7.88 \text{ kN} \cdot \text{m}$$

$$f_{tm}W = 0.17 \times 0.09 \times 10^3 = 15.3 \text{ kN} \cdot \text{m}$$

则 $f_{tm}W > M$，故池壁抗弯承载力满足要求。

（2）抗剪承载力验算。

按式（4-39）计算抗剪承载力，池壁底端产生的剪力为

$$V = \frac{1}{2}pH = \frac{1}{2} \times 10 \times 1.4 \times 1.5 = 10.5 \text{ kN}$$

查表 3-12，得该池壁抗剪强度设计值为 $f_v = 0.17 \text{ MPa}$，则

$$f_v bz = 0.17 \times 10^3 \times 1 \times \frac{2}{3} \times 740 = 83.87 \text{ kN}$$

则 $V \leqslant f_v bz$，故池壁抗剪承载力满足要求。

本章小结

（1）受压构件承载力受砌体的抗压强度、构件的截面面积、偏心距及高厚比影响。

（2）砌体局部受压时，由于应力扩散作用，局部抗压强度大于一般情况下的抗压强度。但只能在一定范围内提高砌体的抗压强度，因为局部受压面积过小易导致砌体局部抗压强度不足，从而发生倒塌事故。

（3）梁的挠曲变形和支承处砌体的压缩变形，使梁端发生转动，支承处砌体局部受压面上呈现不均匀分布压应力。两端支承砌体局部受压承载力不足时，可采用设置垫块或垫梁。

（4）设置刚性垫块能够增大局部受压面积，将梁端压力较好地传递到砌体截面上。垫块底面积以外的砌体有利于砌体局部抗压强度。

（5）砌体轴心受拉构件由于承载力极低，在工程中极少采用。对于受弯构件，不仅要计算其受弯承载力，还要验算其受剪承载力。砌体构件在剪力作用下有三种破坏形态，通过控制轴压比来避免斜压破坏。

思考题与习题

4－1 简述影响砌体结构受压构件承载力的主要因素。

4－2 简述无筋砌体构件受压承载力计算中，系数 φ 的意义，其与哪些因素有关？

4－3 无筋砌体受压截面的轴向力偏心距 e 有何限制？为何要对其进行限制？若超过限制应如何处理？

4－4 何谓折算厚度？如何计算 T 形截面、十字形截面的折算厚度？

4－5 简述为何砌体局部抗压强度会提高。

4－6 何谓局部抗压强度提高系数？为何要规定限值？其与哪些因素相关？

4－7 影响局部抗压强度的计算面积 A_0 应该如何采用？

4－8 在验算梁端支承处局部受压承载力时，为何要考虑对上部荷载的折减？

4－9 何谓梁端有效支撑长度？应该如何计算？

4－10 若梁端支承处砌体局部受压承载力不能满足时，应该采取哪些措施？

4－11 何谓刚性垫块？为何梁垫计算公式中局部抗压强度提高系数要采用 γ_1 而不是 γ？

4－12 轴心受拉、受弯和受剪承载力如何验算？在实际工程中，有哪些结构构件属于上述情况？

4－13 当梁端设有刚性垫块时，对其尺寸有何要求？应该怎样计算其砌体局部受压承载力？

4－14 当带壁柱墙的壁柱内设刚性垫块时，如何确定其砌体局部抗压强度提高系数？

4－15 何谓垫梁？设置垫梁时砌体局部受压承载力计算公式的推导有何理论依据？

4－16 某砖柱其截面尺寸为 $b \times h = 490 \text{ mm} \times 620 \text{ mm}$，采用 MU20 烧结多孔砖及 M10 水泥砂浆砌筑，计算高度 $H_0 = 6 \text{ m}$，柱顶承受轴向压力设计值 $N = 570 \text{ kN}$，施工质量控制等级为 B 级，试验算该柱的承载力。

4－17 某承重横墙厚 190 mm，采用 MU15 单排孔混凝土小型空心砌块及 Mb7.5 水泥砂浆砌筑，计算高度 $H_0 = 3$ m，施工质量控制等级为 B 级。试计算每米横墙所能承受的轴心压力设计值。

4 - 18　某窗间墙截面为 1 200 mm × 370 mm，采用 MU15 烧结多孔砖及 M7.5 水泥混合砂浆砌筑，施工质量控制等级为 B 级，墙上支承钢筋混凝土梁的截面尺寸为 $b × h = 300$ mm × 650 mm，支撑长度为 370 mm，梁端支承压力设计值为 90 kN，上部荷载轴向力设计值为 120 kN。试验算梁端支承处局部受压承载力。

4 - 19　某圆形水池壁厚 370 mm，采用 MU15 烧结页岩多孔砖及 M10 水泥砂浆砌筑，施工质量控制等级为 B 级。试确定池壁能够承受的最大环向拉力。

4 - 20　某房屋中横墙截面为 3 600 mm × 240 mm，采用烧结多孔砖 MU15 及 M10 混合砂浆砌筑，施工质量控制等级为 B 级。由恒荷载标准值作用于墙顶水平界面上的力为 0.78 N/mm²，作用于墙顶的水平剪力设计值为 280 kN。试验算该墙体的抗剪承载力。

第 5 章　混合结构房屋墙体设计

本章学习目标：

（1）了解混合结构房屋的结构组成与布置方案及其静力计算方案的分类；

（2）了解单层及多层混合结构房屋的空间工作性能；

（3）掌握墙柱高厚比的验算方法及其主要影响因素，熟悉墙、柱计算高度及受荷范围、计算截面宽度和控制截面的确定；

（4）掌握单层及多层混合结构房屋的刚性、弹性和刚弹性方案房屋计算方法；

（5）了解上柔下刚多层混合结构房屋墙、柱及地下室墙的计算特点。

5.1　混合结构房屋的结构组成与布置方案

5.1.1　混合结构房屋的组成

混合结构房屋通常是指结构体系采用两种及两种以上结构形式组成的承重结构，如采用钢筋混凝土楼盖、屋盖和砌体墙、柱、基础等的房屋。混合结构房屋的墙体材料具有就地取材、造价低、充分利用工业废料等特点，因此在多个建筑领域中应用十分广泛。如在一般民用建筑中，可用于多层住宅、宿舍、办公楼、商店、食堂等，若采用配筋砌体，还可用于小高层住宅、公寓；在工业建筑中，可用于中小型单层及多层工业厂房、仓库等。

过去我国混合结构房屋的墙体材料大多采用黏土砖，然而黏土砖存在自重大、导热性能不良等缺点，且烧制过程占用过多农田资源，不利于生态环境可持续发展，所以逐渐被禁止使用。如今的墙体材料大多采用节能环保、轻质高强的材料，如蒸压粉煤灰普通砖、蒸压灰砂普通砖、烧结多孔砖、空心砖、混凝土空心砌块和轻骨料混凝土空心砌块等。

混合结构房屋中，由板、梁等构件组成的楼（屋）盖是混合结构的水平承重结构，墙、柱和基础组成混合结构的竖向承重结构。这些承重结构互相连结，共同构成混合结构的承重体系，构成房屋的空间结构。其中，墙体在混合结构中不仅起到了承重作用，也起到了围护与隔断作用，是竖向承重系统的关键，所以墙体的布置是混合结构房屋设计的关键环节，承重墙体的设计也应满足建筑功能、使用及结构合理、经济的要求。

5.1.2　混合结构房屋的结构布置方案

根据荷载传递路线的不同，混合结构房屋的结构布置有横墙承重、纵墙承重、纵横墙承重以及底层框架承重四种方案。

（1）横墙承重方案。

该方案中，屋盖和楼盖构件均搁置在横墙上，构件所承受的荷载也仅传递于横墙，而纵墙仅起围护作用，如图 5-1 所示。其荷载的传递路径是：楼（屋）盖荷载→楼（屋）面板

→横墙→基础→地基。

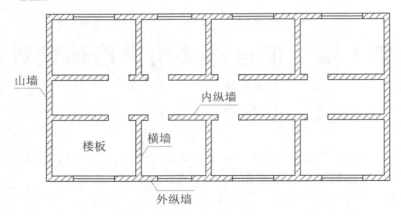

图 5-1 横墙承重方案图

横墙承重方案适用于开间不大（一般为 3～4.5 m）的房间布置，如住宅、宿舍、旅馆、招待所等。横墙承重结构的特点是：

①横墙间距较小且数量较多，又有纵墙在纵向拉结，因此房屋横向刚度较大，整体性好，抵抗风荷载、地震作用以及调整地基不均匀沉降的能力较强；

②纵墙不承重，承载力通常有富余，建筑立面易处理，门窗洞口的大小和位置的限制较少；

③楼（屋）盖结构一般采用钢筋混凝土板，楼（屋）盖结构简单，施工方便，但较纵墙承重方案使用墙体材料较多；

④横墙较密使得建筑平面布局不灵活，较难改变房屋使用条件；

⑤在地震区优先采用横墙承重方案。

（2）纵墙承重方案。

该方案中，房屋可有较大开间或改变横墙位置，其横墙间距很大甚至无横墙，使得楼、屋面荷载由纵墙承受，如图 5-2 所示。其竖向荷载的主要传递路线是：楼（屋）盖荷载→楼（屋）面板→纵墙→基础→地基。

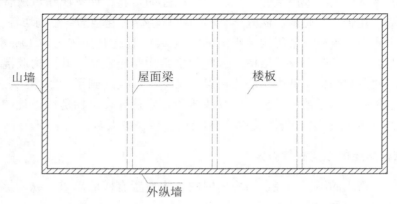

图 5-2 纵墙承重方案图

纵墙承重结构主要用于开间较大的教学楼、医院、食堂等房屋中。纵墙承重结构的特点是：

①纵墙承受主要的荷载，可增大横墙的间距使房屋获得较大空间，利于平面灵活布局，但房屋横向刚度较弱；

②纵墙承受的荷载较大，纵墙上门窗洞口的布置及大小受到一定的限制；

③与横墙承重结构相比，墙体材料用量少，楼（屋）盖构件所用材料较多。

（3）纵横墙承重方案。

若建筑开间需较多变化，为能合理地进行结构布置，通常采用纵横墙承重方案，如图5-3所示。其荷载的传递路径是：

$$\left.\begin{array}{l}梁\rightarrow纵墙\\ 屋面（楼盖）荷载\\ 横墙或纵墙\end{array}\right\}\rightarrow基础\rightarrow地基$$

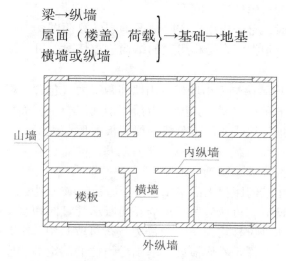

图 5-3 纵横墙承重方案图

纵横墙承重结构广泛应用于工程结构中，其特点是：

①房屋沿纵、横向刚度均较大且砌体应力较均匀，具有较强的抗风能力；

②房间布置灵活，空间刚度与整体性好，且在占地面积相同的条件下，外墙面积较小。

（4）底部框架承重。

对于底层商店上部住宅的建筑，为满足其不同的建筑使用功能要求，可采用底部钢筋混凝土框架、上部多层砌体结构的布置方案。与全框架相比，可节约钢材、水泥，降低房屋造价，但底层刚度小，是薄弱处，且抗震性能较差。其荷载的传递路径为：

上层：

$$屋面（楼盖）荷载\rightarrow\left\{\begin{array}{l}梁\rightarrow纵墙\\ 横墙\end{array}\right.$$

转换层：

$$\left.\begin{array}{l}纵墙\\ 横墙\end{array}\right\}\rightarrow框架梁\rightarrow框架柱\rightarrow基础\rightarrow地基$$

以上是从大量的工程实践中概括出来的几种混合结构房屋承重方案。在实际工程中，一般情况下没有绝对的横墙承重体系或绝对的纵墙承重体系，因此，在设计时，应根据不同的建筑使用功能要求及建筑施工技术与条件，选择经济、安全、合理的承重方案。

5.2 混合结构房屋的静力计算方案

5.2.1 混合结构房屋的空间工作

　　混合结构房屋由屋盖、楼盖、墙、柱及基础组成，在竖向荷载（结构自重、屋面和楼面的活荷载）和水平荷载（风荷载和地震荷载）作用下构成了一个空间受力体系。房屋在荷载作用下的抗变形能力称为房屋的空间刚度。

　　进行墙体内力计算时，首先应根据实际情况确定计算简图，力求该计算简图能反映结构受力特征，且计算简便。根据混合结构房屋的结构组成情况，可将混合结构房屋的空间工作分成以下两种情况。

　　（1）第一种情况：房屋两端无山墙或者山墙间距很大（包含一端有山墙的情况）。

　　两端没有设置山墙的单层房屋，其屋盖为预制钢筋混凝土屋面板和屋面大梁，此时外纵墙承重。竖向荷载的传递路线是：屋盖荷载→屋面板→屋面大梁→纵墙→基础→地基。水平荷载的传递路线主要是：风荷载→纵墙→基础→地基，同时还有一部分的传递路线为：风荷载→纵墙→屋盖→另一面纵墙→基础→地基。

　　对于两端无山墙或山墙间距很大的房屋，由于屋盖的横向刚度很小，在水平荷载作用下，两边纵墙的位移相同。此时，可认为房屋每个开间所承受竖向和水平荷载时的结构受力和变形相似，其柱顶产生的水平位移均为 u_p，故静力分析可取其中一个开间为计算单元。若把计算单元的纵墙看作排架柱，屋盖看作横梁，基础看作柱的固定端支座，屋盖和墙的连接点看作铰接点，则计算单元如同一单跨平面排架，属于平面受力体系，房屋的空间工作性能很小（见图 5-4）。

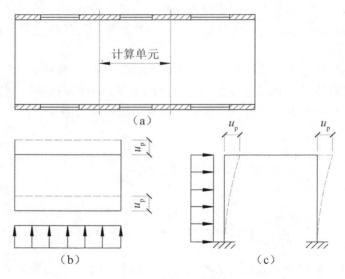

图 5-4 两端没有设置山墙的单层房屋

　　（2）第二种情况：房屋两端有山墙或房屋横墙较多。

　　两端有山墙的单层房屋，竖向荷载的传递路线为：屋盖荷载→屋面板→屋面大梁→纵墙→基础→地基。水平荷载的传递路线为：风荷载传到纵墙，其中一部分荷载传给纵墙基础，并传递到地基；另一部分传给屋盖，传给屋盖的荷载大部分传到山墙，并传给山墙基础，再传到地基。

在水平荷载作用下，山墙的侧移刚度比各计算单元排架大得多，屋盖可看作是支撑于山墙顶和各排架柱顶的弹性连续复合梁。房屋受山墙和横墙约束形成空间受力体系，纵墙顶部的水平位移不仅与纵墙本身刚度有关，而且与屋盖的水平刚度和山墙的刚度有关。山墙的约束使得各个计算单元的水平位移沿纵向发生变化，表现出两端小、中间大的特征，房屋中部排架的柱顶水平位移最大，为 $u_s = u_1 + u_2$，u_2 为中部排架柱顶相对于山墙顶的水平位移，u_1 为山墙顶的水平位移，u_s 取决于纵墙的刚度、屋盖的刚度、山墙的刚度和山墙的间距，显然 $u_s < u_p$（见图 5-5）。

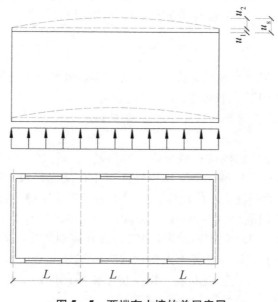

图 5-5　两端有山墙的单层房屋

对比以上两种情况可以看出，房屋的空间作用产生的结果使房屋的水平位移减小。当无山墙或山墙间距很大时，可按照第一种情况进行计算，当有山墙且间距很小时，u_s 接近于 0，其他时候可按第二种情况计算。

5.2.2　房屋静力计算方案的分类

根据屋盖或楼盖的类别和横墙的间距，工程设计中将混合结构房屋静力计算方案划分为刚性方案、弹性方案和刚弹性方案三种方案。

（1）刚性方案房屋。

刚性方案房屋是指房屋的空间刚度很大，空间工作性能很好，在水平荷载作用下，房屋的水平位移很小，可忽略不计，此时，将屋盖视作纵向墙体上端的不动铰支座，墙、柱上端为不动铰支承的竖向构件。这种房屋的屋盖或楼盖的水平刚度大，横墙间距小，房屋的空间性能影响系数满足 $0.33 < \eta < 0.37$。混合结构的多层办公楼、宿舍、医院等一般属于刚性方案房屋。

（2）弹性方案房屋。

弹性方案房屋是指房屋的空间刚度很小，房屋的最大水平位移接近平面排架的水平位移，此时墙、柱的内力按照屋架、大梁与墙、柱为铰接的不考虑空间工作的平面排架或框架计算。此类房屋山墙和横墙的间距很大，属于平面传力体系，房屋的空间性能影响系数满足 $0.77 < \eta < 0.82$。混合结构的单层厂房、仓库、食堂等多属于弹性方案房屋。

（3）刚弹性方案房屋。

若房屋的空间刚度介于上述两种方案之间，房屋在水平荷载作用下，纵墙顶端的水平位移比弹性方案要小，但又不可忽略，房屋的受力状态介于刚性方案与弹性方案之间，房屋的空间性能影响系数满足 $0.33 < \eta < 0.82$，墙、柱的内力按屋架、大梁与墙、柱为铰接的并考虑空间工作的平面排架或框架计算。这类房屋称作刚弹性方案房屋。

房屋空间作用的大小可以用空间性能影响系数 η 表示，将 η 定义为考虑空间作用的排架柱顶水平位移和在外荷载作用下平面排架的水平位移的比值，即

$$\eta = \frac{u_s}{u_p} = 1 - \frac{1}{chks} \tag{5-1}$$

式中，u_s——考虑空间作用时，水平荷载作用下房屋排架水平位移的最大值；

u_p——水平荷载作用下，平面排架的水平位移；

k——屋盖系统的弹性常数，取决于屋盖的刚度；

s——横墙的间距。

η 也称为考虑空间作用后的侧移折减系数，其值越大表示房屋排架柱顶最大水平位移与平面排架的柱顶位移越接近，房屋的空间作用性能越小；反之，表示房屋的空间作用性能越大。η 可作为衡量房屋空间刚度大小的尺度，同时也是确定房屋静力计算方案的依据。

按照《砌体结构设计规范》（GB 50003—2011）的规定，当 $\eta > 0.77$ 时，按弹性方案计算是偏于安全的；当 $\eta < 0.33$ 时，按照刚性方案计算和按刚弹性方案计算所得截面尺寸的差别不大，但用刚性方案计算可以使计算大大简化；当 $0.33 < \eta < 0.82$ 时，用刚弹性方案进行计算。可根据三种类别的屋盖或楼盖刚度，以及房屋横墙的间距 s 来确定静力计算方案，如表 5-1 所示。

表 5-1　房屋静力计算方案

类别	屋盖或楼盖类别	刚性方案	刚弹性方案	弹性方案
1	整体式、装配整体和装配式无檩体系钢筋混凝土屋盖或钢筋混凝土楼盖	$s < 32$	$32 \le s \le 72$	$s > 72$
2	装配式有檩体系钢筋混凝土屋盖、轻钢屋盖和有密铺望板的木屋盖或木楼盖	$s < 20$	$20 \le s \le 48$	$s > 48$
3	瓦材屋面的木屋盖和轻钢屋盖	$s < 16$	$16 \le s \le 36$	$s > 36$

注：①表中 s 为房屋横墙间距，m；

②当屋盖、楼盖类别不同或横墙间距不同时，计算上柔下刚多层房屋顶层可按单层房屋计算；

③对无山墙或伸缩缝处无横墙的房屋，应按弹性方案考虑。

k 反映的是屋盖的刚度对房屋排架柱顶最大水平位移的影响，通常采用半经验、半理论的方法来确定 k 值，以实测的 u_s 和 u_p 值反算出 η 值，再代入上式计算出 k 值。根据计算结果

按刚度的大小将屋盖系统分成三类，见表5-1，并统计得到与不同类型屋盖对应的k值，即：

第一类屋盖，取$k=0.03$；

第二类屋盖，取$k=0.05$；

第三类屋盖，取$k=0.065$。

房屋各层的空间性能影响系数η_i可按表5-2确定。

表5-2 房屋各层的空间性能影响系数η_i

屋盖或楼盖类别	横墙间距s/m														
	16	20	24	28	32	36	40	44	48	52	56	60	64	68	72
1	—	—	—	—	0.33	0.39	0.45	0.50	0.55	0.60	0.64	0.68	0.71	0.74	0.77
2	—	0.35	0.45	0.54	0.61	0.68	0.73	0.78	0.82						
3	0.37	0.49	0.60	0.68	0.75	0.81									

注：i取$1\sim n$，n为房屋的层数。

5.2.3 刚性方案或刚弹性方案的横墙

从上一节的分析可知，房屋的计算方案取决于屋盖或楼盖的类别和房屋中横墙的间距，因此在刚性方案和刚弹性方案中，横墙需要有足够的刚度以保证屋盖或楼盖的支座位移不至过大。《砌体结构设计规范》（GB 50003—2011）规定刚性方案或刚弹性方案的横墙宜采用约束砌体或组合墙，并应符合下列要求：

（1）横墙的厚度不宜小于180 mm；

（2）横墙中开有洞口时，洞口的水平截面面积不应超过横墙截面面积的50%；

（3）单层房屋的横墙长度不宜小于其高度，多层房屋的横墙长度不宜小于$H/2$（H为横墙总高度）；

（4）横墙应与纵墙同时砌筑，若不能同时砌筑，应采取其他措施以保证房屋的整体刚度。

当横墙不能同时满足上述条件时，应对横墙的刚度进行验算。房屋顶端的水平荷载，对刚性方案房屋几乎完全由横墙来承担，对刚弹性方案房屋则部分由横墙承担，表5-2中的空间性能影响系数η_i是在忽略横墙水平变形的前提下求出的，若横墙的刚度不满足要求，房屋将产生过大的变形使计算出现较大误差。一般框架或排架的侧移为$H/500\sim H/400$，如房屋的最大水平位移$u_{\max}\leqslant\dfrac{H}{4\ 000}$时，该变形对框架或排架的内力影响很小，横墙仍可视作刚性或刚弹性方案房屋的横墙。此外凡符合上述刚度要求的一段横墙或其他结构构件（如框架等），也可视作刚性或刚弹性方案房屋的横墙。

单层房屋横墙在顶端水平集中力F的作用下的最大水平位移$u_{\max}$由墙体弯曲变形和剪切变形两部分组成，计算时可将墙看作竖向悬臂梁，如图5-6所示，即：

$$u_{\max}=u_{b}+u_{v}=\frac{FH^{3}}{3EI}+\frac{FH}{\zeta GA} \qquad (5-2)$$

式中，F——作用于横墙顶端的水平集中力；

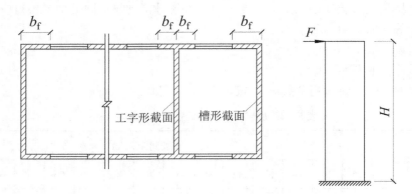

图 5-6　墙顶位移计算简图

H ——横墙的高度；

E ——砌体的弹性模量；

I ——横墙截面的惯性矩；

ζ ——考虑墙体剪应力分布不均匀和墙体洞口影响的折减系数；

G ——砌体的剪变模量，$G = 0.4E$；

A ——横墙截面面积。

在计算横墙的截面面积和惯性矩时，可将一部分纵墙视作横墙的翼缘，每边翼缘长度取 $0.3H$，按工字形或槽形截面计算。当横墙洞口的水平截面面积不大于横墙截面面积的 75%时，可近似按毛面积计算 A 和 I，此时 A 和 I 取值均偏大。I 取值偏大的幅度一般在 20%以内，这对弯曲变形的影响不大；而 A 取值偏大对剪切变形的影响则较大。为了减小由此产生的误差，同时考虑剪应力分布不均匀的特点，取 $\zeta = 0.5$。将 ζ 和 G 值代入式（5-2）得：

$$u_{\max} = \frac{FH^3}{3EI} + \frac{2FH}{EA} \tag{5-3}$$

若横墙洞口面积较大，则应按照净面积计算 A 和 I。

多层房屋可仿照上述方法进行计算：

$$u_{\max} = \frac{n}{6EI} \sum_{i=1}^{m} P_i H_i^3 + \frac{2.5n}{EA} \sum_{i=1}^{m} P_i H_i \tag{5-4}$$

式中，m ——房屋总层数；

n ——房屋开间数目；

P_i ——假定每开间框架各层均为不动铰支座时，第 i 层的支座反力；

H_i ——第 i 层楼面至基础上顶面的高度。

5.3　墙柱高厚比验算

混合结构房屋的墙和柱均是受压构件，在满足承载能力要求的同时，还必须满足墙、柱的稳定性要求。因而，《砌体结构设计规范》（GB 50003—2011）通过限制墙、柱的高厚比来保证砌体结构墙、柱在施工阶段和使用阶段的稳定性。

高厚比是指砌体墙、柱的计算高度 H_0 和墙厚或矩形柱较小边长 h 的比值。要确定高厚比是否满足要求，首先就要确定墙、柱的计算高度和允许的高厚比限值。

5.3.1 墙、柱的计算高度

混合结构房屋墙、柱的计算高度 H_0 与房屋的静力计算方案和墙、柱上端的支承条件等有关，由于刚性方案房屋的空间刚度大于弹性方案房屋的空间刚度，因此刚性方案房屋中墙、柱的计算高度通常小于弹性方案房屋。依据弹性稳定理论，结合砌体结构的特点，并参照《混凝土结构设计规范》（GB 50010—2010）中的有关规定，根据房屋类别和构件支承条件等情况，由表 4-2 给出墙、柱的计算高度。

表中 H 为构件高度，在房屋底层，它为楼板顶面至构件下端支点的距离，下端支点可取在基础顶面，当埋置较深且有刚性地坪时，可取在室外地面下 500 mm 处。其他楼层，H 取楼板或其他水平支点间的距离。对无壁柱的山墙，H 取层高加山墙尖高度的 1/2，有壁柱的山墙则可取壁柱处的山墙高度。对有吊车的房屋（或无吊车房屋的变截面柱），当荷载组合不考虑吊车作用时，变截面柱上段的计算高度仍按表 4-2 规定采用，但变截面柱下段的计算高度则按下列规则采用：

①当 $\dfrac{H_u}{H} \leqslant \dfrac{1}{3}$ 时，取无吊车房屋的 H_0；

②当 $\dfrac{1}{3} < \dfrac{H_u}{H} < \dfrac{1}{2}$ 时，取无吊车房屋的 H_0 乘以修正系数 μ，$\mu = 1.3 - 0.3 \dfrac{I_u}{I_l}$（$I_u$ 为变截面柱上段的惯性矩，I_l 为变截面柱下段的惯性矩）；

③当 $\dfrac{H_u}{H} \geqslant \dfrac{1}{2}$ 时，取无吊车房屋的 H_0，但在确定高厚比时，采用上柱截面。

5.3.2 墙、柱的受荷范围、计算截面宽度和控制截面

（1）墙、柱的受荷范围（见图 5-7）。

墙、柱的受荷范围应根据支承梁或楼板的情况确定。一般为梁的间距（或轴线间距、开间尺寸），当直接承受板的荷载时，则可取 1 m 板宽为受荷范围。

（2）确定混合结构房屋墙、柱的计算截面。

关键在于正确选取截面的翼缘宽度 b_f。如图 5-7 所示，带壁柱墙的计算截面翼缘宽度 b_f 可按下列规定采用：

①多层房屋，当有门窗洞口时，可取窗间墙宽度；当无门窗洞口时，每侧翼墙宽度可取壁柱高度（层高）的 1/3，但不应大于相邻壁柱间的距离。

②单层房屋，可取壁柱宽度加上墙高 H 的 2/3，但不应大于窗间墙的宽度和相邻壁柱间的距离。

③计算带壁柱墙的条形基础时，可取相邻壁柱间的距离。

④当转角墙段角部受竖向集中荷载时，计算截面的长度可从角点算起，每侧宜取层高的 1/3。当上述墙体范围内有门窗洞口时，则计算截面取至洞边，但不宜大于层高的 1/3。当上层的竖向集中荷载传至本层时，可按均匀荷载计算，此时转角墙段可按角形截面偏心受压构件进行承载力验算。

⑤对于直接承受楼板荷载的墙，当受荷宽度取 1 m 时，计算截面宽度也应取为 1 m。

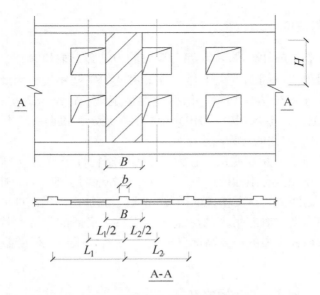

图 5-7　墙柱受荷范围及计算截面

（3）控制截面。

①对于多层房屋，上端弯矩最大，下端轴力最大，控制截面一般取墙、柱的上、下端截面，如图 5-8（a）所示。

②对于无吊车单层房屋，控制截面取弯矩和轴力都是最大的下端截面和中部弯矩较大的截面，如图 5-8（b）所示。

③对于有吊车的单层房屋，上柱控制截面取上柱下截面，下柱控制截面取上端和下端截面，如图 5-8（c）所示。

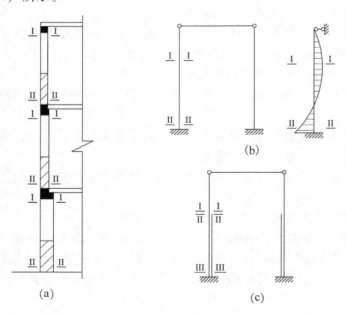

图 5-8　墙柱的控制截面

5.3.3　允许高厚比及影响高厚比的主要因素

墙、柱允许高厚比的限值是根据工程实践经验，经过大量调查研究及理论校核得到的，反映了在一定时期内材料的质量和施工的水平，《砌体结构设计规范》（GB 50003—2011）规定的墙、柱允许高厚比见表5-3。

表5-3　墙、柱允许高厚比 [β] 值

砌体类型	砂浆强度等级	墙	柱
无筋砌体	M2.5	22	15
	M5.0 或 Mb5.0，Ms5.0	24	16
	≥M7.5 或 Mb7.5，Ms7.5	26	17
配筋砌块砌体	—	30	21

注：①毛石墙、柱允许高厚比应按表中数值降低20%；
　　②带有混凝土或砂浆面层的组合砖砌体构件的允许高厚比，可按表中数值提高20%，但不得大于28%；
　　③验算施工阶段砂浆尚未硬化的新砌砌体构件高厚比时，允许高厚比对墙取14，对柱取11。

墙、柱高厚比的影响因素较多，难以用理论推导的公式来确定，《砌体结构设计规范》（GB 50003—2011）中规定的验算方法是结合我国的工程经验，综合考虑下列各种因素确定的。

（1）砂浆的强度等级。

砂浆的强度通过影响砌体的弹性模量来对砌体的刚度产生影响，由表5-3可以看出，砂浆强度越高，其对应的允许高厚比大一些；相反，高厚比小一些。

（2）砌体类型。

毛石墙、普通砌体墙、组合砌体墙，刚度依次提高，其对应的允许高厚比也相应提高。

（3）横墙间距。

横墙间距越小，墙体的稳定性越好，刚度越大，在高厚比验算中可通过改变墙体的计算高度来考虑这一因素。

（4）支承条件。

刚性方案房屋的墙、柱在屋盖和楼盖支承处水平位移小，其允许的高厚比可以大一些，相应的弹性方案和刚弹性方案房屋的允许高厚比要小一些，在高厚比验算中可通过改变墙体的计算高度来考虑这一因素。

（5）墙体截面刚度。

当墙上门窗洞口较多时，允许高厚比降低，高厚比验算时采用有门窗洞口墙允许高厚比修正系数来考虑这一因素。

（6）构件重要性和房屋的使用情况。

对次要构件，其允许高厚比可以适当增大；对于有振动的房屋，其允许高厚比应适当降低。

（7）构造柱间距。

墙中设置有构造柱时，墙体的稳定性更好，刚度也有所提高，高厚比验算时，引入构造柱、墙允许高厚比提高系数来考虑这一因素。同时应该注意的是，构造柱的浇筑是在砌筑墙体完成之后，因此考虑构造柱有利作用的高厚比验算不适用于施工阶段，所以应采取措施保

证构造柱浇筑前墙体的稳定性。

5.3.4 高厚比验算

5.3.4.1 一般墙、柱高厚比的验算

一般墙、柱高厚比的验算应按式（5-5）进行：

$$\beta = \frac{H_0}{h} \leqslant \mu_1 \mu_2 [\beta] \tag{5-5}$$

式中，H_0——墙、柱的计算高度，按表4-2采用；

h——墙厚或矩形柱与H_0相对应的边长；

μ_1——自承重墙允许高厚比修正系数，按表5-4采用；

μ_2——有门窗洞口墙允许高厚比修正系数；

$[\beta]$——墙、柱的允许高厚比，按表5-3采用。

表5-4　自承重墙允许高厚比修正系数μ_1

h/mm	90	240	90~240
μ_1	1.5	1.2	线性插值

上端为自由端的墙的允许高厚比可在上述规定提高的基础上再提高30%；对墙厚小于90 mm，在双面用不低于M10的水泥砂浆抹面，包括抹面层的墙厚不小于90 mm时，可按照墙厚等于90 mm验算高厚比。

有门窗洞口墙允许高厚比修正系数μ_2按照式（5-6）计算：

$$\mu_2 = 1 - 0.4 \frac{b_s}{s} \tag{5-6}$$

式中，b_s——在宽度s范围内的门窗洞口的总宽度；

s——相邻横墙、壁柱或构造柱间的距离（见图5-9）。

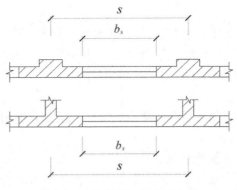

图5-9　门窗洞口宽度示意图

当按式（5-6）计算得到的μ_2小于0.7时，取0.7；当洞口高度等于或小于墙高的1/5时，取$\mu_2 = 1.0$；当洞口的高度大于或等于墙高的4/5时，可按独立墙段验算高厚比。

在进行墙、柱高厚比验算时应注意以下几点：

（1）当与墙连接的相邻两墙间的距离 $s \leqslant \mu_1 \mu_2 [\beta] h$ 时，墙的高度可不受 $\beta = \dfrac{H_0}{h} \leqslant \mu_1 \mu_2 [\beta]$ 的限制；

（2）变截面柱的高厚比可按上、下截面分别验算，验算上柱高厚比时，墙、柱的允许高厚比可按表 5-4 的数值乘以 1.3 后采用；

（3）当构造柱截面宽度不小于墙厚时，墙的允许高厚比可乘以系数 μ_c；

$$\mu_c = 1 + \gamma \frac{b_c}{l} \tag{5-7}$$

式中，γ ——系数，对细料石砌体，$\gamma = 0$，对混凝土砌块、混凝土多孔砖、粗料石、毛料石及毛石砌体，$\gamma = 1.0$，对其他砌体，$\gamma = 1.5$；

b_c ——构造柱沿墙长方向的宽度；

l ——构造柱的间距。

按式（5-7）计算 μ_c 时，当 $b_c / l > 0.25$ 时，取 $b_c / l = 0.25$；当 $b_c / l < 0.05$ 时，取 $b_c / l = 0$。

注：考虑构造柱有利作用的高厚比验算不适用于施工阶段。

5.3.4.2 带壁柱墙或带构造柱墙的高厚比验算

对带壁柱墙或带构造柱墙进行高厚比验算，是为了保证带壁柱墙和带构造柱墙的局部稳定。

（1）整片墙高厚比验算。

①带壁柱墙整片墙的高厚比的验算按式（5-8）计算：

$$\beta = \frac{H_0}{h_T} \leqslant \mu_1 \mu_2 [\beta] \tag{5-8}$$

式中，h_T ——带壁柱墙截面的折算厚度。

带壁柱墙截面的折算厚度 h_T 按式（5-9）计算：

$$h_T = 3.5i \tag{5-9}$$

$$i = \sqrt{\frac{I}{A}} \tag{5-10}$$

式中，i ——带壁柱墙截面的回转半径；

I，A ——分别为带壁柱墙截面的惯性矩和截面面积。

当确定带壁柱墙的计算高度 H_0 时，s 应取相邻横墙间距，如图 5-10（a）所示。

②带构造柱墙整片墙的高厚比按式（5-5）进行验算，但墙的允许高厚比 $[\beta]$ 可按表 5-4 的数值乘以提高系数 μ_c 后采用。当确定带构造柱墙的计算高度 H_0 时，s 应取相邻横墙间距，如图 5-10（b）所示。

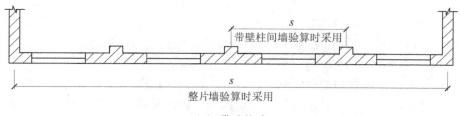

（a）带壁柱墙

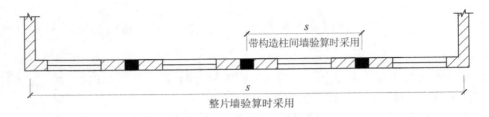

（b）带构造柱墙

图 5 - 10　带壁柱墙和带构造柱墙 s 取值

（2）壁柱间墙或构造柱间墙的高厚比验算。

壁柱间墙或构造柱间墙的高厚比可按式（5-5）验算，在确定计算高度 H_0 时，s 应取相邻壁柱或相邻构造柱间的距离，不论带壁柱墙或带构造柱墙的静力计算采用何种方案，壁柱间墙或构造柱间墙计算高度 H_0 可一律按刚性方案考虑。设有钢筋混凝土圈梁的带壁柱墙或带构造柱墙，当 $b/s \geqslant 1/30$（b 为圈梁的宽度）时，圈梁可视作壁柱间墙或构造柱间墙的不动铰支点。当不满足上述条件且不允许增加圈梁的宽度时，可按墙体平面外等刚度原则增加圈梁高度，此时，圈梁仍可视为壁柱间墙或构造柱间墙不动铰支点。

5.4　刚性方案房屋计算

刚性方案的房屋，即屋盖或楼盖处墙、柱顶无侧移的房屋，柱顶为不动铰。

5.4.1　单层刚性方案房屋

对于单层房屋，刚性方案的静力计算简图如图 5-11（a）所示，在荷载作用下，纵向的墙、柱视作上端为不动铰支承于屋盖，下端嵌固于基础的竖向构件，考虑到砌体房屋的自重较大，风荷载较小，取下端固接，这一般与实际情况是相符合的。

（1）竖向荷载作用下的内力计算。

与多层房屋相比，单层房屋的竖向荷载比较小，一般不对截面起破坏作用，反而起着有利作用。竖向荷载主要包括屋面荷载（屋盖自重、屋面活荷载或雪荷载）和墙柱自重。屋面荷载通过屋架或大梁作用于墙体顶部，相对于墙体中心线往往具有偏心距，因而屋面荷载将在墙顶产生轴心压力 N_l 和弯矩 M_l，而墙、柱的自重作用在截面的重心处。

竖向荷载作用下，墙、柱内力如图 5-11（b）所示，分别为

$$\begin{cases} R_A = -R_B = -3M_l/2H \\ M_A = M_l, \ M_B = -M_l/2 \\ N_A = N_l, \ N_B = N_l + N_G \end{cases} \tag{5-11}$$

式中，N_G——砌体墙、柱的自重。

当有女儿墙时，N_A，N_B 还应包括女儿墙的自重产生的墙、柱轴力。

（2）风荷载作用。

风荷载包括屋面风荷载和墙面风荷载两部分。其中，在刚性方案中屋面风荷载最终以集中力的方式通过不动铰支点由屋盖复合梁传给横墙，再由横墙传递到基础后传给地基，不在纵向墙、柱上产生内力，计算时不予考虑。墙面风荷载为均布荷载，计算时需考虑迎风面为压力，$\omega = \omega_1$，背风面为吸力，$\omega = -\omega_2$。

风荷载作用下，墙、柱内力如图 5-11（c）所示，分别为

$$
\begin{cases}
R_A = \dfrac{3\omega H}{8} \\[2mm]
R_B = \dfrac{5\omega H}{8} \\[2mm]
M_B = \dfrac{\omega H^2}{8} \\[2mm]
M_x = -\dfrac{\omega H x}{8}\left(3 - 4\dfrac{x}{H}\right)
\end{cases}
\tag{5-12}
$$

在 $x = \dfrac{3}{8}H$ 处，M_x 有最大值，且 $M_{\max} = -\dfrac{9\omega H^2}{128}$。

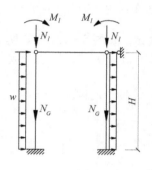 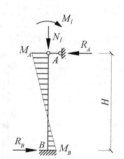 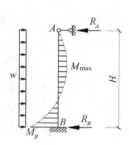

（a）计算简图　　　　（b）屋盖荷载下的内力　　　（c）风荷载下的内力

图 5-11　单层房屋刚性方案

（3）控制截面及内力组合。

验算时，一般取墙、柱底部为控制截面。若墙、柱为变截面，则需考虑变截面处的承载力、上、下墙和柱自重的偏心影响。此外，在验算截面承载力时，还应考虑荷载组合系数，其值见《建筑结构荷载规范》（GB 50009—2012）的规定。

墙截面宽度一般取窗间墙宽度，其控制截面为：墙柱顶端 Ⅰ-Ⅰ 截面、墙柱下端 Ⅱ-Ⅱ 截面和风荷载作用下最大弯矩对应的 Ⅲ-Ⅲ 截面（见图 5-12）。Ⅰ-Ⅰ 截面既有轴力 N 又有弯矩 M，按偏心受压验算承载力，同时还应验算梁下砌体的局部受压承载力，Ⅱ-Ⅱ 截面和 Ⅲ-Ⅲ 截面均按照偏心受压验算承载力。

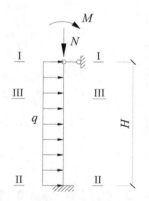

图 5-12　墙、柱控制截面位置

5.4.2 多层刚性方案房屋

在竖向荷载作用下，墙、柱在每层高度范围内，可近似视作两端铰支的竖向构件，在水平荷载作用下，墙、柱可视作竖向连续梁。

（1）计算简图的选取。

对于住宅、教学楼等多层民用房屋，由于横墙间距较小，一般采用刚性方案，需验算墙体高厚比和承载力。

混合结构房屋的纵墙一般比较长，设计时可仅取其中有代表性或较不利的一段墙、柱作为计算单元；无门窗洞口时，计算单元承受荷载范围的宽度 s 取相邻两开间的平均值或相邻壁柱间的距离，如图 5-13（a）所示，有门窗洞口时，承受荷载范围的宽度 s 一般取一个开间的门间墙或窗间墙的宽度，如壁柱的距离较大且层高较小时，$s = b + \dfrac{2}{3}H$（b 为壁柱宽度），且不大于相邻两开间的平均值；水平风荷载作用下，则视作竖向连续梁，如图 5-13（b）所示。

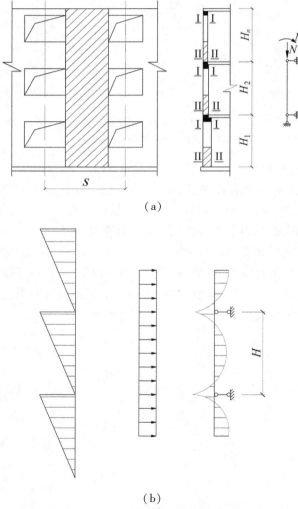

（a）

（b）

图 5-13　多层刚性方案房屋计算简图

（2）竖向荷载作用计算。

①基本规定。在竖向荷载作用下，假定多层房屋的墙、柱与基础的顶面铰接。这是因为在多层房屋基础的顶面上，由于轴向压力较大，而弯矩相对较小，所引起的偏心距较小，其偏心受压与轴心受压在承载力计算上相差不大，为简化计算而假定墙、柱在基础顶面处铰接。实践表明，此种假定既安全，又基本符合实际。

对本层的竖向荷载，应考虑对墙、柱的实际偏心影响。当梁支承于墙上时，根据理论研究和试验结果，并考虑上部荷载和由于塑性产生内力重分布

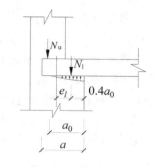

图 5-14　梁端支承压力位置

的影响，梁端支承压力 N_l 到墙内边的距离应取梁端有效支承长度 a_0 的 2/5（见图 5-14），由上面楼层传来的荷载 N_u，可视作作用于上一楼层的墙、柱截面重心处。

当板支承于墙上时，由于是大面积接触，且其刚度和所受荷载均比梁要小，板下砌体应力分布较平缓，故板端支承压力 N_l 到墙内边的距离可取板的实际支承长度 a 的 2/5。

对于梁跨度大于 9 m 的墙承重的多层房屋，按上述方法计算时，应考虑梁端约束弯矩的影响。可按梁两端固结计算梁端弯矩，再将其乘以修正系数 γ 后，按墙体线性刚度分到上层墙底部和下层墙顶部，修正系数 γ 可按式（5-13）计算：

$$\gamma = 0.2\sqrt{\frac{a}{h}} \tag{5-13}$$

式中，a ——梁端实际支承长度；

h ——支承墙体的墙厚，当上下墙厚不同时取下部墙厚，当有壁柱时取 h_T。

此规定的目的在于：当楼面梁支承于墙上时，梁端上下的墙体对梁端转动有一定的约束作用，因而梁端也有一定的约束弯矩。当跨度较小时，约束弯矩可以忽略；当跨度较大时，约束弯矩不能忽略，此时约束弯矩将在梁端上下墙体内产生弯矩，使墙体偏心距增大，产生不利情况，故引入上述修正系数 γ。

②内力分析。墙上端和下端的轴力 N 和弯矩 M 分别按下列公式计算：

上端：$N = N_u + N_l$，$M = N_l \times e_l$

下端：$N = N_u + N_l + N_G$，$M = 0$

式中，N_u ——上层传来的竖向荷载，作用于上层墙的截面重心处；

N_l ——本层楼盖传来的竖向荷载；

e_l —— N_l 的偏心距，对矩形截面墙，$e_l = \dfrac{h}{2} - 0.4a_0$；

N_G —— 本层墙的自重。

（3）水平风荷载作用计算。

①风荷载作用下的内力。在水平风荷载作用下，墙、柱可视作竖向连续梁。风荷载引起的弯矩按式（5-14）计算：

$$M = \frac{wH_i^2}{12} \tag{5-14}$$

式中，ω ——沿楼层高均布风荷载设计值，kN/m^2；

H_i ——层高，m。

②可不考虑风荷载影响应满足的条件。对于刚性方案的房屋而言，一般风荷载引起的内力不大，往往不到全部内力的5%，在进行房屋荷载组合时，风荷载的组合系数又小于1，因此房屋的荷载主要由竖向荷载起控制作用。根据大量计算和调查结果，当刚性方案多层房屋的外墙符合下列要求时，静力计算可不考虑风荷载的影响：

a. 洞口水平截面面积不超过全截面面积的2/3；

b. 层高和总高不超过表5-5的规定；

c. 屋面自重不小于0.8 kN/m²。

表5-5　外墙不考虑风荷载影响时的最大高度

基本风压值/（kN/m²）	层高/m	总高/m
0.4	4.0	28
0.5	4.0	24
0.6	4.0	18
0.7	3.5	18

注：对于多层混凝土砌块房屋，当外墙厚度不小于190 mm、层高不大于2.8 m、总高不大于19.6 m、基本风压不大于0.7 kN/m² 时，可不考虑风荷载的影响。

外纵墙除作为竖向偏心受压构件外，在风荷载作用下，还承受风荷载引起的弯矩，如同一个四边支承的板。根据我国大量工程实践经验，一般无须校核墙面的抗弯强度，即只要高厚比及其他墙体构造满足规范要求，此项强度就能够满足。

理论和实践经验都表明，等截面墙厚的房屋，当各层砌体的块体和砂浆强度等级都相同时，底层墙体最危险，对房屋的整体安全起控制作用。目前设计的多层砌体房屋几乎都是刚性方案的房屋，尤其在抗震设防区，对横墙的间距有严格的要求，其值都要远小于表5-1中的限值。根据使用功能不同，单层房屋不一定采用刚性方案，但由于该方案房屋设计简单、经济合理，设计应尽量采用该方案。

（4）多层房屋承重横墙的计算。

多层刚性方案房屋承重横墙的计算原理与纵墙承重方案外纵墙的相同，内横墙不需要考虑风荷载，而且两边楼盖的作用使得其偏心距往往很小，甚至为零故近似为轴心受压构件。外横墙常沿墙轴线取宽度为1.0 m的墙作为计算单元，如图5-15（a）所示。

竖向荷载作用下，横墙在每层高度范围内仍可近似视作两端铰支的竖向构件［图5-15（c）］。对于多层混合房屋，其横墙承载力验算可分为下面几种情况：当横墙的砌体材料和墙厚相同时，可只验算底层截面Ⅱ-Ⅱ的承载力［图5-15（b）］；当横墙的砌体材料或墙厚改变时，还应对改变处进行承载力验算；当左、右开间不相等或楼面荷载相差较大时，还应对顶部截面Ⅰ-Ⅰ按照偏心受压进行承载力验算；当楼面梁支承于墙上时，还应验算梁端下砌体的局部受压承载力。

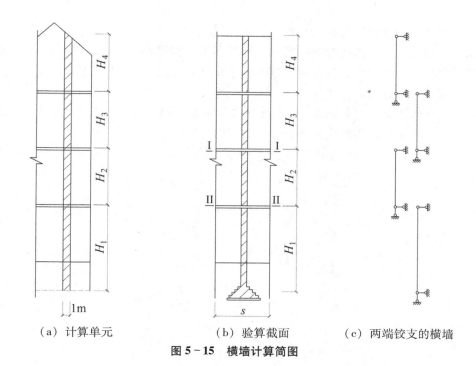

| (a) 计算单元 | (b) 验算截面 | (c) 两端铰支的横墙 |

图 5 - 15　横墙计算简图

5.5　弹性和刚弹性方案房屋计算

5.5.1　弹性方案单层房屋墙、柱的计算

（1）基本假定。

单层弹性方案房屋按屋架或屋面大梁与墙、柱为铰接且不考虑空间工作的平面排架确定墙、柱的内力，即按一般结构力学的方法进行计算。计算采用以下假定：

①纵墙、柱上端与屋架（或屋面梁）铰接，下端在基础顶面处固接；

②屋架（或屋面梁）可视作刚度无穷大的系杆，在荷载作用下不产生拉伸或压缩变形，因此柱顶水平位移值相等，如图 5 - 16 所示。

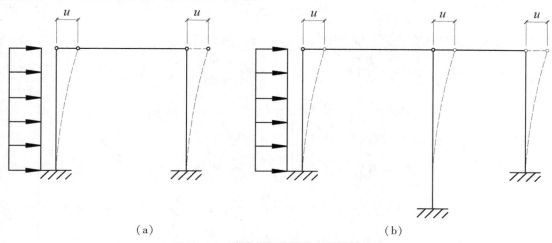

| (a) | (b) |

图 5 - 16　弹性方案单层房屋的计算简图

（2）弹性方案房屋墙、柱内力分析。

根据上述假定，单层弹性方案房屋的计算简图为铰接平面排架，可按平面排架进行内力分析。现以两柱均为等截面，且柱高、截面尺寸和材料均相同的单层单跨弹性方案房屋为例，简略说明其内力计算过程。

①屋盖荷载作用下。对如图 5-17 所示的单层单跨等高房屋，其两边墙、柱的刚度相等，当荷载对称时，排架柱顶不发生侧移，可求出其内力为

$$M_C = M_D = M \tag{5-15}$$

$$M_A = M_B = -\frac{M}{2} \tag{5-16}$$

$$M_x = \frac{M}{2}\left(2 - 3\frac{x}{H}\right) \tag{5-17}$$

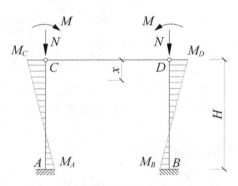

图 5-17　单层弹性方案房屋在屋盖荷载作用下的内力

②风荷载作用下。对如图 5-18（a）所示单层单跨等高房屋，在风荷载作用下排架产生侧移，假定在排架顶端加一个不动铰支座，与刚性方案相同，可求出其内力为

$$R = W + \frac{3}{8}(q_1 + q_2)H \tag{5-18}$$

$$M_{A(b)} = \frac{1}{8}q_1 H^2 \tag{5-19}$$

$$M_{B(b)} = -\frac{1}{8}q_2 H^2 \tag{5-20}$$

将反力 R 反向作用在排架顶端，由图 5-18（b）可得：

$$M_{A(c)} = \frac{1}{2}RH = \frac{H}{2}\left[W + \frac{3}{8}(q_1 + q_2)H\right] = \frac{W}{2}H + \frac{3}{16}H^2(q_1 + q_2) \tag{5-21}$$

$$M_{B(c)} = -\frac{1}{2}RH = -\left[\frac{W}{2}H + \frac{3}{16}(q_1 + q_2)H^2\right] \tag{5-22}$$

叠加图 5-18（b）和（c），得图 5-18（d）所示弯矩图。

$$M_A = M_{A(b)} + M_{A(c)} = \frac{WH}{2} + \frac{5}{16}q_1 H^2 + \frac{3}{16}q_2 H^2 \tag{5-23}$$

$$M_B = M_{B(b)} + M_{B(c)} = -\left(\frac{WH}{2} + \frac{3}{16}q_1 H^2 + \frac{5}{16}q_2 H^2\right) \tag{5-24}$$

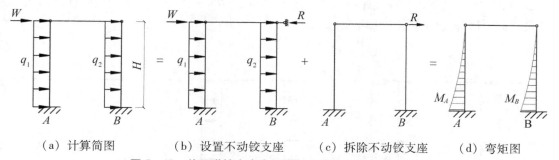

| （a）计算简图 | （b）设置不动铰支座 | （c）拆除不动铰支座 | （d）弯矩图 |

图 5-18 单层弹性方案房屋在风荷载作用下的内力计算

单层弹性方案房屋墙、柱的控制截面有两个，即柱顶和柱底截面，均按偏心受压验算墙、柱的承载力，对柱顶截面还需验算其他局部受压承载力。对变截面柱，还应验算变截面处截面的受压承载力。

多层混合结构房屋应避免设计成弹性方案的房屋。这是因为此类房屋的楼面梁与墙、柱的连接处不能形成类似于钢筋混凝土框架整体性好的节点，因此梁与墙的连接通常假设为铰接，在水平荷载作用下墙、柱水平位移很大，往往不能满足使用要求。另外，这类房屋空间刚度较差，容易引起连续倒塌。

5.5.2 刚弹性方案单层房屋墙、柱的计算

在水平荷载作用下，单层刚弹性方案房屋的计算简图如图 5-19 所示，与弹性方案房屋计算简图的主要区别在于柱顶附加了一个弹性支座，以反映结构的空间作用。弹性支座的刚度与房屋的空间性能影响系数 η 有关，η 查表 5-2 确定。

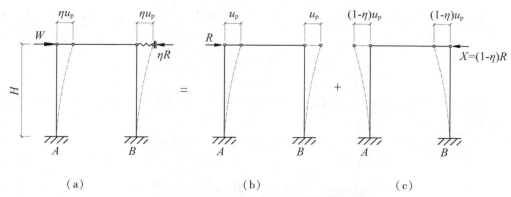

| （a） | （b） | （c） |

图 5-19 单层刚弹性方案房屋计算简图

如图 5-20 所示，在排架柱顶作用一集中力 W，其柱顶水平位移为 $u_s = \eta u_p$，较平面排架的柱顶水平位移 u_p 减小，其差值为

$$u_p - u_s = (1 - \eta) u_p \tag{5-25}$$

减小的侧移（$u_p - u_s$）可视为由弹性支座反力 X 引起的，假设排架柱顶不动铰支座反力为 R（此时 $R = W$），根据位移与内力的关系可求出此反力 X，即

$$\begin{cases} u_s / [(1 - \eta) u_p] = W / X \\ X = (1 - \eta) W \end{cases} \tag{5-26}$$

式（5-26）表明，弹性支座反力 X 与水平力 $W(=R)$ 的大小以及房屋空间性能影响系数 η 有关。此时屋盖处的作用力可看成：

$$R - X = R - (1 - \eta)R = \eta R \tag{5-27}$$

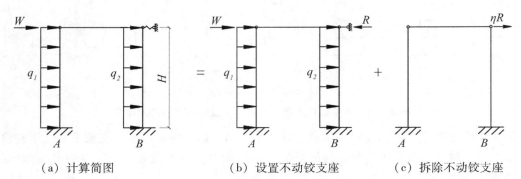

| (a) 计算简图 | (b) 设置不动铰支座 | (c) 拆除不动铰支座 |

图 5-20　刚弹性方案的内力计算

由此，刚弹性方案房屋墙、柱的内力分析如同一平面排架，只是以 ηR 代替 R 施加在排架柱顶进行计算。因 $\eta < 1$，刚弹性方案房屋墙、柱内力必然小于弹性方案房屋墙、柱的内力。

基于上述分析，刚弹性方案房屋墙、柱的内力可按下述步骤进行计算：

（1）在排架柱顶附加一不动铰支座，按无侧移排架求出荷载作用下的支座反力和柱顶剪力：

$$R_B = W + 3q_1 H/8 \tag{5-28}$$

$$R_D = 3q_2 H/8 \tag{5-29}$$

$$V_B^{(1)} = -3q_1 H/8 \tag{5-30}$$

$$V_D^{(1)} = -3q_2 H/8 \tag{5-31}$$

（2）将 $\eta(R_B + R_D)$ 反向施加在排架柱顶，然后按剪力分配法计算墙、柱内力。此时柱顶剪力为

$$V_B^{(2)} = \eta(R_B + R_D)/2 \tag{5-32}$$

$$V_D^{(2)} = \eta(R_B + R_D)/2 \tag{5-33}$$

（3）将上述两种情况的内力叠加，即可得到刚弹性方案房屋墙、柱的最后内力。柱顶剪力、柱底弯矩分别为

$$V_B = V_B^{(1)} + V_B^{(2)} = -3q_1 H/8 + \eta(8W + 3q_1 H + 3q_2 H)/16 \tag{5-34}$$

$$V_D = V_D^{(1)} + V_D^{(2)} = -3q_2 H/8 + \eta(8W + 3q_1 H + 3q_2 H)/16 \tag{5-35}$$

$$M_A = \eta WH/2 + (2 + 3\eta)q_1 H^2/16 + 3\eta q_2 H^2/16 \tag{5-36}$$

$$M_C = -\eta WH/2 - (2 + 3\eta)q_2 H^2/16 - 3\eta q_1 H^2/16 \tag{5-37}$$

竖向对称荷载作用下的单跨对称排架不会产生侧移，所以无论是弹性方案房屋还是刚弹性方案房屋，其墙、柱的内力计算方法均与刚性方案房屋相同。

5.5.3　上柔下刚多层房屋墙、柱的计算

对于上下部分使用功能不一的多层房屋，其下部楼层横墙间距较小、空间刚度较大，上部楼层横墙间距较大、空间刚度较小。这种下部楼层符合刚性方案房屋要求，而上部楼层超过刚性方案限值的房屋被称作上柔下刚多层房屋。

多层房屋在纵向各开间与单层房屋相似，存在空间受力性能，且上、下楼层之间存在相互影响的空间作用。实验与数据分析可知，多层房屋各层的空间性能影响系数 η_i 与单层房屋的相同，且不考虑上、下楼层间的空间作用是偏于安全的。因此，在设计上柔下刚多层房屋时，顶层可按单层房屋考虑，底部各楼层墙、柱则按刚性方案分析。

水平荷载作用下，上柔下刚多层房屋墙、柱的内力分析方法与单层刚弹性方案房屋墙、柱的内力分析方法相似，取多层房屋一个开间为计算单元作为平面排架计算简图。竖向荷载作用下，考虑到各楼层侧移较小，上柔下刚多层房屋墙、柱的内力可按刚性方案房屋的方法进行分析。

5.6 计算例题

【例题 5-1】某四层办公楼平面布置如图 5-21，采用装配式钢筋混凝土楼盖，采用MU10 单排孔混凝土砌块、双面粉刷，一层用 Mb10 水泥砂浆，二至四层采用 Mb7.5 水泥砂浆，层高为 3.3 m，一层从楼板顶面到基础顶面的距离为 4.5 m，窗洞宽均为 2 400 mm，门洞宽均为 900 mm。环境类别为 1 类，设计使用年限为 50 年，施工质量控制等级为 B 级。各层墙厚如图 5-21 所示，试验算各层纵、横墙的高厚比。

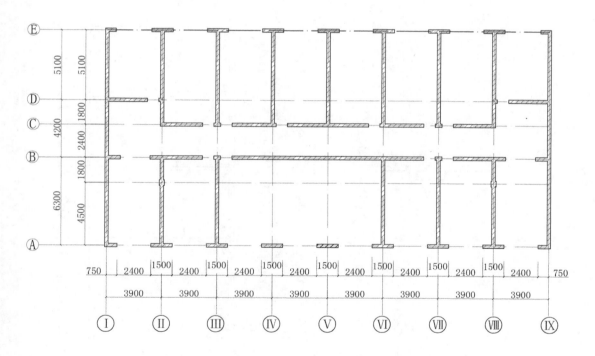

（a）二、三、四层平面（墙厚 240），一层平面（外纵墙厚 370，其他墙厚 240）

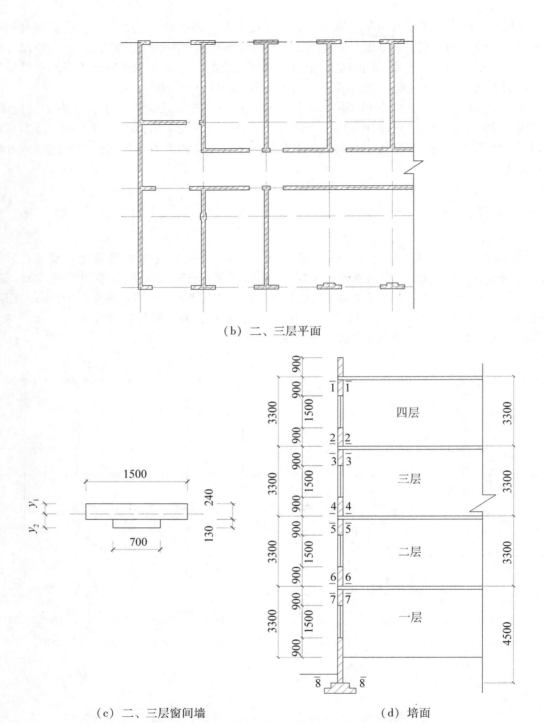

（b）二、三层平面

（c）二、三层窗间墙 　　　　　　　　　　　（d）墙面

图 5-21　某四层办公楼平面、剖面图

【解】（1）确定房屋的静力计算方案。

最大横墙间距 $s = 3.9 \times 3 = 11.7$ m，楼盖、屋盖类别属 1 类，$s < 32$ m，查表 5-1 属于刚性方案房屋。二至四层墙高 $H = 3.3$ m，墙厚 $h = 240$ mm，Mb7.5 水泥砂浆，查表 5-3 有 $[\beta] = 26$；一层墙高 $H = 4.5$ m，墙厚 $h = 370$ mm，Mb10 水泥砂浆，查表 5-3 有，$[\beta] = 26$。

（2）外纵墙高厚比验算。

办公楼第一层墙体采用 Mb10 水泥砂浆，其高厚比 $\beta = 4.5/0.37 = 12.162$，

第四层墙体采用 Mb7.5 水泥砂浆，其高厚比 $\beta = 3.3/0.24 = 13.75$，

第二、三层窗间墙的截面几何特征为

$$A = 1.5 \times 0.24 + 0.13 \times 0.7 = 0.451 \text{ m}^2$$

$$y_1 = [(1.5 - 0.7) \times 0.24 \times 0.12 + 0.7 \times 0.37 \times 0.185] / 0.451 = 0.157 \text{ m}$$

$$y_2 = 0.37 - 0.157 = 0.213 \text{ m}$$

$$I = [1.5 \times 0.157^3 + (1.5 - 0.7) \times (0.24 - 0.157)^3 + 0.7 \times 0.213^3] / 3$$
$$= 4.342 \times 10^{-3} \text{ m}^4$$

$$i = \sqrt{I/A} = 0.098 \text{ m}$$

$$h_T = 3.5i = 0.343 \text{ m}$$

第二、三层墙体高厚比 $\beta = 3.3/0.343 = 9.62$，故第四层墙体高厚比最大且水泥砂浆强度相对较低，首先对其进行验算。

取Ⓐ轴线上横墙间距最大的一段外纵墙，$H = 3.3 \text{ m}$，$s = 3.9 \times 3 = 11.7 \text{ m} > 2H = 6.6 \text{ m}$，查表 4-2，得 $H_0 = 1.0H = 3.3 \text{ m}$，则

$$\mu_2 = 1 - 0.4 \frac{b_s}{s} = 1 - 0.4 \times \frac{2.4}{3.9} = 0.75 > 0.70$$

$$\beta = 3.3/0.24 = 13.75 < \mu_2 [\beta] = 0.75 \times 26 = 19.5$$

故符合要求。

（3）内纵墙高厚比验算。

在Ⓑ轴线上横墙间距最大的一段内纵墙上开有两个门洞，则

$$\mu_2 = 1 - 0.4 \frac{b_s}{s} = 1 - 0.4 \times \frac{0.9 \times 2}{11.7} = 0.938 > 0.80$$

故不需验算即得该内纵墙高厚比符合要求。

（4）横墙高厚比验算。

由图可知，横墙长 $s = 6.3 \text{ m} < 32 \text{ m}$，查表 5-1 属刚性方案。$H = 3.3 \text{ m}$，$H < s < 2H$，查表 4-2，得

$$H_0 = 0.4s + 0.2H = 0.4 \times 6.3 + 0.2 \times 3.3 = 3.18 \text{ m}$$

承重墙 $\mu_1 = 1.2$，无门窗洞口 $\mu_2 = 1.0$，$\dfrac{b_c}{l} = \dfrac{0.24}{6.3} = 0.04 < 0.05$，$\mu_c = 1 + \gamma \dfrac{b_c}{l} = 1$，不考虑构造柱影响，所以 $\beta = \dfrac{H_0}{h} = \dfrac{3\,180}{240} = 13.25 < \mu_1 \mu_2 [\beta] = 1.2 \times 1.0 \times 26 = 31.2$，故符合要求。

【例题 5-2】某四层办公楼平面布置如图 5-21，采用装配式钢筋混凝土楼盖，采用 MU10 单排孔混凝土砌块、双面粉刷，一层用 Mb10 水泥砂浆，二至四层采用 Mb7.5 水泥砂浆，层高为 3.3 m，一层从楼板顶面到基础顶面的距离为 4.5 m，窗洞宽均为 2 400 mm，门洞宽均为 900 mm。环境类别为 1 类，设计使用年限为 50 年，施工质量控制等级为 B 级。各层墙厚如图 5-21 所示，试验算各层承重墙的承载力。

【解】（1）确定房屋的静力计算方案。

根据例题 5-1 可知，此房屋属于刚性方案房屋。

（2）荷载资料。

由《建筑结构荷载规范》（GB 50009—2012）、房屋屋面、楼面和墙面构造做法得各类荷载值如下：

①屋面恒荷载标准值。

20 mm 厚 1∶3 水泥砂浆找平层：$20 × 0.02 = 0.40$ kN/m²；

高聚合物改性沥青防水卷材：0.50 kN/m²；

30 mm 厚 1∶3 水泥砂浆 Φ4@200 双向配筋：$25 × 0.03 = 0.75$ kN/m²；

35 mm 厚无溶剂聚氨酯硬泡保温层：$4 × 0.035 = 0.14$ kN/m²；

1∶8 水泥膨胀珍珠岩找坡 2% 最小 40 mm 厚：$2.5 × (0.04 + 4.2 × 0.02/2) = 0.21$ kN/m²；

120 mm 厚钢筋混凝土板：$25 × 0.12 = 3.0$ kN/m²；

涂料顶棚：0.5 kN/m²；

屋面恒荷载合计：$g_k = 5.5$ kN/m²。

②上人屋面活荷载标准值：$q_k = 2.0$ kN/m²。

③楼面恒荷载标准值：

50 mm 厚 C20 细石混凝土面层：$24 × 0.05 = 1.2$ kN/m²；

120 mm 厚钢筋混凝土板：$25 × 0.12 = 3.0$ kN/m²；

涂料顶棚：0.5 kN/m²；

楼面荷载合计：$g_k = 4.7$ kN/m²；

楼面梁自重：$25 × 0.25 × 0.6 = 3.75$ kN/m²；

楼面活荷载标准值：$q_k = 2.5$ kN/m²。

④墙体自重标准值：

240 mm 厚墙体自重：5.24 kN/m²（按墙面积计）；

370 mm 厚墙体自重：7.71 kN/m²（按墙面积计）；

铝合金窗自重：0.25 kN/m²（按窗面积计）。

（3）纵墙内力计算和截面承载力验算。

①计算单元。

外纵墙取一开间为计算单元，如图 5-21（c）（d）所示，斜虚线部分为纵墙计算单元的受荷面积，窗间墙为计算截面。由于内纵墙洞口面积较小，因此纵墙承载力由外纵墙控制，内纵墙不必计算。

②控制截面。

由于一层和二、三、四层砂浆等级不同，要验算一层和二层墙体承载力，且每层墙体取两个控制截面。通常每层墙的控制截面位于墙的顶部梁（或板）的底面（如截面 1-1）和墙底的底面（如截面 2-2）处。在截面 1-1 等处，梁（或板）传来的支承压力产生的弯矩最大，且为梁（或板）端支承处，其偏心受压和局部受压均为不利。相对而言，截面 2-2 等处承受的轴向压力最大（相同楼层条件下）。

③荷载计算。

a. 各层墙重。

女儿墙即顶层梁高范围内墙重：女儿墙高度为 900 mm，屋面板或楼面板的厚度为 120 mm，梁高度为 600 mm，故

$$G_k = (0.9 + 0.12 + 0.6) × 3.9 × 5.24 = 33.11 \text{ kN}$$

二至四层墙重（每层墙重从上一层梁底面到下一层梁底面）：

$$G_{2k} = G_{3k} = G_{4k} = (3.9 \times 3.3 - 2.4 \times 1.5) \times 5.24 + 2.4 \times 1.5 \times 0.25 = 49.47 \text{ kN}$$

底层墙重（梁底面到基础顶面）：

$$G_{1k} = (3.9 \times 4.5 - 2.4 \times 1.5) \times 7.71 + 2.4 \times 1.5 \times 0.25 = 108.45 \text{ kN}$$

b. 屋面梁支座反力。

屋面恒荷载标准值传来：

$$N_{4qk} = \frac{1}{2} \times (5.5 \times 6.3 \times 3.9 + 3.75 \times 6.3) = 79.38 \text{ kN}$$

屋面活荷载标准值传来：

$$N_{4gk} = \frac{1}{2} \times 2 \times 6.3 \times 3.9 = 24.57 \text{ kN}$$

c. 楼面梁支座反力。

楼面恒荷载标准值传来：

$$N_{3gk} = N_{2gk} = N_{1gk} = \frac{1}{2} \times (4.7 \times 6.3 \times 3.9 + 3.75 \times 6.3) = 69.55 \text{ kN}$$

楼面活荷载标准值传来：

$$N_{3qk} = N_{2qk} = N_{1qk} = \frac{1}{2} \times 2.5 \times 6.3 \times 3.9 = 30.71 \text{ kN}$$

④内力组合。

二到四层采用 MU10 单排孔混凝土砌块、Mb7.5 水泥砂浆，查表 3-8 可知砌体的抗压强度设计值为 $f = 2.50$ MPa；一层采用 MU10 单排孔混凝土砌块、Mb10 水泥砂浆，砌体的抗压强度设计值为 $f = 2.79$ MPa。

a. 第四层：

（a）第四层截面 1-1 处：

$$N_1 = 1.3 \times (33.11 + 79.38) + 1.5 \times 24.57 = 183.09 \text{ kN}$$
$$N_{l4} = 1.3 \times 79.38 + 1.5 \times 24.57 = 140.05 \text{ kN}$$

屋（楼）面梁端均设有刚性垫块，$\sigma_0/f \approx 0$，$\delta_1 = 5.4$，刚性垫块上表面处梁端有效支承长度 a_0：

$$a_0 = 5.4 \sqrt{\frac{h_c}{f}} = 5.4 \times \sqrt{\frac{600}{2.50}} = 83.7 \text{ mm}$$

$$e_{l4} = \frac{240}{2} - 0.4 a_0 = 120 - 0.4 \times 83.7 = 86.5 \text{ mm}$$

$$e_1 = \frac{N_{l4} e_{l4}}{N_1} = \frac{140.05 \times 86.5}{183.09} = 66.2 \text{ mm}$$

（b）第四层截面 2-2 处：

$$N_2 = 1.3 G_{4k} + 183.09 = 1.3 \times 49.47 + 183.09 = 247.40 \text{ kN}$$

b. 第三层。

（a）第三层截面 3-3 处：轴向力为上述荷载 N_2 与本层楼盖荷载 N_{l3} 之和。

$$N_{l3} = 1.3 \times 69.55 + 1.5 \times 30.71 = 136.48 \text{ kN}$$
$$N_3 = 247.40 + 136.48 = 383.88 \text{ kN}$$

$$\sigma_0 = \frac{247.40 \times 10^{-3}}{0.36} = 0.687 \text{ MPa} , \ \sigma_0/f = \frac{0.687}{2.50} = 0.275 , \ \text{查表 4-5 得 } \delta_1 = 5.81 , \text{则}$$

$$a_0 = 5.81 \sqrt{\frac{h_c}{f}} = 5.81 \times \sqrt{\frac{600}{2.50}} = 90.0 \text{ mm} 。$$

$$M_3 = N_{l3}(y_2 - 0.4a_0) - N_2(y_1 - y)$$
$$= 136.48 \times (0.213 - 0.4 \times 0.09) - 247.40 \times (0.157 - 0.12)$$
$$= 15.00 \text{ kN} \cdot \text{m}$$

$$e_3 = \frac{M_3}{N_3} = \frac{15.00}{383.88} \times 1\,000 = 39.1 \text{ mm}$$

（b）第三层截面 4-4 处：

$$N_4 = 1.3G_{3k} + 383.87 = 1.3 \times 49.47 + 383.88 = 448.19 \text{ kN}$$

c. 第二层。

（a）第二层截面 5-5 处：轴向力为上述荷载 N_4 与本层楼盖荷载 N_{l2} 之和。

$$N_{l2} = 1.3 \times 69.55 + 1.5 \times 30.71 = 136.48 \text{ kN}$$
$$N_5 = 448.19 + 136.48 = 584.67 \text{ kN}$$

$$\sigma_0 = \frac{448.19 \times 10^{-3}}{0.36} = 1.24 \text{ MPa}，\sigma_0/f = 1.24/2.50 = 0.50，查表 4-5 得 \delta_1 = 6.45，则 a_0 =$$

$$6.45 \sqrt{\frac{h_c}{f}} = 6.45 \times \sqrt{\frac{600}{2.50}} = 99.9 \text{ mm} 。$$

$$M_5 = N_{l2}(y_2 - 0.4a_0) - N_4(y_1 - y)$$
$$= 136.48 \times (0.213 - 0.4 \times 0.099\,9) - 448.19 \times (0.157 - 0.12) = 7.03 \text{ kN} \cdot \text{m}$$

$$e_5 = \frac{M_5}{N_5} = \frac{7.03}{584.67} \times 1\,000 = 12.0 \text{ mm}$$

（b）第二层截面 6-6 处：

$$N_6 = 1.3G_{2k} + 584.67 = 1.3 \times 49.47 + 584.67 = 648.98 \text{ kN}$$

d. 第一层。

（a）第一层截面 7-7 处：轴向力为上述荷载 N_6 与本层楼盖荷载 N_{l1} 之和。

$$N_{l1} = 1.3 \times 69.55 + 1.5 \times 30.71 = 136.48 \text{ kN}$$
$$N_7 = 648.98 + 136.48 = 785.46 \text{ kN}$$

$$\sigma_0 = \frac{648.98 \times 10^{-3}}{1.5 \times 0.37} = 1.169 \text{ MPa}，\sigma_0/f = 1.169/2.79 = 0.42，查表 4-5 得 \delta_1 = 6.09，则$$

$$a_0 = 6.09 \sqrt{\frac{h_c}{f}} = 6.09 \times \sqrt{\frac{600}{2.79}} = 89.3 \text{ mm} 。$$

$$M_7 = N_{l1}(y - 0.4a_0) - N_6(y - y_1)$$
$$= 136.48 \times (0.185 - 0.4 \times 0.089\,3) - 648.98 \times (0.185 - 0.153)$$
$$= -0.39 \text{ kN} \cdot \text{m}$$

$$e_7 = \frac{M_7}{N_7} = \frac{0.39}{785.46} \times 1\,000 = 0.50 \text{ mm}$$

（b）第一层截面 8-8 处：

$$N_8 = 1.3G_{1k} + 785.46 = 1.3 \times 108.45 + 785.46 = 926.45 \text{ kN}$$

⑤第四层窗间墙承载力验算。

a. 第四层截面 1-1 处窗间墙受压承载力验算：

$$N_1 = 183.09 \text{ kN} , \quad e_1 = 66.2 \text{ mm}$$

$$e/h = 66.2/240 = 0.28 , \quad e/y = 66.2/120 = 0.55 < 0.60$$

$$\beta = \gamma_\beta \frac{H_0}{h} = 1.1 \times \frac{3.3}{0.24} = 15.13$$

查表 4-2 得 $\varphi = 0.30$ ， $A = 1.5 \times 0.24 = 0.36 \text{ m}^2 > 0.3 \text{ m}^2$ ，故 f 不调整。

由 $\varphi f A = 0.30 \times 2.5 \times 1.5 \times 0.24 \times 1\,000 = 270 \text{ kN} > 183.09 \text{ kN}$ ，故满足要求。

b. 第四层截面 2-2 处窗间墙受压承载力验算：

$$N_2 = 247.40 \text{ kN} , \quad e_2 = 0$$

$$e/h = 0 , \quad \beta = \gamma_\beta \frac{H_0}{h} = 1.1 \times \frac{3.3}{0.24} = 15.13$$

查表 4-2 得 $\varphi = 0.74$ ， 由 $\varphi f A = 0.74 \times 2.5 \times 1.5 \times 0.24 \times 1\,000 = 666 \text{ kN} > 242.72 \text{ kN}$ ，故满足要求。

c. 梁端支承处（截面 1-1）砌体局部受压承载力验算：

梁端设置 740 mm×240 mm×300 mm 的预制刚性垫块。

$$A_b = a_b b_b = 0.24 \times 0.74 = 0.177\,6 \text{ m}^2$$

$$\sigma_0 = 0.12 \text{ MPa} , \quad N_{l4} = 140.05 \text{ kN} , \quad a_0 = 83.7 \text{ mm}$$

$$N_0 = \sigma_0 A_b = 0.12 \times 0.177\,6 \times 10^3 = 21.31 \text{ kN}$$

$$N_0 + N_{l4} = 21.31 + 140.05 = 161.36 \text{ kN}$$

$$e = N_{l4}(y - 0.4a_0)/(N_0 + N_{l4}) = 140.05 \times (0.12 - 0.4 \times 0.083\,7)/161.36 = 0.075 \text{ m}$$

$e/h = 0.075/0.24 = 0.31$ ，按 $\beta \leqslant 3$ ，查表 4-2 得 $\varphi = 0.48$ ，则

$$A_0 = (0.74 + 2 \times 0.24) \times 0.24 = 0.292\,8 \text{ m}^2$$

$$A_0/A_b = 1.649$$

$$\gamma = 1 + 0.35\sqrt{1.649 - 1} = 1.28 < 2$$

$$\gamma_1 = 0.8\gamma = 0.8 \times 1.28 = 1.03$$

尽管 $A_b = 0.177\,6 \text{ m}^2 < 0.3 \text{ m}^2$ ，但局部受压，砌体抗压强度不调整。由于 $\varphi \gamma_1 f A_b = 0.48 \times 1.03 \times 2.5 \times 0.177\,6 \times 10^3 = 219.51 \text{ kN} > N_0 + N_{l4} = 161.36 \text{ kN}$ ，故满足要求。

因此采用 740 mm×240 mm×300 mm 刚性垫块满足局部受压承载力的要求。

⑥第三层窗间墙承载力验算。

a. 窗间墙受压承载力验算结果如表 5-6 所示。

表 5-6　第三层窗间墙受压承载力验算结果

项目	截面	
	3-3	4-4
N/kN	383.88	448.19
e/mm	39.1	0
e/h	0.16	—

项目	截面	
	3 - 3	4 - 4
y/mm	213	—
e/y	0.18	—
β	10.58	10.58
φ	0.52	0.86
A/m^2	0.451>0.3	0.451>0.3
f/MPa	2.50	2.50
$\varphi f A/\text{kN}$	586.30>383.88	969.65>448.19
结论	满足	满足

b. 梁端支承处（截面 3 - 3）砌体局部受压承载力验算：

梁端设置 700 mm×370 mm×240 mm 的预制刚性垫块。

$$A_b = a_b b_b = 0.37 \times 0.7 = 0.259 \text{ m}^2$$

$$\sigma_0 = 0.687 \text{ MPa}, \quad N_{l3} = 136.48 \text{ kN}, \quad a_0 = 90.0 \text{ mm}$$

$$N_0 = \sigma_0 A_b = 0.687 \times 0.259 \times 10^3 = 177.93 \text{ kN}$$

$$N_0 + N_{l3} = 177.93 + 136.48 = 314.41 \text{ kN}$$

$e = N_{l3}(y - 0.4a_0)/(N_0 + N_{l3}) = 136.48 \times (0.185 - 0.4 \times 0.09)/314.40 = 0.065 \text{ m}$

$e/h = 0.065/0.37 = 0.18$，按 $\beta \leqslant 3$，查表 4 - 2 得 $\varphi = 0.72$，$A_0 = 0.37 \times 0.7 = 0.259 \text{ m}^2$（只计壁柱面积），取 $\gamma_1 = 1.0$，则 $\varphi \gamma_1 f A_b = 0.72 \times 1.0 \times 2.5 \times 0.259 \times 10^3 = 466.2 \text{ kN} > N_0 + N_{l3} = 314.41 \text{ kN}$，故满足要求。

因此采用700 mm×370 mm×240 mm 刚性垫块满足局部受压承载力的要求。

⑦第二层窗间墙承载力验算。

a. 窗间墙受压承载力验算结果如表 5 - 7 所示。

表 5 - 7 第二层窗间墙受压承载力验算结果

项目	截面	
	5 - 5	6 - 6
N/kN	584.67	648.98
e/mm	12.02	0
e/h	0.05	—
y/mm	213	—

项目	截面	
	5－5	6－6
e/y	0.06	—
β	10.58	10.58
φ	0.74	0.86
A/m^2	0.451>0.3	0.451>0.3
f/MPa	2.50	2.50
$\varphi fA/\mathrm{kN}$	834.35>584.67	969.65>648.98
结论	满足	满足

b. 梁端支承处（截面5－5）砌体局部受压承载力验算：

梁端设置 700 mm×370 mm×240 mm 的预制刚性垫块。

$$A_\mathrm{b} = a_\mathrm{b}b_\mathrm{b} = 0.37 \times 0.7 = 0.259 \ \mathrm{m}^2$$

$$\sigma_0 = 1.24 \ \mathrm{MPa}, \ N_{l2} = 136.48 \ \mathrm{kN}, \ a_0 = 99.9 \ \mathrm{mm}$$

$$N_0 = \sigma_0 A_\mathrm{b} = 1.24 \times 0.259 \times 10^3 = 321.16 \ \mathrm{kN}$$

$$N_0 + N_{l2} = 321.16 + 136.48 = 457.64 \ \mathrm{kN}$$

$e = N_{l2} \ (y-0.4a_0) \ / \ (N_0+N_{l2}) = 136.48\times \ (0.185-0.4\times0.099 \ 9) \ /457.63 = 0.043 \ \mathrm{m}$

$e/h=0.043/0.37=0.12$，按 $\beta \leqslant 3$，查表4－2得 $\varphi = 0.85$，$A_0 = 0.37 \times 0.7 = 0.259 \ \mathrm{mm}^2$（只计壁柱面积），取 $\gamma_1 = 1.0$，则 $\varphi\gamma_1 fA_\mathrm{b} = 0.85 \times 1.0 \times 2.5 \times 0.259 \times 10^3 = 550.38 \ \mathrm{kN} > N_0 + N_{l2} = 457.64 \ \mathrm{kN}$，故满足要求。

因此采用 700 mm×370 mm×240 mm 刚性垫块满足局部受压承载力的要求。

⑧第一层窗间墙承载力验算。

a. 窗间墙受压承载力验算结果如表5－8所示。

表5－8　第一层窗间墙受压承载力验算结果

项目	截面	
	7－7	8－8
N/kN	785.46	926.45
e/mm	0.5	0
e/h	0.002	—
y/mm	185	—
e/y	0.003	—
β	12.2	12.2

续表

项目	截面	
	7－7	8－8
φ	0.82	0.815
A/m^2	0.555>0.3	0.555>0.3
f/MPa	2.79	2.79
$\varphi f A/\text{kN}$	1269.73>785.46	1261.99>926.45
结论	满足	满足

b. 梁端支承处（截面7－7）砌体局部受压承载力验算：

梁端设置 500 mm×370 mm×180 mm 的预制刚性垫块。

$$A_b = a_b b_b = 0.37 \times 0.5 = 0.185 \ \text{m}^2$$

$$\sigma_0 = 1.169 \ \text{MPa}, \quad N_{l1} = 136.48 \ \text{kN}, \quad a_0 = 89.3 \ \text{mm}$$

$$N_0 = \sigma_0 A_b = 1.169 \times 0.185 \times 10^3 = 216.27 \ \text{kN}$$

$$N_0 + N_{l1} = 216.27 + 136.48 = 352.75 \ \text{kN}$$

$$e = N_{l1} \ (y - 0.4a_0) \ / \ (N_0 + N_{l1}) = 136.48 \times (0.185 - 0.4 \times 0.0893) / 352.74 = 0.058 \ \text{m}$$

$e/h = 0.058/0.37 = 0.16$，按 $\beta \leqslant 3$，查表4－2得 $\varphi = 0.77$，则

$$A_0 = (0.5 + 2 \times 0.37) \times 0.37 = 0.4588 \ \text{m}^2$$

$$A_0/A_b = 0.4588/0.185 = 2.48$$

$$\gamma = 1 + 0.35\sqrt{2.48 - 1} = 1.43 < 2$$

$$\gamma_1 = 0.8\gamma = 0.8 \times 1.43 = 1.15$$

$\varphi \gamma_1 f A_b = 0.77 \times 1.15 \times 2.79 \times 0.185 \times 10^3 = 457.05 \ \text{kN} > N_0 + N_{l1} = 352.75 \ \text{kN}$，故满足要求。

因此采用 500 mm×370 mm×180 mm 刚性垫块满足局部受压承载力的要求。

（4）横墙承载力计算。

以Ⅳ轴线上的横墙为例，横墙上承受由屋面和楼面传来的均布荷载，可取 1 m 宽的横墙进行计算，其受荷面积为 $1 \times 3.9 = 3.9 \ \text{m}^2$。因为该横墙为轴心受压构件，随着墙体材料、墙体高度不同可只验算第三层4－4截面、第二层6－6截面、第一层8－8截面承载力。

①荷载计算。

屋面恒荷载：$5.5 \times 3.9 = 21.45 \ \text{kN}$；

屋面活荷载：$2.0 \times 3.9 = 7.8 \ \text{kN}$；

二、三、四层楼面恒荷载：$4.7 \times 3.9 = 18.33 \ \text{kN}$；

二、三、四层楼面活荷载：$2.5 \times 3.9 = 9.75 \ \text{kN}$；

二、三、四层墙体自重：$5.24 \times 3.3 = 17.29 \ \text{kN}$；

一层墙体自重：$7.71 \times 4.5 = 34.7 \ \text{kN}$。

②控制截面内力计算。

a. 第三层4－4截面：

轴向力包括屋面荷载、第四层楼面荷载和第三、四层墙体自重：

$$N_4 = 1.3 \times (21.45 + 18.33 + 2 \times 17.29) + 1.5 \times 1.0 \times (7.8 + 9.75) = 122.99 \ \text{kN}$$

b. 第二层 6-6 截面：

轴向力包括上述荷载 N_4 和第三层楼面荷载及第二层墙体自重：

$$N_6 = 122.99 + 1.3 \times (18.33 + 17.29) + 1.5 \times 1.0 \times 9.75 = 183.92 \text{ kN}$$

c. 第一层 8-8 截面：

轴向力包括上述荷载 N_6 和第二层楼面荷载及第一层墙体自重：

$$N_8 = 183.92 + 1.3 \times (18.33 + 34.7) + 1.5 \times 1.0 \times 9.75 = 267.48 \text{ kN}$$

③横墙承载力验算。

a. 第三层 4-4 截面：$e/h = 0$，$\beta = 1.1 \times \dfrac{3.3}{0.24} = 15.13$，查表 4-2 得 $\varphi = 0.74$，$A = 1 \times 0.24 = 0.24 \text{ m}^2$。

由于 $\varphi fA = 0.74 \times 2.5 \times 0.24 \times 1000 = 444 \text{ kN} > 122.99 \text{ kN}$，故满足要求。

b. 第二层 6-6 截面：$e/h = 0$，$\beta = 1.1 \times \dfrac{3.3}{0.24} = 15.13$，查表 4-2 得 $\varphi = 0.74$，$A = 1 \times 0.24 = 0.24 \text{ m}^2$。

由于 $\varphi fA = 0.74 \times 2.5 \times 0.24 \times 1000 = 444 \text{ kN} > 183.92 \text{ kN}$，故满足要求。

c. 第一层 8-8 截面：$e/h = 0$，$\beta = 1.1 \times \dfrac{4.5}{0.24} = 20.63$，查表 4-3 得 $\varphi = 0.61$，$A = 1 \times 0.24 = 0.24 \text{ m}^2$。

由于 $\varphi fA = 0.61 \times 2.79 \times 0.24 \times 1000 = 408.46 \text{ kN} > 267.48 \text{ kN}$，故满足要求。

由此可知，该横墙有较大的安全储备，因此其他横墙承载力不必验算。

本章小结

（1）混合结构房屋是指主要竖向承重构件墙、柱、基础等承重构件采用砌体（砖、石、砌块）材料，水平承重构件楼盖和屋盖采用钢筋混凝土结构、轻钢结构或木结构所组成的承重结构的房屋。混合结构房屋的结构布置有横墙承重、纵墙承重、纵横墙承重以及底部框架承重四种方案。砌体结构布置一般要求满足：承重墙均匀对称、平面内对齐、竖向连续；总高度、层数和高宽比限值；墙体间距及局部尺寸限值；底层框架-抗震墙房屋的层间刚度限值；圈梁、构造柱的设置要求。

（2）混合结构房屋由屋盖、楼盖、墙、柱及基础组成，在竖向荷载（结构自重、屋面和楼面的活荷载）和水平荷载（风荷载和地震荷载）作用下构成了一个空间受力体系。混合结构房屋的空间工作有房屋两端无山墙或山墙间距很大（包含一端有山墙的情况）与房屋两端有山墙或房屋横墙较多两种情况。因为存在山墙，风荷载在屋盖和山墙组成的平面排架内传递，而且在纵墙和屋盖组成的空间结构中传递。

（3）为了考虑结构的空间作用，根据房屋的空间刚度将混合结构房屋静力计算方案划分为刚性方案、弹性方案、刚弹性方案。

（4）对于多层房屋，控制截面一般取墙、柱的上、下端截面；对于无吊车单层房屋，控制截面取下端截面和中部截面；对于有吊车的单层房屋，上柱控制截面取上柱下截面，下柱控制截面取上端和下端截面。

（5）在荷载作用下，对单层刚性方案房屋的静力计算简图分析时，将纵向的墙、柱视作上端为不动铰支承于屋盖，下端嵌固于基础的竖向构件。竖向荷载主要包括屋面荷载（屋盖自重、屋面活荷载或雪荷载）和墙柱自重。风荷载包括屋面风荷载和墙面风荷载两部分。

（6）对于多层刚性方案房屋，在竖向荷载作用下，墙、柱在每层高度范围内，可近似视作两端铰支的竖向构件；在水平荷载作用下，墙、柱可视作竖向连续梁。因为竖向荷载作用下轴力是主要的，弯矩较小，而且楼盖嵌入墙体，所以墙体传递弯矩的能力较弱。

（7）单层弹性方案房屋的计算简图为铰接平面排架，可按平面排架进行内力分析。单层弹性方案房屋墙、柱的控制截面为柱顶和柱底截面，均按偏心受压验算墙、柱的承载力，对柱顶截面还需验算其他局部受压承载力。对变截面柱，还应验算变截面处截面的受压承载力。

思考题与习题

5-1 混合结构房屋的承重体系有哪些？各体系有何特点？

5-2 房屋的空间刚度是何含义？什么是房屋的空间性能影响系数？

5-3 砌体结构房屋空间作用的分析方法具体有哪些？

5-4 如何分析单层房屋的空间工作性能？

5-5 如何分析多层房屋的空间工作性能？

5-6 砌体结构房屋静力计算方案的划分依据是什么？

5-7 "规范"中为增强房屋的整体性在构造上提出了哪两条强制性条文？

5-8 刚性和刚弹性方案房屋中对横墙提出了哪些要求？

5-9 横墙的水平位移采用什么计算公式？

5-10 如何确定墙、柱高度（构件高度）？

5-11 确定墙、柱计算高度的基本规定是什么？

5-12 如何确定刚性方案房屋中带壁柱墙或周边拉结墙的计算高度？

5-13 如何确定单层刚性或刚弹性方案房屋中墙、柱的计算高度？

5-14 变截面柱的计算高度是如何确定的？

5-15 为何要验算墙、柱高厚比？

5-16 墙、柱允许高厚比要作哪些修正？

5-17 如何验算墙、柱高厚比？

5-18 如何验算带构造柱墙的高厚比？

5-19 为何墙、柱的计算截面取为等截面？

5-20 计算截面的宽度等于多少？

5-21 刚性方案中房屋对墙、柱静力计算的基本假定是什么？

5-22 墙-梁（板）连接处有无嵌固作用？

5-23 单层刚弹性方案房屋墙、柱内力分析的主要步骤如何？

5-24 多层刚弹性方案房屋墙、柱内力是如何分析的？

5-25 荷载作用对墙体开裂有何影响？如何预防？

5-26 墙体开裂与温度变形、收缩变形的联系是什么？如何避免墙体开裂？

5-27 某刚弹性方案房屋的砖柱截面为 490 mm×620 mm，计算高度 H_0 为 3.6 m。采用烧结页岩砖 MU10、水泥混合砂浆 M5 砌筑，施工质量控制等级为 B 级。试验算该柱的高厚比是否满足要求。

5-28 如下图所示，某房屋外墙 240 mm 厚，由页岩砖、M7.5 砂浆砌筑而成，墙高 6 m，每 4 m 长设有 1.2 m 宽的窗洞，同时墙长每 3.6 m 设有钢筋混凝土构造柱（240 mm× 240 mm），横墙间距 18 m，试验算该墙体的高厚比。

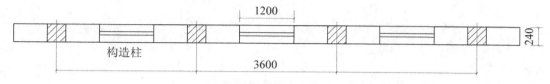

图 5-22 习题 5-28 图

第6章　过梁、墙梁、挑梁及墙体的构造措施

本章学习目标：

（1）熟悉过梁、墙梁及挑梁的受力特点与破坏特征；

（2）掌握过梁、墙梁及挑梁承载力的计算方法及构造要求；

（3）了解减轻或防止墙体开裂的主要措施；

（4）了解圈梁的设置和构造要求。

作为砌体结构中常见的构件，门窗洞口上的过梁、大跨度建筑中的墙梁、阳台与雨棚处的挑梁的设计需要考虑其特殊的受力特征。本章将根据这类构件的受力特性讨论它们的设计方法，并讲述墙体的构造措施。

6.1　过梁

窗台梁窗过梁

6.1.1　过梁的形式

混合结构房屋中，为了承受门窗洞口上部墙体重量及梁板传来的荷载，常在洞口顶部设置过梁。

过梁主要分为砖砌过梁和钢筋混凝土过梁两类；根据所用材料和构造的不同，可细分为钢筋砖过梁、钢筋混凝土过梁、砖砌平拱过梁、砖砌弧拱过梁等几种形式，如图6-1所示。

钢筋砖过梁

根据《砌体结构设计规范》（GB 50003—2011）规定，对于钢筋砖过梁跨度不应超过1.5 m；砖砌平拱过梁，跨度不应超过1.2 m。对有较大振动荷载或可能产生不均匀沉降的房屋，应采用钢筋混凝土过梁。

砖砌平拱过梁

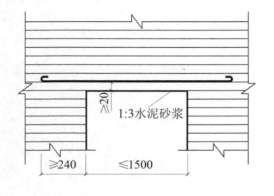

（a）钢筋砖过梁

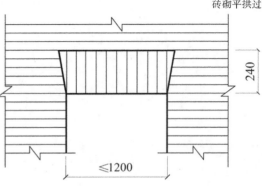

（b）砖砌平拱过梁

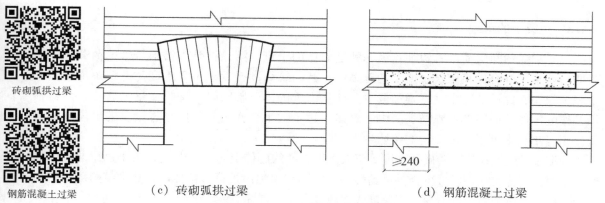

（c）砖砌弧拱过梁　　　　　　　　　（d）钢筋混凝土过梁

图 6-1　过梁

6.1.2　过梁的破坏特征

砖砌过梁的破坏过程具有代表性，分析其受力特点可确定过梁的设计方法。一般地，砖砌过梁承受竖向荷载后，墙体上部受压，下部受拉，像受弯构件一样地受力。随着荷载的增大，当跨中竖向截面的拉应力或支座斜截面的主拉应力超过砌体的抗拉强度时，将先在跨中出现竖向裂缝，然后在靠近支座处出现阶梯形斜裂缝。对钢筋砖过梁，过梁下部的拉力将由钢筋承受；对砖砌平拱过梁，过梁下部的拉力将由两端砌体提供的水平推力来平衡，如图 6-2所示，这时，过梁像一个三铰拱一样工作。过梁可能发生的三种破坏：

（1）过梁跨中截面受弯破坏（竖向裂缝）；

（2）过梁支座附近受剪破坏（阶梯形斜裂缝）；

（3）过梁支座处水平灰缝因受剪承载力不足而滑动破坏（在墙端水平裂缝）。

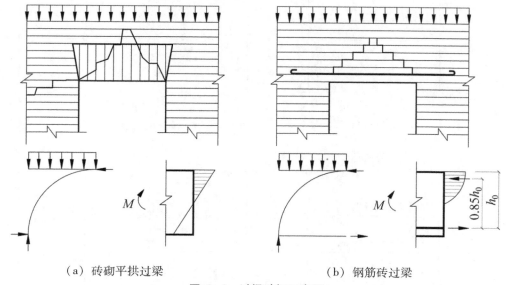

（a）砖砌平拱过梁　　　　　　　　　（b）钢筋砖过梁

图 6-2　过梁破坏示意图

在墙体端部门窗洞口上砖砌弧拱或砖砌平拱最外边的支撑墙可能发生滑动；支座滑动破坏可按 $V \leqslant (f_v + 0.18\sigma_k) A$ 进行验算。

6.1.3 过梁上的荷载

过梁承受的竖向荷载有两种：第一种是墙体的重量，第二种是由楼板传来的荷载。试验表明，若采用混合砂浆砌筑过梁上的砖砌体，其砌筑高度接近于 1/2 跨度时的跨中挠度增长量减少很快，此后的跨中挠度增加极少。这是由于砌体砂浆随时间增长而逐渐硬化，使得参加工作的砌体截面高度不断增加。由于砌体与过梁的组合作用，作用在过梁上的砌体当量荷载仅相当于高度等于跨度 1/3 的砖墙自重。

同期试验表明，当在砖砌体高度等于或大于跨度的砌体上施加荷载时，由于过梁与砌体的组合作用，部分荷载将通过组合拱传给砖墙，而不是单独由过梁传给砖墙，故常见跨度的内力受梁、板传来荷载的影响不大（当跨度或荷载较大时，宜按本章墙梁计算），因此习惯上过梁计算不是按组合截面而只是按"计算截面高度"或按钢筋混凝土截面计算，因此，为了简化计算，《砌体结构设计规范》（GB 50003—2011）规定，过梁上的荷载，可按以下规定采用。

（1）墙体荷载。

《砌体结构设计规范》（GB 50003—2011）规定过梁墙体自重荷载如下：

①对砖砌体，当过梁上的墙体高度 $h_w < l_n/3$（l_n 为过梁的净跨）时，应按墙体的均布自重采用，如图6-3（a）；当墙体高度 $h_w \geq l_n/3$ 时，应按高度为 $l_n/3$ 墙体的均布自重来采用，如图6-3（b）。

②对混凝土砌块砌体，当过梁上的墙体高度 $h_w < l_n/2$ 时，应按墙体的均布自重采用，如图6-3（c）；当墙体高度 $h_w \geq l_n/2$ 时，应按高度为 $l_n/2$ 墙体的均布自重采用，如图6-3（d）。

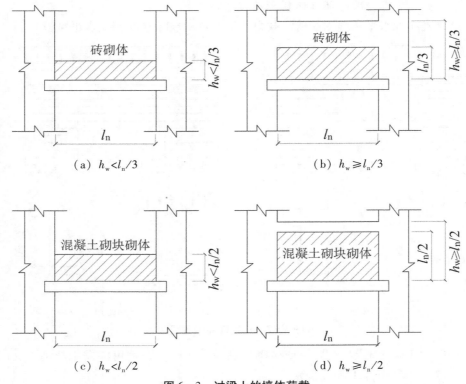

图 6-3　过梁上的墙体荷载

116

（2）梁、板荷载。

试验证明，当荷载下部墙体高度接近 l_n 时，由于内拱作用，墙体上荷载对过梁的挠度几乎没有影响。因此《砌体结构设计规范》（GB 50003—2011）规定：对砖和砌块砌体，当梁、板下的墙体高度 $h_w < l_n$ 时（l_n 为过梁的净跨），应计入梁、板传来的荷载；当梁、板下的墙体高度 $h_w \geq l_n$ 时，可不考虑梁、板荷载，如图6-4所示。

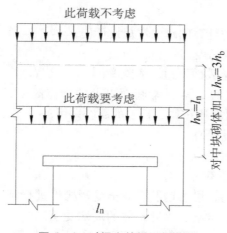

图6-4 过梁上的梁、板荷载

6.1.4 过梁的承载力计算

根据过梁破坏特征，过梁必须进行正截面受弯和斜截面受剪承载力计算。对砖砌平拱和弧拱还需按水平推力验算端部墙体的水平受剪承载力。

（1）砖砌平拱的承载力计算。

砖砌平拱的受弯承载力可按式（6-1）验算：

$$M \leq f_{tm}W \tag{6-1}$$

式中，M——按简支梁取净跨计算的跨中弯矩设计值；

f_{tm}——沿齿缝截面的弯曲抗弯强度设计值；

W——截面抵抗矩。

过梁的截面计算高度取过梁底面以上的墙体高度，但不大于 $\dfrac{l_n}{3}$。砖砌平拱中由于存在支座水平推力，过梁垂直裂缝的发展得以延缓，受弯承载力得以提高。因此，上式的 f_{tm} 取沿齿缝截面的弯曲抗弯强度设计值。

砖砌平拱的受剪承载力可按式（6-2）验算：

$$V \leq f_v bz \tag{6-2}$$

$$z = \frac{I}{S} \tag{6-3}$$

式中，V——剪力设计值；

f_v——砌体的抗剪强度设计值；

b——截面宽度；

z——内力臂，当截面为矩形时取 z 等于 $2h/3$；

I ——截面的惯性矩；

S ——截面面积矩；

h ——截面高度。

砖砌平拱的受剪承载力一般情况下都能满足，其承载力主要由受弯承载力影响。

（2）钢筋砖过梁的承载力计算。

钢筋砖过梁的受弯承载力可按式（6-4）验算，受剪承载力计算与砖砌平拱相同。

$$M \leqslant 0.85 h_0 f_y A_s \tag{6-4}$$

式中，M ——按简支梁取净跨计算的跨中弯矩设计值；

h_0 ——过梁截面的有效高度，$h_0 = h - a_s$；

a_s ——受拉钢筋重心至界面下边缘的距离；

h ——过梁截面计算高度，取过梁底面以上的墙体高度，但不大于 $l_n/3$，当考虑梁、板传来的荷载时，则按梁、板下的高度采用；

f_y ——钢筋抗拉强度设计值；

A_s ——受拉钢筋截面面积。

（3）钢筋混凝土过梁的承载力计算。

钢筋混凝土过梁的承载力，可按钢筋混凝土受弯构件进行跨中正截面受弯承载力和支座受剪承载力计算，且应验算过梁端支撑处砌体的局部受压。鉴于过梁和上部墙体的共同作用且梁端变形极小，因此，验算过梁下砌体局部受压承载力时，可不考虑上层荷载影响；梁端底面压力图形完整系数可取 1.0，梁端有效支撑长度可取实际支撑长度，但不应大于墙厚。

6.1.5 过梁的构造要求

《砌体结构设计规范》（GB 50003—2011）规定，砖砌过梁的构造，应符合下列规定：

①砖砌过梁截面计算高度内的砂浆不宜低于 M5（Mb5，Ms5）；

②砖砌平拱用竖砖砌筑部分的高度不应小于 240 mm；

③钢筋砖过梁底面砂浆层处的钢筋，其直径不应小于 5 mm，间距不宜大于 120 mm，钢筋伸入支座砌体内的长度不宜小于 240 mm，砂浆层的厚度不宜小于 30 mm；

④钢筋混凝土过梁端部的支撑长度，不宜小于 240 mm。

6.2 墙梁

6.2.1 墙梁概述

墙梁是由支承墙体的钢筋混凝土托梁及其上计算高度范围内墙体所组成的组合构件。该部分墙体一方面作为荷载施加于托梁上，另一方面与托梁组合在一起共同工作。

墙梁，如图 6-5 所示，按其承重性能可分为承重墙梁和非承重墙梁两类。承重墙梁既承受自重，又承受由楼（屋）盖传来的荷载，适用于多层混合结构房屋中，以解决上下房屋大小不等的问题。非承重墙梁仅承受自重荷载，多用于基础梁、连系梁等建筑的围护结构之中。

墙体按其两端支撑情况分为简支墙梁、连续墙梁和框支墙梁等，如图 6-5 所示；按是否开洞可分为有门窗洞口和无门窗洞口的墙梁。其选用取决于房屋的布置和使用要求。与框架结构相比，墙梁具有节约材料、施工方便等优点，在城市建设中获得愈来愈广泛的应用。

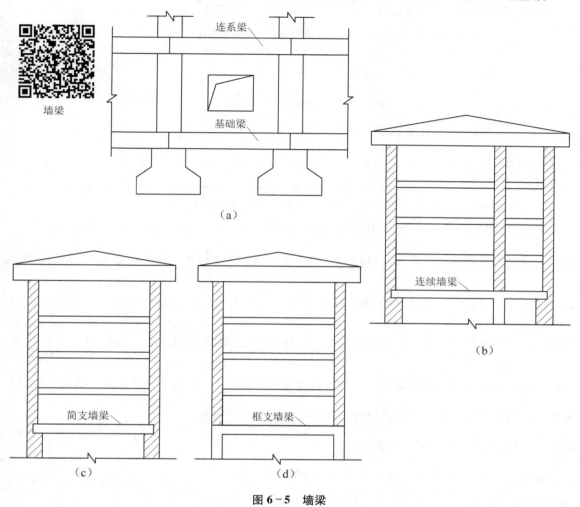

图 6-5 墙梁

本节设计方法适用于砖砌体墙梁，且必须满足表 6-1 的一般规定。国内外进行的混凝土砌块砌体和轻质混凝土砌块砌体墙梁的试验表明，该试验墙梁的受力性能与砖砌体墙梁相似，故混凝土砌块砌体墙梁可参照其使用。墙梁设计还须符合以下规定：

（1）墙梁计算高度范围内每跨允许设置一个洞口。洞口高度，对窗洞取洞顶至托梁顶面距离。对自承重墙梁，洞口至边支座中心的距离不应小于 $0.1 l_{0i}$，门窗洞上口至墙顶的距离不应小于 0.5 m。

（2）洞口边缘至支座中心的距离，距边支座不应小于墙梁计算跨度的 0.15 倍，距中支座不应小于墙梁计算跨度的 0.07 倍。托梁支座处上部墙体设置混凝土构造柱，且构造柱边缘至洞口边缘的距离不小于 240 mm 时，洞口边缘至支座中心距离的限值可不受本规定限制。

（3）托梁高跨比，对无洞口墙梁不宜大于 1/7，对靠近支座有洞口的墙梁不宜大于 1/6。配筋砌块砌体墙梁的托梁高跨比可适当放宽，但不宜小于 1/14；当墙梁结构中的墙体均为配筋砌体砌块时，墙体总高度可不受本规定限制。

表 6-1 墙梁的一般规定

墙体类别	墙体总高度 /m	跨度 /m	墙体高跨比 h_w/l_{0i}	托梁高跨比 h_b/l_{0i}	洞宽比 b_h/l_{0i}	洞高 h_b
承重墙梁	≤ 18	≤ 9	≥ 0.4	$\geq 1/10$	≤ 0.3	$\leq 5h_w/6$ 且 $h_w - h_h \geq 0.4\ \text{m}$
自承重墙梁	≤ 18	≤ 12	$\geq 1/3$	$\geq 1/15$	≤ 0.8	—

注：墙体总高度指托梁顶面到檐口的高度，带阁楼的坡屋面应算到山尖墙 1/2 高度处。

墙梁构造限值尺寸，是墙梁构件结构安全的重要保证。关于墙体总高度、墙梁跨度的规定，主要根据工程经验。$\dfrac{h_w}{l_{0i}} \geq 0.4\left(\text{或} \dfrac{1}{3}\right)$ 的规定是为了避免墙体发生斜拉破坏。托梁是墙梁的关键构件，限制 $\dfrac{h_b}{l_{0i}}$ 不能过小，不仅是从承载力方面考虑，而且是因为较大的托梁刚度对改善墙体抗剪性能和托梁支座上部砌体局部受压性能也是有利的。但随着 $\dfrac{h_b}{l_{0i}}$ 的增大，竖向荷载向跨中分布，而不是向支座聚集，不利于组合作用充分发挥，因此，不应采用过大的 $\dfrac{h_b}{l_{0i}}$。洞宽和洞高的限制是为了保证墙体整体性并根据试验情况作出的。

6.2.2 墙梁受力特点与破坏形态

墙梁中的墙体作为荷载施加于托梁上的同时，也与该托梁共同承担外部荷载。故墙梁的受力性能与支撑情况、托梁和墙梁的材料、托梁的高跨比、墙梁的高跨比、墙梁上是否开洞、洞口的大小与位置等因素有关。

（1）无洞口简支墙梁。

试验研究及有限元分析表明，墙梁的受力性能类似于钢筋混凝土深梁。无洞口墙梁在顶面均布荷载作用下其内部水平正应力沿墙梁垂直截面自上而下为：墙体大部分受压；托梁的全部或大部分受拉；中和轴或一开始就在墙中，或随着荷载的增大而上升到墙中，如图 6-6（a）。竖向正应力沿墙梁水平截面的分布为

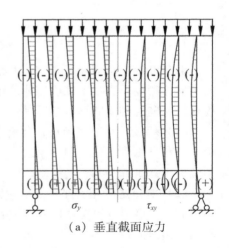

（a）垂直截面应力

靠近墙梁顶面较均匀，愈靠近托梁，应力愈向支座附近集中；切应力在界面附近及托梁支座附近变化较大，且托梁和砌体共同承担剪力，如图 6-6（b）。通过其主应力轨迹线能形象地看出墙梁的受力特征，墙梁两边的主应力轨迹线直接指向支座，中间部分主应力轨迹线成拱形指向支座，在支座附近托梁上的砌体中形成很大的主压应力集中。此处的主拉应

力，当墙梁高跨比较小时，数值较大；当墙梁高跨比较大时，数值较小，甚至可能变为压应力，形成双向压应力状态。托梁中段主拉应力轨迹线几乎成水平状，表明托梁处于偏心受拉状态；而主压应力在托梁支座附近集中，端部呈现复杂的应力状态。无洞口墙梁的主应力轨迹线，如图6-6（c）所示。

应力分析表明：随托梁高跨比、配筋率和混凝土强度等级的提高，托梁抗弯承载力相应增大，从而使砌体内拉应力 σ_x 及切应力 τ_{xy} 减小，σ_y 分布平缓，主拉应力和主压应力随之减少。这对墙体显然是有利的，但也会使托梁内力增大，对托梁受力不利，是不经济的。

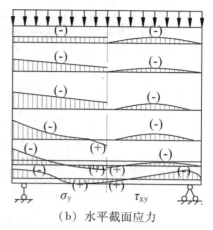

（b）水平截面应力

墙梁的受力较为复杂，其破坏形态是墙梁设计的重要依据。墙梁在顶部荷载作用下有如下几种破坏形态：

①弯曲破坏。当托梁配筋较弱，砌体相对较强，砌体计算高度与托梁跨度之比 h_w/l_0 较小时，随着荷载的增加，当托梁中拉应变超过混凝土极限拉应变，托梁中段首先出现垂直裂缝，并将穿过界面迅速上升；最后托梁下部和上部的纵筋先后屈服，沿跨中垂直截面发生拉弯破坏，如图6-7（a）所示，这时，砌体的受压高度往往很小。拉弯破坏可看作组合拱的拉杆强度相对于拱肋砌体较弱而发生的破坏。

②剪切破坏。当托梁配筋较强，砌体相对较弱，砌体计算高度与托梁跨度之比 h_w/l_0 适中时，在墙体中主拉应力超过砌体的抗拉强度后，支座上方砌体将出现斜裂缝，并延伸至托梁而发生砖墙砌体剪切破坏。即与拉杆相比，组合拱的拱肋砌体强度相对较弱而引起的破坏。剪切破坏又可分为斜拉破坏和斜压破坏。

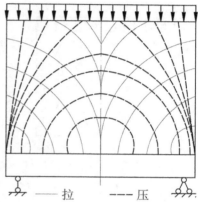

—— 拉　--- 压

（c）主应力轨迹线

图6-6　无洞口简支墙梁的应力及主应力轨迹线示意图

（a）斜拉破坏。当砌体沿齿缝的主拉应力过大，将形成沿灰缝阶梯形上升得比较平缓的斜裂缝，如图6-7（b）所示。这时，开裂荷载和受剪承载力都较小。一般当砌体计算高度与托梁跨度之比 h_w/l_0 小于0.4，砂浆强度等级较低或集中力的剪跨比 a_F/l_0 较大时，易发生这种破坏。

（b）斜压破坏。当砌体斜向抗压强度不足以抵抗主压应力时，将引起组合拱肋斜向受压破坏，如图6-7（c）所示。这种破坏的特点是：裂缝陡峭，倾角达55°以上；裂缝较多且穿过砖和灰缝；破坏时有被压碎的砌体碎屑。这时，开裂荷载和受剪承载力较大。一般当砌体计算高度与托梁跨度之比 h_w/l_0 大于0.4或集中力的剪跨比 a_F/l_0 较小时，易发生这种破坏。

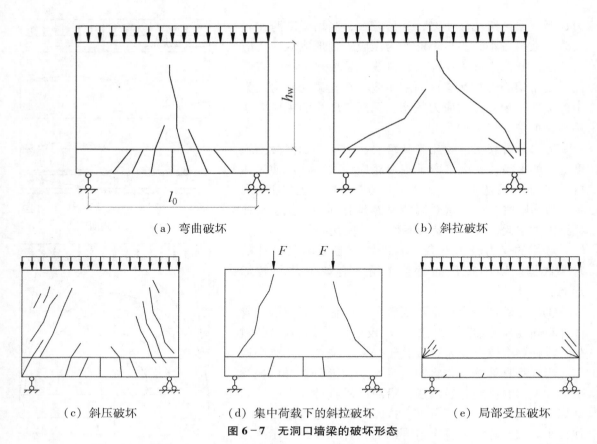

（a）弯曲破坏　　　　　　　　　　　　　　　（b）斜拉破坏

（c）斜压破坏　　　　（d）集中荷载下的斜拉破坏　　　　（e）局部受压破坏

图 6-7　无洞口墙梁的破坏形态

此外，在集中荷载作用下，斜裂缝多出现在支座垫板与荷载作用点的连线上。斜裂缝出现突然，延伸较长，有时伴有响声，开裂不久，即沿一条上下贯通的主要斜裂缝破坏。开裂荷载和破坏荷载接近，属于劈裂破坏形状，如图 6-7（d）所示。由于这种破坏没有征兆，因此危害性较大。

③局部受压破坏。在支座上方砌体中，当竖向正应力形成较大的应力集中并超过砌体的局部受压强度时，将产生支座上方较小范围砌体局部压碎现象，称为局部受压破坏，如图 6-7（e）所示。一般当托梁较强、砌体相对较弱，且砌体计算高度与托梁计算中心跨度之比 h_w/l_0 大于 0.75 时，可能发生这种破坏。

此外，由于纵筋锚固不足、支座垫板或加荷垫板的尺寸或刚度较小，均可能引起托梁或砌体的局部破坏。这种破坏可以采取相应的构造措施加以防止。

（2）有洞口简支墙梁。

对于有洞口墙梁，洞口位置对墙梁的应力分布和破坏形势影响较大。当洞口居中布置时，由于洞口处于低应力区，并不影响墙梁的受力拱作用，因此其受力性能类似于无洞口墙梁，为拉杆组合受力机构，其破坏形态也与无洞口墙梁相似。当洞口靠近支座时形成偏开洞墙梁，形成大拱套小拱的组合拱受力体系，此时托梁既作为拉杆又作为小拱的弹性支座而承受较大的弯矩，托梁处于大偏心受拉状态。洞口的存在导致墙梁刚度和整体性的削弱，因此有

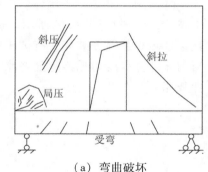

（a）弯曲破坏

洞口墙梁的变形较无洞口墙梁的变形大，但由于墙梁的组合作用其变形仍小于一般钢筋混凝土梁的变形。

与无洞口简支墙梁类似，根据墙梁最终破坏的原因不同，有开洞墙梁可能呈现下列几种破坏形态：弯曲破坏、剪切破坏和局部受压破坏。

①弯曲破坏。托梁在界面剪力及垂直截面产生弯拉和拉力，沿跨中截面产生弯拉破坏或沿洞口内侧出现垂直裂缝和沿托梁截面形成大偏心受拉破坏，即开洞墙梁弯曲破坏。如图6-8（a）所示。

②剪切破坏。墙体剪切破坏表现为外侧墙斜向剪切破坏、沿阶梯形斜裂缝破坏、洞口上砌体被推出破坏、洞口顶墙剪切破坏等。托梁在拉力、剪力和弯矩联合作用下，也可能在洞口处发生斜截面的剪切破坏。如图6-8（b）所示。

③局部受压破坏。砌体的局部受压破坏发生在竖向压应力集中处。一般来说，距洞口较近的支座上方的砌体更可能发生这种破坏。如图6-8（c）所示。

（3）连续墙梁。

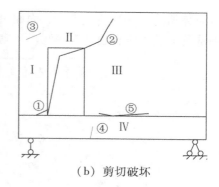

（b）剪切破坏

（c）局部受压破坏

图6-8 有洞口简支墙梁的破坏形态

连续墙梁是由钢筋混凝土连续托梁和支撑于连续托梁上的计算高度范围内的墙体组成的组合构件，按构造要求，墙梁顶面应设置圈梁，并宜在墙梁上拉通而形成连续墙梁的顶梁。由托梁、墙体和顶梁组合的连续墙梁，其受力性能类似于连续深梁，高跨比越大，边支座反力越大，中间支座反力则将降低；跨中弯矩增大，支座弯矩减小。

与简支墙梁相似，连续墙梁除了跨中和支座截面发生弯拉或弯曲破坏外，两跨连续墙梁受剪试验表明：在开裂前，连续墙梁如同一个由钢筋混凝土托梁、墙体和顶梁组合的连续深梁，随着裂缝的出现和延伸，结构将逐渐形成连续组合拱受力体系。托梁大部分区段处于偏心受拉状态；仅在中间支座附近很小区段，由于拱的推力，处于偏心受压和受剪的复合受力状态。试验进一步表明，由于顶梁的存在，连续墙梁发生剪切破坏时，截面受剪承载力有较大的提高；但是，由于中间支座上方砌体竖向正应力过于集中，如果没有纵向翼墙或构造柱来加强，墙体将发生严重的局部受压破坏。

连续墙梁裂缝分布如图6-9所示，随着竖向荷载增大，首先在连续托梁跨中区域段产生多条竖向裂缝①并且迅速向上延伸至墙体，然后在中间支座上方顶梁产生贯通的竖向裂缝Ⅱ，同时向下继续发展延伸至墙体。当边支座或中间支座上方墙体中产生斜裂缝ⅢⅣ并延伸至托梁，连续墙梁逐渐转变为连续组合拱受力结构。临近破坏时，托梁与墙体界面将产生水平裂缝Ⅴ。连续墙梁的破坏形式有下列几种：

①弯曲破坏。由裂缝①Ⅱ的不断发展引起托梁跨中截面下部和上部钢筋先后屈服，然后支座截面顶梁钢筋受拉屈服，在跨中和支座截面先后产生塑性铰，连续墙梁形成弯曲破坏机构。

②剪切破坏。由裂缝Ⅱ的发展引起墙体斜压破坏或集中荷载作用下的劈裂破坏，其破坏与简支墙梁的相似，不同的是由于中间支座处托梁承担的剪力比简支托梁的大，因而更易发生剪切破坏。

③局部受压破坏。由于中间支座处托梁上方砌体所受的局部压应力比边支座处托梁上方

砌体所受的局部压应力大，因而更易发生局部受压破坏。最后由中间支座托梁上方砌体内形成的向斜上方辐射状裂缝Ⅳ导致砌体局部压坏。

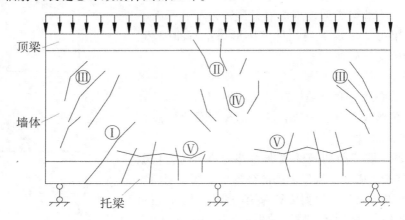

图6-9　连续墙梁裂缝分布图

（4）框支墙梁。

当建筑底层跨度较大或荷载较大，尤其是在抗震设防地区，多用的墙梁结构形式是底层由框架支撑的墙梁结构体系，简称框支墙梁。

与简支墙梁类似，试验表明：框支墙梁从加载到破坏同样经历了弹性、带裂缝工作和破坏三个受力阶段。一般托梁跨中截面会出现一条竖向裂缝，随后框架其他截面和墙体会相继出现裂缝并开展，临近破坏时，结构仍能形成框支组合拱受力体系，直至破坏时，墙梁挠度都很小，故框支墙梁与其他类型墙梁相同，一般不必进行挠度验算。框支墙梁可能出现下列几种破坏形态：

①弯曲破坏。当托梁或柱的配筋较少而砌体强度较高，h_w/l_0 稍小时，跨中竖向裂缝不断向上发展从而导致托梁纵向钢筋屈服形成拉弯塑性铰，随后在框架柱上截面外侧纵向钢筋屈服产生大偏心受压破坏形成压弯塑性铰，或托梁端截面的负弯矩使上部纵向钢筋屈服形成塑性铰，最后使框支墙梁形成弯曲破坏，如图6-10（a）所示。

②剪切破坏。当托梁或柱的配筋较多而上部墙体强度较低，h_w/l_0 适中时，因托梁端部或墙体中的斜裂缝的发展导致剪切破坏。这时，托梁跨中和支座截面钢筋均未屈服。墙体的剪切破坏又可分为斜拉破坏［见图6-10（b）］和斜压破坏［见图6-10（c）］两种。

（a）斜拉破坏，当墙体高跨比较小时，易发生此种破坏，由于墙体主拉应力超过砌体复合抗拉强度，斜裂缝出现，并沿墙体水平灰缝和齿缝呈阶梯形发展，破坏时，斜裂缝倾角一般小于45°。

（b）斜压破坏。当墙体高垮比较大时，易发生此种破坏。由于墙体主压应力超过砌体复合抗压强度，斜裂缝出现，裂缝倾角一般为55°~60°，有时裂缝会向下深入梁、柱节点，产生脆性的劈裂破坏。

③弯剪破坏。弯剪破坏是介于弯曲破坏和剪切破坏之间的界限破坏，发生于托梁配筋率和砌体强度均较适当，托梁抗弯承载力和墙体抗弯承载力接近时。其特征是托梁跨中竖向裂缝贯穿托梁整个高度，并向墙体中延伸很长，导致纵向钢筋屈服。同时，墙体斜裂缝发展引起斜压破坏，最后，托梁梁端上部钢筋或框架柱上部截面外侧边钢筋亦可能屈服，如图6-10（d）所示。

④局部受压破坏。与简支墙梁和连续墙梁相似，框架柱上方砌体发生的局部受压破坏如图6-10（e）所示。

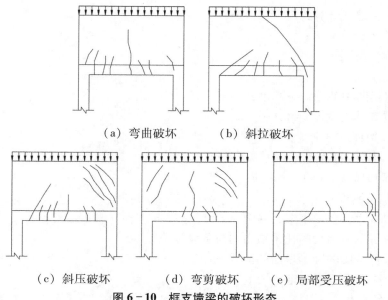

（a）弯曲破坏　　　（b）斜拉破坏

（c）斜压破坏　　　（d）弯剪破坏　　　（e）局部受压破坏

图 6-10　框支墙梁的破坏形态

6.2.3　墙梁的承载力设计

根据各种墙梁的受力特点及其破坏形态，考虑托梁与墙体的组合作用，按极限状态方法设计墙梁结构时，应分别进行混凝土托梁使用阶段正截面承载力和斜截面受剪承载力计算，墙体受剪承载力和托梁支座上部砌体局部受压承载力计算，同时应进行托梁在施工阶段的承载力验算。

（1）墙梁的计算简图（见图 6-11）。

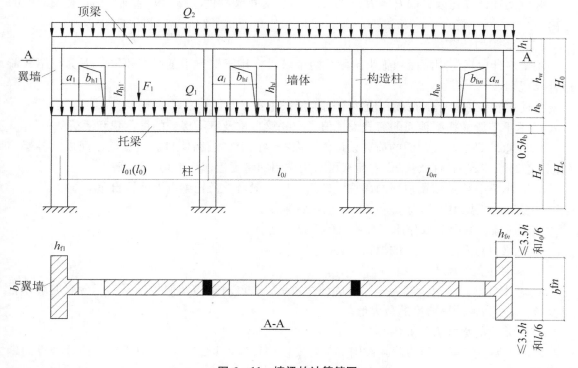

图 6-11　墙梁的计算简图

125

其中，$l_0(l_{0i})$ ——墙梁计算跨度 $i = 1, \cdots, n$；

h_w ——墙体计算高度；

h ——墙体厚度；

h_b ——托梁高度；

H_0 ——墙梁跨中截面计算高度；

b_{fi} ——翼墙计算宽度 $i = 1, \cdots, n$；

H_c ——框架柱计算高度；

H_{cn} ——框架柱的净高；

b_{hi} ——洞口宽度，$i = 1, \cdots, n$；

h_{hi} ——洞口高度；

a_i ——洞口边缘至支座中心的距离 $i = 1, \cdots, n$；

Q_1，F_1 ——承重墙梁的托梁顶面的荷载设计值；

Q_2 ——承重墙梁的墙梁顶面的荷载设计值。

各计算参数应符合下列规定：

①墙梁的计算跨度，对简支墙梁和连续墙梁取净跨的 1.1 倍或支座中心线距离的较小值，框支墙梁的支座中心距离取框架柱轴线间的距离；

②墙体的计算高度，取托梁顶层上一层墙体（包括顶梁）高度，当 h_w 大于 l_0 时，取 $h_w = l_0$（对连续墙梁和多跨框支墙梁，l_0 取各跨的平均值）；

③墙梁跨中截面计算高度，取 $H_0 = h_w + 0.5h_b$；

④翼墙计算宽度，取窗间墙宽度或横墙间距的 2/3，且每边不大于 3.5 倍的墙体厚度和墙梁计算跨度的 1/6；

⑤框架柱计算高度，取 $H_c = H_{cn} + 0.5h_b$，H_{cn} 为框架柱的净高，取基础顶面至托梁底面的距离。

（2）荷载的计算。

墙梁设计包括使用阶段和施工阶段，两个阶段作用于墙梁上的荷载不同，下面介绍其荷载计算规则。

①使用阶段墙梁上的荷载，应按下列规定采用：

a. 承重墙梁的托梁顶面的荷载设计值，取托梁自重及本层楼盖的恒荷载和活荷载；

b. 承重墙梁的墙梁顶面的荷载设计值，取托梁以上各层墙体自重及墙梁顶面以上各层楼（屋）盖的恒荷载和活荷载，集中荷载可沿用作用的跨度近似化为均布荷载；

c. 自承重墙梁的墙梁顶面的荷载设计值，取托梁自重及托梁以上墙体自重。

②施工阶段托梁上的荷载，应按下列规定采用：

施工阶段，墙梁只取作用于托梁上的荷载，包括：

a. 托梁自重及本层楼盖的恒荷载；

b. 本层楼盖的施工荷载；

c. 墙体自重，可取高度为 $l_{0max}/3$ 的墙体自重，开洞时还应按洞顶以下实际分布的墙体自重复核，l_{0max} 为各计算跨度的最大值。

（3）墙梁的承载力计算内容。

试验表明，墙梁在顶面荷载作用下主要发生三种破坏形态：由跨中或洞口边缘处纵向钢筋屈服和支座上部纵向钢筋屈服引起的正截面破坏，墙体或托梁斜截面剪切破坏以及托梁支座上部砌体局部受压破坏。为保证墙梁安全可靠地工作，应分别进行托梁使用阶段正截面承载力和斜截面受剪承载力计算、墙体受剪承载力和托梁支座上部砌体局部受压承载力计算，以及施工阶段托梁承载力验算。自承重梁可不验算墙体受剪承载力和砌体局部受压承载力。

6.2.4　墙梁的托梁正截面承载力计算

（1）托梁跨中截面。

对无洞和有洞简支墙梁、连续墙梁及框支墙梁，托梁跨中截面应按混凝土偏心受拉构件计算，第 i 跨跨中最大弯矩设计值 M_{bi}，梁及轴心拉力设计值 N_{bti} 可按下列公式计算：

$$M_{bi} = M_{1i} + \alpha_M M_{2i} \tag{6-5}$$

$$N_{bti} = \eta_N \frac{M_{2i}}{H_0} \tag{6-6}$$

①当为简支墙梁时：

$$\alpha_M = \psi_M \left(1.7 \frac{h_b}{l_0} - 0.03\right) \tag{6-7}$$

$$\psi_M = 4.5 - 10 \frac{a}{l_0} \tag{6-8}$$

$$\eta_N = 0.44 + 2.1 \frac{h_w}{l_0} \tag{6-9}$$

②当为连续墙梁和框支墙梁时：

$$\alpha_M = \psi_M \left(2.7 \frac{h_b}{l_{0i}} - 0.08\right) \tag{6-10}$$

$$\psi_M = 3.8 - 8.0 \frac{a_i}{l_{0i}} \tag{6-11}$$

$$\eta_N = 0.8 + 2.6 \frac{h_w}{l_{0i}} \tag{6-12}$$

式中，M_{1i}——荷载设计值 Q_1，F_1 作用下的简支墙梁跨中弯矩或按连续墙梁、框架分析的托梁第 i 跨跨中最大弯矩；

M_{2i}——荷载设计值 Q_2 作用下的简支墙梁跨中弯矩或按连续墙梁、框架分析的托梁第 i 跨跨中最大弯矩；

α_M——考虑墙梁组合作用的托梁跨中截面弯矩系数，可按式（6-7）或式（6-10）计算，但对自承重简支墙梁应乘以折减系数 0.8，当式（6-7）中的 $h_b/l_0 > 1/6$ 时，取 $h_b/l_0 = 1/6$，当式（6-10）中的 $h_b/l_{0i} > 1/7$ 时，取 $h_b/l_{0i} = 1/7$，当 $\alpha_M > 1$ 时，取 $\alpha_M = 1$；

η_N——考虑墙梁组合作用的托梁跨中截面轴力系数，可按式（6-9）或式（6-12）计算，但对自承重简支墙梁应乘以折减系数 0.8，当 $h_b/l_{0i} > 1$ 时，取 $h_b/l_{0i} = 1$；

ψ_M——洞口对托梁跨中截面弯矩的影响系数，对无洞口墙梁取 1.0，对有洞口墙梁按式（6-8）或式（6-11）计算；

a_i——洞口边缘至墙梁最近支座中心的距离，当 $a_i > 0.35 l_{0i}$ 时，取 $a_i = 0.35 l_{0i}$。

（2）托梁支座截面。

研究表明，连续墙梁和框支墙梁的托梁支座截面处于大偏心受压状态。为保证结构偏于安全并简化计算，托梁支座截面按受弯构件计算而忽略轴向压力影响，第 j 支座的弯矩设计值 M_{bj} 可按式 (6-13) 计算：

$$M_{bj} = M_{1j} + \alpha_M M_{2j} \qquad (6-13)$$

$$\alpha_M = 0.75 - \frac{a_i}{l_{0i}} \qquad (6-14)$$

式中，M_{1j}——荷载设计值 Q_1，F_1 作用下按连续墙梁或框架分析的托梁第 j 支座截面的弯矩设计值；

$\quad\quad M_{2j}$——荷载设计值 Q_2 作用下按连续墙梁或框架分析的托梁第 j 支座截面的弯矩设计值；

$\quad\quad \alpha_M$——考虑墙梁组合作用的托梁支座弯矩系数，无洞口墙梁取 0.4，有洞口墙梁可按式 (6-14) 计算，当支座两边的墙体均有洞口时，a_i 取较小值。

对于多跨框支墙梁，上层竖向荷载在向下传递过程中存在大拱效应，使底层边柱轴力增大，故在墙梁顶面 Q_2 作用下，当边柱轴压力对截面受力不利时，应乘以修正系数 1.2。对于多跨连续墙梁，验算支座下部支撑面承载力的同时也应考虑大拱效应的影响。

6.2.5 墙梁的托梁斜截面受剪承载力计算

试验表明，墙梁中托梁剪切破坏一般都发生在墙体剪切破坏之后，但是，当混凝土强度等级较低且箍筋配置较少时，混凝土托梁可能先于墙体发生剪切破坏。因此，应按混凝土受弯构件计算托梁斜截面受剪承载力，第 j 支座边缘截面的剪力设计值 V_{bj} 可按式 (6-15) 计算：

$$V_{bj} = V_{1j} + \beta_v V_{2j} \qquad (6-15)$$

式中，V_{1j}——荷载设计值 Q_1，F_1 作用下按简支墙梁、连续墙梁或框架分析的托梁第 j 支座边缘截面的剪力设计值；

$\quad\quad V_{2j}$——荷载设计值 Q_2 作用下按简支墙梁、连续墙梁或框架分析的托梁第 j 支座边缘截面的剪力设计值；

$\quad\quad \beta_v$——考虑墙梁组合作用的托梁剪力系数，无洞口墙梁边支座截面取 0.6，中间支座截面取 0.7，有洞口墙梁边支座截面取 0.7，中间支座截面取 0.8，对自承重墙梁，无洞口时取 0.45，有洞口时取 0.5。

6.2.6 墙梁的墙体受剪承载力计算

墙梁的墙体受剪承载力计算应按照正交试验方法进行有限元理论分析，通过考虑复合受力状态下砌体的抗剪强度来找出墙体受剪承载力的主要影响因素，并对试验资料进行回归分析得出考虑顶梁作用的墙体受剪承载力验算公式如下：

$$V_2 \leqslant \xi_1 \xi_2 \left(0.2 + \frac{h_b}{l_{0i}} + \frac{h_t}{l_{0i}} \right) f h h_w \qquad (6-16)$$

式中，V_2——荷载设计值 Q_2 作用下墙梁支座边缘截面剪力的最大值；

$\quad\quad \xi_1$——翼墙影响系数，对单层墙梁 1.0，对多层墙梁，当 $b_f/h = 3$ 时取 1.3，当 $b_f/h = 7$ 时取 1.5，当 $3 < b_f/h < 7$ 时按线性插入取值；

$\quad\quad \xi_2$——洞口影响系数，无洞口墙梁取 1.0，多层有洞口墙梁取 0.9，单层有洞口墙梁取 0.6；

128

h_t——墙梁顶面圈梁截面高度。

当墙梁支座处墙体中设置上下贯通的落地混凝土构造柱，且其截面小于 240 mm×240 mm 时，可不验算墙梁的墙体受剪承载力。

6.2.7 托梁支座上部砌体局部受压承载力计算

根据弹性有限元分析和 16 个发生局部破坏的无翼墙构件试验结果，可得在 Q_2 作用下托梁支座上部砌体局部受压承载力验算公式为

$$Q_2 \leqslant \zeta fh \tag{6-17}$$
$$\zeta = 0.25 + 0.08b_f/h \tag{6-18}$$

式中，ζ——局压系数。

当 $b_f/h \geqslant 5$ 或墙体支座处设置上下贯通的落地构造柱时，可不验算局部受压承载力。托梁应按混凝土受弯构件进行施工阶段的受弯、受剪承载力验算，如图 6-12 所示。

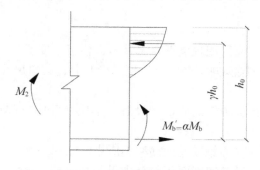

图 6-12 托梁受弯、受剪承载力验算简图

试验表明，顶梁的存在会较大地提高墙体的受剪承载力。对于中间支座上部砌体，由于竖向正应力过大地集中，且没有纵向翼墙约束作用，易发生严重的局部受压破坏现象，而在砌体内设置网状配筋可使其局部受压强度有所提高，此外，与边支座相比，中间支座处托梁剪切破坏的危险性更大。

6.2.8 墙梁在施工阶段托梁的承载力验算

墙梁组合作用是在托梁上砌筑墙体后而逐渐形成的，故在砌体强度达到设计要求前，即施工阶段，不能考虑墙梁组合作用。在施工阶段，应按前述相应荷载取值，对托梁按普通钢筋混凝土受弯构件进行截面受弯和受剪承载力验算。

6.2.9 墙梁的构造要求

为了保证托梁与上部墙体组合作用的正常发挥，墙梁不仅须满足表 6-1 的一般规定，根据《砌体结构设计规范》（GB 50003—2011），还应满足下列构造要求。

（1）材料要求。

①托梁和框支柱的混凝土强度等级不应低于 C30；

②承重墙梁的块体强度等级不应低于 MU10，计算高度范围内墙体的砂浆强度等级不应低于 M10（Mb10）。

（2）墙体要求。

①框支墙梁的上部砌体房屋以及设有承重的简支墙梁或连续墙梁的房屋，应满足刚性方案房屋的要求；

②墙梁的计算高度范围内的墙体厚度，对砖砌体不应小于 240 mm，对混凝土砌块砌体不应小于 190 mm；

③墙梁洞口上方应设置混凝土过梁，其支撑长度不应小于 240 mm，洞口范围内不应施加集中荷载；

④承重墙梁的支座处应设置落地翼墙，翼墙厚度对砖砌体不应小于 240 mm，对混凝土砌块砌体不应小于 190 mm，翼墙宽度不应小于墙梁墙体厚度的 3 倍，并与墙梁墙体同时砌筑，当不能设置翼墙时，应设置落地且上下贯通的混凝土构造柱；

⑤当墙梁墙体在靠近支座 1/3 跨度范围内开洞时，支座处应设置落地且上下贯通的混凝土构造柱，并应与每层圈梁连接；

⑥墙梁计算高度范围内的墙体，每天可砌筑高度不应超过 1.5 m，否则，应加设临时支撑。

（3）托梁要求。

①托梁两侧开间的楼盖应采用现浇混凝土楼盖，楼板厚度不应小于 120 mm，当楼板厚度大于 150 mm 时，应采用双层双向钢筋网，楼板上少开洞，洞口尺寸大于 800 mm 时应设洞口边梁；

②托梁每跨底部的纵向受力钢筋应通长设置，不应在跨中弯起或截断，钢筋连接应采用机械连接或焊接；

③托梁跨中截面的纵向受力钢筋总配筋率不应小于 0.6%；

④托梁上部通长布置的纵向钢筋面积与跨中下部纵向钢筋面积之比值不应小于 0.4，连续墙梁或多跨框支墙梁的托梁支座上部附加纵向钢筋从支座边缘算起每边延伸长度不应小于 $l_0/4$；

⑤承重墙梁的托梁在砌体墙、柱上的支撑长度不应小于 350 mm，纵向受力钢筋伸入支座的长度应符合受拉钢筋的锚固要求；

⑥当托梁截面高度 h_b 大于或等于 450 mm 时，应沿梁截面高度设置通长水平腰筋，其直径不应小于 12 mm，间距不应大于 200 mm；

⑦对于洞口偏置的墙梁，其托梁的箍筋加密区范围应延伸至洞口外，距洞边距离大于或等于托梁截面高度 h_b（见图 6-13），箍筋直径不应小于 8 mm，间距不应大于 100 mm。

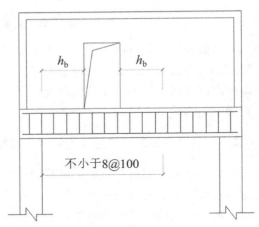

图 6-13　偏开洞时托梁箍筋加密区

6.3　挑梁

一端嵌入墙内，另一端悬臂挑出的梁称为挑梁。

在砌体结构房屋中，为了支撑挑廊、阳台、雨篷等，常设置埋入砌体墙内的钢筋混凝土悬臂构件，即挑梁。挑梁一般分为两类：当埋入墙内的长度较长且埋入墙内的梁相对于砌体的刚度较小时，梁发生明显的挠曲变形，这种挑梁称为弹性挑梁，如阳台挑梁、外廊挑梁等；当埋入墙内的长度较短，且埋入墙内的梁相对于砌体刚度较大时，挠曲变形很小，主要发生刚体转动变形，这种挑梁称为刚性挑梁，如嵌入砖墙内的悬臂雨篷梁属于刚性挑梁。挑梁类型的辨别方法和特点如表 6-2 和图 6-14 所示。

表 6-2　挑梁类型辨别方法和特点

挑梁类型	埋入墙内长度 l_1	竖向变形	主要变形特点	界面受压面积
刚性挑梁	较短	较大	刚性转动	较小
弹性挑梁	较长	较小	弯曲变形	较大

挑梁

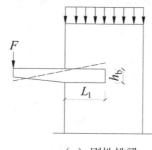

（a）刚性挑梁

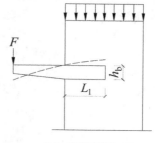

（b）弹性挑梁

图 6-14　刚性挑梁和弹性挑梁

过去的挑梁的设计一般沿用经验方法，导致经常出现经济不合理，甚至不安全的情况。《砌体结构设计规范》（GB 50003—2011）提出了较为合理的设计方法。

6.3.1　挑梁的受力特征和破坏形态

荷载作用下，钢筋混凝土梁和砌体共同工作。不同的荷载大小对应不同的工作状态。

（1）弹性工作阶段。

梁端施加荷载 F 较小，如图 6-15 所示 A 处的水平裂缝出现之前，挑梁处于弹性工作阶段。

（2）挑梁上下界面水平裂缝开展阶段。

梁端施加荷载 F（此时 F 为破坏荷载的 20%~30%），如图 6-15，A 处的竖向拉应力超过墙体的抗拉强度，水平裂缝出现，与上部砌体脱开。

荷载 F 继续增加，B 处竖向拉应力超过墙体的抗拉强度，水平裂缝出现，与下部砌体脱开。

当钢筋混凝土梁本身的受弯刚度和受剪承载力足够时，挑梁可能发生如下三种破坏形式。

①挑梁倾覆破坏。随着荷载 F 进一步增大，如图 6-16 所示，挑梁尾部梁端上边缘砌体内的拉应力超过沿齿缝截面的抗拉强度，产生 $\alpha > 45°$ 的阶梯形斜裂缝，随裂缝不断发展至难以抑制时，墙体分裂成两部分，挑梁即产生倾覆破坏。

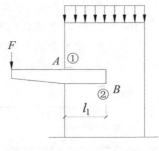

图 6 - 15　水平裂缝开展

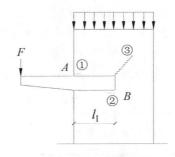

图 6 - 16　裂缝开展

②梁下砌体的局部受压破坏。如图 6 - 17 所示,挑梁的水平裂缝进一步发展时,挑梁下砌体受压区不断减小,应力集中现象明显,随着埋入端局部受压裂缝出现,挑梁下砌体发生局部受压破坏。

③挑梁自身的破坏。挑梁自身的正截面承载力不足或斜截面承载力不足造成的破坏,如图 6 - 18 所示。

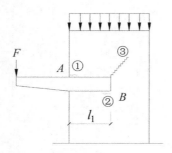

图 6 - 17　裂缝开展

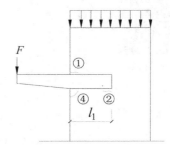

图 6 - 18　挑梁自身的破坏

6.3.2　挑梁的承载力验算

为了防止挑梁发生倾覆破坏和挑梁下砌体的局部受压破坏,设计时应对挑梁进行抗倾覆验算和挑梁下砌体的局部受压承载力验算,同时应对挑梁本身进行正截面承载力和斜截面承载力的验算,以免自身承载力不足而发生破坏。

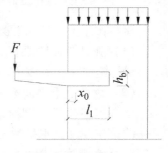

图 6 - 19　倾覆点

(1)抗倾覆验算。

挑梁抗倾覆验算的关键是确定倾覆时挑梁绕哪一点转动,此点称为倾覆点。挑梁扰度试验表明,挑梁倾覆破坏时,倾覆点并不在墙边,而在墙边 x_0 处,如图 6 - 19 所示。

x_0 可按下面的规定采用:

当 $l_1 \geqslant 2.2h_b$ 时,属弹性挑梁,取 $x_0 = 0.3h_b$,且不大于 $0.13l_1$;

当 $l_1 < 2.2h_b$ 时,属刚性挑梁,取 $x_0 = 0.13h_b$ 。

式中,l_1——挑梁埋入砌体墙中的长度;

　　　h_b——挑梁的截面高度;

　　　x_0——计算倾覆点至外墙边缘的距离。

当挑梁下设有构造柱时,计算倾覆点至墙外边缘的距离可取 $0.5x_0$。

砌体墙中钢筋混凝土挑梁的抗倾覆验算公式如下：

$$M_{ov} \leqslant M_r$$
$$M_r = 0.8G_r(l_2 - x_0) \tag{6-19}$$

式中，M_{ov}——挑梁的荷载设计值对计算倾覆点产生的倾覆力矩；

M_r——挑梁抗倾覆力矩设计值；

G_r——挑梁的抗倾覆荷载，为挑梁尾端上部 45°扩散角的阴影范围（其水平长度为 l_3）内本层的砌体与楼面恒荷载标准值之和，具体如图 6-20 所示，当上部楼层无挑梁时，抗倾覆荷载中可计入到上部楼层的楼面永久荷载；

l_2——G_r 的作用点至墙外边缘的距离。

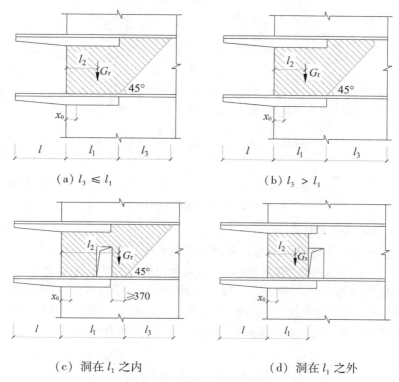

(a) $l_3 \leqslant l_1$ (b) $l_3 > l_1$

(c) 洞在 l_1 之内   (d) 洞在 l_1 之外

图 6-20　挑梁的抗倾覆荷载

雨篷等悬挑构件可按上述方法进行抗倾覆验算，其抗倾覆荷载 G_r 可按图 6-21 采用，G_r 距墙外边缘的距离 l_2 为墙厚的 1/2，l_3 为门窗洞口净跨的 1/2，即 $l_2 = l_1/2$，$l_3 = l_n/2$。

（2）挑梁下砌体的局部受压承载力验算。

挑梁下砌体的局部受压承载力可按式（6-20）进行验算：

$$N_l \leqslant \eta\gamma f A_l \tag{6-20}$$

式中，N_l——挑梁下的支承压力，可取 $N_l = 2R$，R 为挑梁的倾覆荷载设计值；

η——梁端底面压应力图形的完整系数，可取 0.7；

γ——砌体局部抗压强度提高系数，对应图 6-22（a）可取 1.25，对应图 6-22（b）可取 1.5；

A_l——挑梁下砌体局部受压面积，可按 $A_l = 1.2bh_b$，b 为挑梁的截面宽度，h_b 为挑梁截面高度。

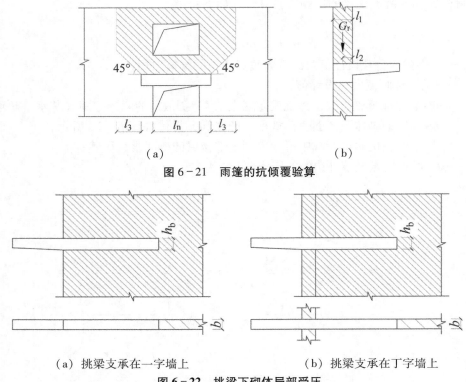

（a）　　　　　　　　　　（b）

图 6 - 21　雨篷的抗倾覆验算

（a）挑梁支承在一字墙上　　　　　　　（b）挑梁支承在丁字墙上

图 6 - 22　挑梁下砌体局部受压

（3）挑梁自身的承载力验算。

挑梁中钢筋混凝土梁的计算方法与一般钢筋混凝土梁的计算方法是一致的，关键是要确定挑梁的最不利内力。试验和分析表明，挑梁的最大弯矩接近于挑梁的倾覆力矩，所以挑梁的最大弯矩设计值可取为倾覆力矩，即 $M_{max} = M_0$，其中 M_0 为挑梁的荷载设计值对计算倾覆点截面产生的弯矩；最大剪力设计值可取为挑梁墙外边缘处截面产生的剪力，即 $V_{max} = V_0$，其中 V_0 为挑梁的荷载设计值在挑梁墙外边缘处截面产生的剪力。挑梁的内力图如图 6 - 23 所示。

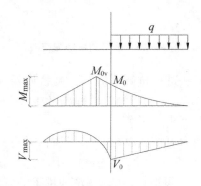

图 6 - 23　挑梁内力图

（4）挑梁的构造要求。

挑梁设计除应符合现行国家标准《混凝土结构设计规范》（GB 50010—2010）的有关规定外，还应满足下列要求：

①纵向受力钢筋至少应有 1/2 的钢筋面积伸入梁尾端，且不少于 2Φ12，其余钢筋伸入支

座的长度不应小于 $2l_1/3$;

②挑梁埋入砌体长度 l_1 与挑出长度 l 之比宜大于 1.2,当挑梁上无砌体时,l_1 与 l 之比宜大于 2。

6.4 砌体构造措施

6.4.1 一般构造要求

6.4.1.1 砌体材料的最低强度等级

块体和砂浆的强度等级不仅显著影响砌体结构和构件的承载力,还影响其耐久性。块体和砂浆的强度等级越低,房屋的耐久性越差,越容易出现腐蚀风化现象,尤其是处于潮湿或有酸、碱等腐蚀性介质环境时,砂浆或砖易出现松散、掉皮等现象,腐蚀风化现象更加严重。

因此,《砌体结构设计规范》(GB 50003—2011)规定,处于环境类别 3~5 等有侵蚀性介质的砌体材料应符合下列规定:

(1)不应采用蒸压灰砂普通砖、蒸压粉煤灰普通砖;

(2)应采用实心砖,砖的强度等级不应低于 MU20,水泥砂浆的强度等级不应低于 M10;

(3)混凝土砌体的强度等级不应低于 MU15,灌孔混凝土的强度等级不应低于 Cb30,砂浆的强度等级不应低于 Mb10;

(4)应根据环境条件对砌体材料的抗冻指标、耐酸碱性能提出要求,或符合有关规范的规定。

地面以下或防潮层以下的砌体、潮湿房间的墙或环境类别为 2 的砌体,所用材料的最低强度应符合表 3-16 的规定。

6.4.1.2 截面大小、支承以及连接构造要求

(1)截面大小。

墙体的截面尺寸越小,其稳定性越差,越容易失稳。例如毛石墙的厚度不宜小于 350 mm。当有振动荷载时,墙体不宜采用毛石砌体。

(2)垫块设置。

屋架、大梁搁置于墙、柱上时,屋架、大梁端部支承处的砌体处于局部受压状态。当局部受压面积较小时,容易发生局部受压破坏。因此,对于跨度大于 6 m 的屋架和跨度大于 4.8 m(采用砖砌体)、4.2 m(采用砌块或料石砌体)、3.9 m(采用毛石砌体)的梁,应在支承处砌体上设置混凝土或钢筋混凝土垫块;当墙中设有圈梁时,垫块与圈梁宜浇成整体。

对于混凝土砌块墙体的下列部位,如未设圈梁或混凝土垫块,应采用不低于 Cb20 灌孔混凝土将孔洞灌实:

①搁栅、檩条和钢筋混凝土楼板的支承面下,高度不应小于 200 mm 的砌体;

②屋架、梁等构件的支承面下,长度不应小于 600 mm,高度不应小于 600 mm 的砌体;

③挑梁支承面下,距墙中心线每边不应小于 300 mm,高度不应小于 600 mm 的砌体。

(3)壁柱设置。

当墙体高度较大且厚度较小,而所受的荷载较大时,墙体平面外的刚度和稳定性将较差。为了增加墙体的刚度和稳定性,可在墙体适当部位设置壁柱。当梁的跨度大于或等于 6 m(采用 240 mm 厚的砖墙)、4.8 m(采用 180 mm 厚的砖墙)、4.8 m(采用砌块、料石墙)时,其支承处宜加设壁柱,或采取其他加强措施。

(4)支承构造。

为了加强房屋的整体刚度，确保房屋安全可靠，墙、柱与楼板、屋架或大梁之间应有可靠的拉结。试验结果表明，当楼板伸入墙体内的支承长度足够时，墙和楼板接触面上的摩擦力可有效地传递水平力，不会出现楼板松动的现象。支承构造的要求如下：

①预制钢筋混凝土板在混凝土圈梁上的支承长度不应小于 80 mm，板端伸出的钢筋应与圈梁可靠连接，且同时浇筑。预制钢筋混凝土板在墙上的支承长度不应小于 100 mm，并应按下列方法进行连接：

a. 板支承于内墙时，板端钢筋伸入长度不应小于 70 mm，且与支座处沿墙配置的纵筋绑扎，并用强度等级不应低于 C25 的混凝土浇筑成板带；

b. 板支承于外墙时，板端钢筋伸入长度不应小于 100 mm，且与支座处沿墙配置的纵筋绑扎，并用强度等级不应低于 C25 的混凝土浇筑成板带；

c. 预制钢筋混凝土板与现浇板对接时，预制板端钢筋应伸入现浇板中进行连接后，再浇筑现浇板。

②支承在墙、柱上的吊车梁、屋架及跨度大于或等于 9 m（采用砖砌体）、7.2 m（采用砌块和料石砌体）的预制梁的端部，应采用锚固件与墙、柱上的垫块锚固，如图 6-24 所示。

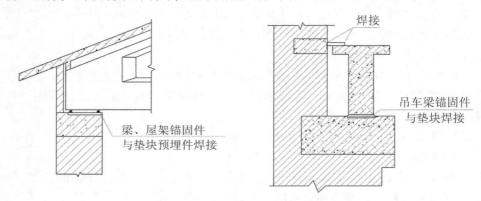

图 6-24 跨度较大时梁和屋架的锚固

（5）连接。

填充墙、隔墙应分别采取措施与周边构件可靠连接。连接构造和嵌缝材料应能满足传力、变形、耐久要求。连接方式可采用拉结条，一般是在钢筋混凝土骨架中预埋拉结筋，而后在砌砖时嵌入墙体的水平灰缝内，如图 6-25 所示。

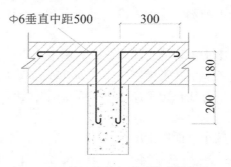

图 6-25 填充墙等与周边构件的连接

山墙处的壁柱宜砌至山墙顶部，屋面构件应与山墙可靠拉结。

砌块砌体应分皮错缝搭砌，上下皮搭砌长度不得小于 90 mm。当搭砌长度不满足上述要求时，应在水平灰缝内至少设置 2 根直径不小于 4 mm 的焊接钢筋网片（横向钢筋的间距不应大于 200 mm，网片每端均应超过该垂直缝且不小于 300 mm）。

砌块墙与后砌隔墙交接处，应沿墙高每 400 mm 在水平灰缝内至少设置不少于 2 根直径不小于 4 mm、横筋间距不应大于 200 mm 的焊接钢筋网片，如图 6 - 26 所示。

图 6 - 26　砌块墙与后砌隔墙交接处的钢筋网片

（6）夹心墙。

对于夹心墙，应符合下列规定：

①夹心墙的夹层厚度，不宜大于 120 mm；

②外叶墙的砖及混凝土砌块的强度等级，不应低于 MU10；

③夹心墙的外叶墙的最大横向支承距离，宜按下列规定采用：当防烈度为 6 度时不宜大于 9 m，7 度时不宜大于 6 m，8，9 度时不宜大于 3 m。

试验表明，在竖向荷载作用下，夹心墙叶墙间采用的连接件能起到协调内、外叶墙的变形并为内叶墙提供一定支撑作用，因此连接件具有明显提高内叶墙承载力、增强叶墙稳定性的作用。在往复荷载作用下，钢筋拉结件可在大变形情况下避免外叶墙发生失稳破坏，确保内、外叶墙协调变形、共同受力。因此采用钢筋拉结件能防止地震作用下已开裂墙体出现脱落倒塌的现象。夹心墙的内、外叶墙，应有连接件可靠拉结，拉结件应符合下列规定：

①当采用环形拉结件时，钢筋直径不应小于 4 mm；当采用 Z 形拉结件时，钢筋直径不应小于 6 mm。拉结件应沿竖向梅花形布置，拉结件的水平和竖向最大间距分别不宜大于 800 mm 和 600 mm；当有振动或有抗震设防要求时，其水平和竖向最大间距分别不宜大于 800 mm 和 400 mm。

②当采用可调拉结件时，钢筋直径不应小于 4 mm，拉结件的水平和竖向最大间距均不宜大于 400 mm。叶墙间灰缝的高差不大于 3 mm，可调拉结件中孔眼和扣钉间的公差不大于 1.5 mm。

③当采用钢筋网片作拉结件时，网片横向钢筋的直径不应小于 4 mm，其间距不应大于 400 mm；网片的竖向间距不宜大于 600 mm，当有振动或有抗震设防要求时，其间距不宜大于 400 mm。

④拉结件在叶墙上的搁置长度，不应小于叶墙厚度的 2/3，且不应小于 60 mm。

⑤门窗洞口周边 300 mm 范围内应附加间距不大于 600 mm 的拉结件。

6.4.2　防止或减轻墙体开裂的主要措施

墙体裂缝通常是多种因素共同作用的结果，为减轻或防止墙体开裂，可采取以下措施：

（1）减少温度变形和收缩变形。

温度变形和收缩变形也会引起墙体裂缝。常见的房屋屋顶砌体受日照影响而伸长，其下部砌体约束这种伸长，从而在砌体中产生八字形裂缝，如图6-27所示。

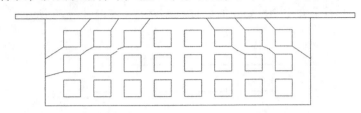

图6-27 温度变形引起的八字形裂缝

这种裂缝会降低房屋的整体刚度，影响建筑物的适用性、耐久性。设计时应采取有效的构造措施来尽可能减少或避免这种裂缝的产生。

为了减少或防止房屋在正常使用条件下，由温度和砌体干缩引起的墙体竖向裂缝，应在墙体中设置伸缩缝。伸缩缝应设置在温度和收缩变形可能引起应力集中、砌体产生裂缝可能性最大的地方。伸缩缝的间距可按表6-3采用。

表6-3 砌体房屋伸缩缝的最大间距   m

屋盖或楼盖类别		间距
整体式或装配整体式 钢筋混凝土结构	有保温层或隔热层的屋盖、楼盖	50
	无保温层或隔热层的屋盖	40
装配式无檩体系 钢筋混凝土结构	有保温层或隔热层的屋盖、楼盖	60
	无保温层或隔热层的屋盖	50
装配式有檩体系 钢筋混凝土结构	有保温层或隔热层的屋盖	75
	无保温层或隔热层的屋盖	60
瓦材屋盖、木屋盖或楼盖、轻钢屋盖		100

注：①对烧结普通砖、烧结多孔砖、配筋砌块砌体房屋，取表中数值；对石砌体、蒸压灰砂普通砖、蒸压粉煤灰普通砖和混凝土多孔砖房屋，取表中数值乘以0.8的系数，当墙体有可靠外保温措施时，其间距可取表中数值。

②在钢筋混凝土屋面上挂瓦的屋盖应按钢筋混凝土屋盖采用。

③层高大于5 m的烧结普通砖、烧结多孔砖、配筋砌块砌体结构单层房屋，其伸缩缝间距可按表中数值乘以1.3。

④温差较大且变化频繁地区和严寒地区不采暖的房屋及构筑物墙体的伸缩缝的最大间距，应按表中数值予以适当减小。

⑤墙体的伸缩缝应与结构的其他变形缝相重合，缝宽度应满足各种变形缝的变形要求；在进行立面处理时，必须保证缝隙的伸缩作用。

（2）减少不均匀沉降。

房屋自身和其所传递的荷载使地基产生压缩变形，致使房屋沉降。当房屋长高比较大而地基土为均匀分布的软土时，或地基土层分布不均匀、土质差别很大时，或房屋体型复杂或高差较大时，都可能使得地基产生过大的不均匀沉降。而不均匀的沉降会在房屋墙体内产生附加应力。由力学知识可知，当这个附加应力超过砌体的相应强度时，墙体就会产生裂缝。墙体裂缝不仅影响了建筑物的正常使用，同时影响耐久性和美观。当裂缝随着不断发展的不均匀沉降逐渐扩大，将会危及结构的安全。

所以，在设计时首先应尽量避免能引起房屋产生过大不均匀沉降的因素，以下是相应的措施：

①房屋体型应简单，尽量避免平面凸凹曲折和立面高低起伏，而且房屋的长高比也不宜过大；

②不宜在砖墙上开过大的孔洞，否则应用钢筋混凝土边框加强；

③合理设置横墙以连接内、外纵墙等；

④安排合理的施工顺序也可减少不均匀沉降，例如先建造较重的单元再建造较轻的单元，基础埋深较深的先施工，不易受相邻建筑物影响的先施工。

设置沉降缝可消除由于过大的不均匀沉降对房屋造成的危害。沉降缝使房屋基础到上部结构的连接处全部断开，把房屋分成若干长高比较小、整体刚度较好的单元，使各单元能独立地沉降来避免在墙体中产生裂缝。

建筑物的下列部位宜设置沉降缝：建筑平面的转折部分；高度差异（或荷载差异）较大处；分期建造房屋的交界处；长高比过大的砌体结构或钢筋混凝土框架结构的适当部位；地基土的压缩性有显著差异处；建筑结构（或基础）的类型不同处。

（3）房屋顶层墙体，应根据情况采取下列措施：

①屋面应设置保温、隔热层；

②屋面保温（隔热）层或屋面刚性面层及砂浆找平层应设置分隔缝，分隔缝间距不宜大于 6 m，其缝宽不小于 30 mm，并且与女儿墙隔开；

③采用装配式有檩系钢筋混凝土屋盖和瓦材屋盖；

④顶层墙体有门窗等洞口时，在过梁的水平灰缝内设置 2~3 道焊接钢筋网片或 2 根直径 6 mm 钢筋，焊接钢筋网片或钢筋应伸入洞口两端墙内不小于 600 mm；

⑤顶层及女儿墙砂浆强度等级不应低于 M7.5（Mb7.5，Ms7.5）；

⑥女儿墙应设置构造柱，构造柱间距不宜大于 4 m，构造柱应伸至女儿墙顶并与现浇钢筋混凝土压顶整浇在一起；

⑦对顶层墙体施加竖向预应力。

（4）房屋底层墙体，应根据情况采取下列措施：

①增大基础圈梁的刚度；

②在底层的窗台下墙体灰缝内设置 3 道焊接钢筋网片或 2 根直径 6 mm 钢筋，并伸入两边窗间墙内不小于 600 mm。

（5）在每层门、窗过梁上方的水平灰缝内及窗台下第一和第二道水平灰缝内，宜设置焊接钢筋网片或 2 根直径 6 mm 钢筋，焊接钢筋网片或钢筋应伸入两边窗间墙内不小于 600 mm。当墙长大于 5 m 时，宜在每层墙高度中部设置 2~3 道焊接钢筋网片或 3 根直径 6 mm 的通长水平钢筋，竖向间距为 500 mm。

（6）为防止或减轻混凝土砌块房屋顶层两端和底层第一、第二开间门窗洞处的裂缝，可采取下列措施：

①在门窗洞口两边的墙体的水平灰缝中，设置长度不小于 900 mm、竖向间距为 400 mm的 2 根直径 4 mm 的焊接钢筋网片；

②在顶层和底层设置通长钢筋混凝土窗台梁，窗台梁高宜为块材高度的模数，梁内纵筋不少于 4 根，直径不小于 10 mm，箍筋直径不小于 6 mm，间距不大于 200 mm，混凝土强度等级不应低于 C20；

③在房屋门窗洞口两侧不少于一个孔洞中设置直径不小于 12 mm 的竖向钢筋，竖向钢筋

应在楼层圈梁或基础内锚固，孔洞用不低于 Cb20 灌孔混凝土灌实。

（7）当房屋刚度较大时，可在窗台下或窗台角处墙体内及墙体高度或厚度突然变化处设置竖向控制缝。竖向控制缝的构造和嵌缝材料应能满足墙体平面外传力和防护的要求。

（8）夹心复合墙的外叶墙宜在建筑墙体适当部位设置控制缝，其间距宜为 6~8 m。

（9）防裂要求较高的墙体，可根据情况采取专门措施。

6.4.3 圈梁的设置和构造要求

圈梁

在砌体结构房屋中，为增强房屋的整体刚度，加强纵横墙之间的联系，防止由地基的不均匀沉降或较大的震动荷载等对房屋产生不利影响，在同一高度处，沿外墙四周以及内墙水平方向设置的连续封闭的钢筋混凝土梁称为圈梁。

在基础顶面和檐口部位设置的圈梁由于分别位于房屋整体的上缘和下缘，能有效抵抗房屋的不均匀沉降。当房屋两端的沉降比中部大时，位于檐口处的圈梁作用较大；当房屋中部的沉降比两端大时，位于基础顶面的圈梁作用较大。圈梁和构造柱配合有利于提高砌体结构的抗震性能。

（1）圈梁的设置。

①车间、仓库、食堂等空旷的单层房屋应按下列规定设置圈梁：

a. 砖砌体结构房屋，檐口标高为 5~8 m 时，应在檐口标高处设置圈梁一道，檐口标高大于 8 m 时，应增加设置数量；

b. 砖块及料石砌体结构房屋，檐口标高为 4~5 m 时，应在檐口标高处设置圈梁一道，檐口标高大于 5 m 时，应增加设置数量；

c. 对有吊车或较大振动设备的单层工业房屋，当未采取有效的隔振措施时，除在檐口或窗顶标高处设置现浇钢筋混凝土圈梁外，还应增加设置数量。

②对住宅、办公楼等多层砌体结构民用房屋，当层数为 3~4 层时，应在底层檐口标高处设置圈梁一道；当层数超过 4 层时，除应在底层和檐口标高处各设置一道圈梁外，至少应在所有纵、横墙上隔层设置。

多层砌体工业房屋，应每层设置现浇钢筋混凝土圈梁。

设置圈梁的多层砌体结构房屋，应在托梁、墙梁顶面和檐口标高处设置现浇钢筋混凝土圈梁，其他楼层处应在所有纵横墙上每层设置。

采用现浇混凝土楼（屋）盖的多层砌体结构房屋，当层数超过 5 层时，除应在檐口标高处设置一道圈梁外，可隔层设置圈梁，并应与楼（屋）面板一起现浇。未设置圈梁的楼面板嵌入墙内的长度不应小于 120 mm，并沿墙长配置不少于 2 根直径为 10 mm 的纵向钢筋。

建筑在松软地基或不均匀地基上的砌体房屋，设置的圈梁还应符合现行国家标准《建筑地基基础设计规范》（GB 50007—2011）的有关规定。

（2）圈梁的构造要求。

目前由于砌体结构整体空间工作的复杂性，关于圈梁的计算尚不成熟，因此一般不对圈梁进行内力计算，而按下列的构造要求来设置圈梁：

①圈梁宜连续地设在同一水平面上，并形成封闭状，当圈梁被门窗洞口截断时，应在洞口上部增设相同截面的附加圈梁，附加圈梁与圈梁的搭接长度应不小于圈梁中到中垂直间距的 2 倍，且不得小于 1 m，如图 6-28 所示；

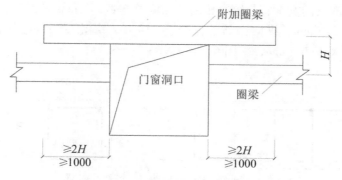

图 6 - 28 附加圈梁与圈梁的搭接

②纵横墙交接处的圈梁应有可靠的连接，对刚弹性和弹性方案房屋，圈梁应与屋架、大梁等构件可靠连接，如图 6 - 29 所示；

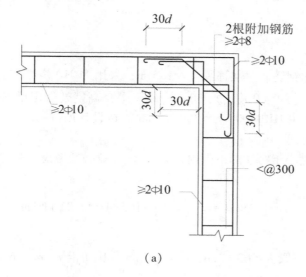

（a）

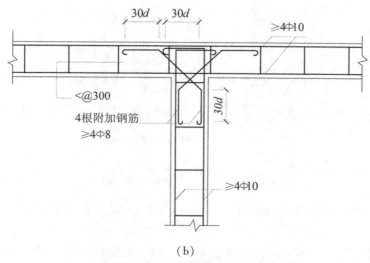

（b）

图 6 - 29 现浇圈梁的连接构造

③钢筋混凝土圈梁的宽度宜与墙厚相同，当墙厚 $h \geqslant 240$ mm 时，其宽度不宜小于 $2h/3$，圈梁高度不应小于 120 mm，纵向钢筋不应少于 4 Φ 10，绑扎接头的搭接长度按受拉钢筋考虑，箍筋间距不应大于 300 mm，如图 6-30 所示；

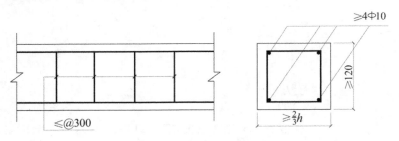

图 6-30　钢筋混凝土圈梁构造

④圈梁兼作过梁时，过梁部分的钢筋应按计算用量另行增配。

6.5　计算例题

【例题 6-1】 已知钢筋砖过梁净跨 $l_n = 1.5$ m，采用 MU10 烧结多孔砖，M5 水泥混合砂浆。在离窗口 600 mm（约为 9 皮砖加 30 mm 砂浆层）高度处作用梁板荷载 10 kN/m（其中活荷载 4 kN/m）。钢筋用 HRB400，$f_y = 360$ N/mm²。试设计该过梁。

【解】（1）计算荷载。

梁板荷载位于高度小于跨度的范围内，即 $h_w < l_n$，故必须考虑。从而，作用在过梁上的均布荷载设计值为

$$p = 1.3 \times \left(\frac{1.5}{3} \times 5.24 + 6 \right) + 1.5 \times 4 = 17.21 \text{ kN/m}$$

（2）计算受弯承载力。

考虑到梁板荷载，取 $h = 600$ mm，$a_s = 15$ mm，则 $h_0 = h - a_s = 600 - 15 = 585$ mm，$f_y = 360$ N/mm²，则

$$M = \frac{p l_n^2}{8} = \frac{17.21 \times 1.5^2}{8} = 4.84 \text{ kN} \cdot \text{m}$$

由式（6-4）得

$$A_s = \frac{M}{0.85 h_0 f_y} = \frac{4.84 \times 10^6}{0.85 \times 585 \times 360} = 27.04 \text{ mm}^2$$

选用 2 Φ 6（57 mm²），受剪承载力按式 $V \leqslant f_v bz$ 进行计算，查表 $f_v = 0.11$ N/mm²，则

$$z = \frac{2}{3} h = \frac{2}{3} \times 600 = 400 \text{ mm}$$

$$V = \frac{p l_n}{2} = \frac{17.21 \times 1.5}{2} = 12.91 \text{ kN}$$

则 $bz f_v = 240 \times 400 \times 0.11 = 10\,560$ N $= 10.56$ kN < 12.91 kN，V 大于承载力不超过 5%，故可认为基本安全。

【例题 6-2】 已知某 240 mm 厚砖墙，采用 MU10 烧结多孔砖、M5 水泥混合砂浆砌筑而成。其上有一钢筋混凝土过梁，净跨 $l_n = 3\,000$ mm，在墙上的支撑长度 $a = 0.24$ m。在墙口上

方 1 400 mm 处作用有楼板传来的均布竖向荷载，其中恒载标准值为 10 kN/m，活载标准值为 5 kN/m。砖墙自重取 5.24 kN/m²，采用 C20 混凝土，混凝土容重取 25 kN/m³，纵筋、箍筋均采用 HRB400 级钢筋。试设计该钢筋混凝土过梁。

【解】 考虑过梁跨度及荷载等情况，过梁截面取 $b \times h_b = 240 \text{ mm} \times 300 \text{ mm}$。

（1）计算荷载。

过梁上的墙体高度为 $h_w = 1 400 - 300 = 1 100 \text{ mm} < l_n$，故要考虑梁、板传来的均布荷载；因 $h > l_n/3 = 1 000 \text{ mm}$，所以应考虑 1 000 mm 高的墙体自重。从而得作用在过梁上的荷载为

$$q = 1.3 \times (25 \times 0.24 \times 0.3 + 5.24 \times 1.0 + 10) + 1.5 \times 5 = 29.65 \text{ kN/m}$$

（2）计算钢筋混凝土过梁。

过梁的计算跨度 $l_0 = 1.05 l_n = 1.05 \times 3 000 = 3 150 \text{ mm}$，弯矩和剪力分别为

$$M = \frac{q l_0^2}{8} = \frac{29.65 \times 3.15^2}{8} = 36.78 \text{ kN} \cdot \text{m}$$

$$V = \frac{q l_n}{2} = \frac{29.65 \times 3}{2} = 44.48 \text{ kN}$$

计算得纵筋面积 $A_s = 443.5 \text{ mm}^2$，纵筋选用 3 $\oplus$ 16。箍筋按构造配置，通长采用 $\oplus$ 6@150。

（3）验算过梁梁端支撑处局部抗压承载力。

查得砌体抗压强度设计值 $f = 1.5 \text{ N/mm}^2$，取压应力图形完整系数 $\eta = 1.0$，则过梁的有效支撑长度为

$$a_0 = 10 \sqrt{\frac{h_b}{f}} = 10 \times \sqrt{\frac{300}{1.5}} = 141.4 \text{ mm}$$

承压面积：$A_l = a_0 h = 141.4 \times 240 = 33 936 \text{ mm}^2$

影响面积：$A_0 = (a_0 + h) \times h = (141.4 + 240) \times 240 = 91 536 \text{ mm}^2$

由于 $1 + 0.35 \sqrt{\frac{A_0}{A_l} - 1} = 1 + 0.35 \times \sqrt{\frac{91 536}{33 936} - 1} = 1.456 > 1.25$，故取局部抗压强度提高系数 $\gamma = 1.25$。

不考虑上部荷载，则局部压力设计值为 $N_l = \frac{q l_0}{2} = \frac{29.65 \times 3.15}{2} = 46.70 \text{ kN}$。

局部受压的承载力为

$$\eta \gamma A_l f = 1.0 \times 1.25 \times 33 936 \times 1.5 = 63 630 \text{ N} = 63.63 \text{ kN} > N_l$$

故过梁支座处局部受压是安全的（此题的有效支撑长度也可取实际支撑长度 240 mm，结果显然也是安全的）。

【例题 6-3】 某地区一五层砌体结构住宅的平面、剖面图如图 6-31 所示，托梁截面 250 mm×600 mm。混凝土强度等级采用 C30，主筋、箍筋均采用 HRB400 级钢筋，墙体用 MU10 烧结多孔砖和 MU10 水泥砂浆砌筑。除二层与托梁相邻的楼板采用 120 mm 厚的现浇楼板外，其余各层楼盖均采用 120 mm 厚的预制空心板。其中，二层对应的楼盖恒载为 3.98 kN/m² （含面层和粉刷），其余各层对应的楼盖恒载为 2.73 kN/m²，并且屋盖恒载为 3.54 kN/m² （均含面层和粉刷）。此外，屋面活载 0.5 kN/m²，楼面活载 2.0 kN/m²，240 mm 厚烧结多孔砖墙及双面抹灰自重按 5.24 kN/m² 计算。墙梁顶部钢筋混凝土圈梁截面高度为 120 mm。试计算二层楼面处的墙梁。

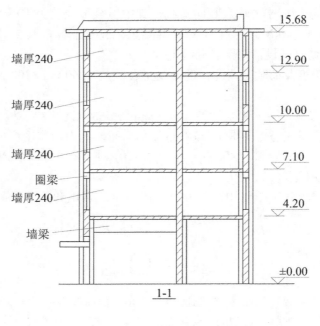

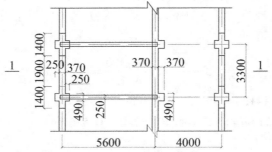

图 6-31 例题 6-3 某五层住宅平、剖面图

【解】（1）确定基本尺寸。

墙梁净跨：$l_n = 5\,600 - 370 - 250 = 4\,980$ mm = 4.98 m，$1.1l_n = 1.1 \times 4.98 = 5.48$ m；

支座中心距离：$l_c = 5.6$ m。

取两者中较小值为计算跨度，故 $l_0 = 5.48$ m。查表 6-1 得，托梁高 $h_b \geqslant l_0/10 = 0.548$ m，取 $h_b = 600$ mm，托梁宽度 $b_b = 250$ mm。托梁的截面有效高度为 $h_0 = 600 - 35 = 565$ mm。

二层层高为 3 000 mm，楼板厚 120 mm，故墙体计算高度为

$$h_w = 3\,000 - 120 = 2\,880 \text{ mm}$$

墙梁计算高度：$H_0 = 0.5h_b + h_w = 0.5 \times 600 + 2\,880 = 3\,180$ mm。

（2）荷载设计值计算 Q_1。

恒载标准值：$3.31 + 3.98 \times 3.3 = 16.44$ kN/m；

活载标准值：$3.3 \times 2 = 6.6$ kN/m；

托梁顶面设计值：$1.3 \times 16.44 + 1.5 \times 6.6 = 31.27$ kN/m；

取 $Q_1 = 31.27$ kN/m。

（3）墙梁顶面的荷载设计值 Q_2。

恒载标准值：墙重 + 楼屋盖重 = $5.24 \times 4 \times 2.88 + (3.54 + 3 \times 2.73) \times 3.3 = 99.07$ kN/m；

活载标准值：$(0.5+0.85×2×3)×3.3=18.48$ kN/m；

$$1.3×99.07+1.5×18.48=156.51 \text{ kN/m}$$

取 $Q_2=156.51$ kN/m。

（4）使用阶段托梁正截面承载力设计值。

$$M_1=\frac{1}{8}Q_1 l_0^2=\frac{1}{8}×31.27×5.48^2=117.38 \text{ kN·m}$$

$$M_2=\frac{1}{8}Q_2 l_0^2=\frac{1}{8}×156.51×5.48^2=587.51 \text{ kN·m}$$

因为是无洞口墙梁，所以 $\varphi_\text{M}=1.0$。

$$\alpha_\text{M}=\varphi_\text{M}\left(1.7\frac{h_\text{b}}{l_0}-0.03\right)=1×\left(1.7×\frac{0.6}{5.48}-0.03\right)=0.1561$$

$$\eta_\text{N}=0.44+2.1\frac{h_\text{w}}{l_0}=0.44+2.1×\frac{2.88}{5.48}=1.5436$$

所以 $M_\text{b}=M_1+\alpha_\text{M}M_2=117.38+0.1561×587.51=209.09$ kN·m。

$$N_\text{bt}=\eta_\text{N}\frac{M_2}{H_0}=1.5436×\frac{587.51}{3.18}=285.18 \text{ kN}, \quad e_0=\frac{M_\text{b}}{N_\text{bt}}=\frac{209.09}{285.18}=0.7332 \text{ m}$$

显然为大偏心受拉构件，承载力验算公式为

$$N_\text{bt}\leq f_\text{y}A_\text{s}-f_\text{y}'A_\text{s}'-f_\text{c}b_\text{c}x$$

$$N_\text{bt}e\leq f_\text{c}b_\text{b}x(h_0-x/2)+f_\text{y}'A_\text{s}'(h_0-a_\text{s}')$$

其中，$e=e_0-h_\text{b}/2+a_\text{s}=733.2-600/2+35=468.2$ mm。

取 $A_\text{s}'=A_\text{s}/3$，按题意，$f_\text{y}=f_\text{y}'=360$ N/mm^2，取 $a_\text{s}=a_\text{s}'=35$ mm，代入上述大偏心计算公式，解得受压区高度为 $x=17.43$ mm $<2a_\text{s}'=70$ mm。所以

$$A_\text{s}=\frac{N_\text{bt}e'}{f_\text{y}'(h_0'-a_\text{s}')}=\frac{285.18×10^3×(733.2+300-35)}{360×(565-35)}=1491.96 \text{ mm}^2$$

取 A_s 为 4 Φ 22 的钢筋（$A_\text{s}=1520$ mm^2），则 $A_\text{s}'=1520/3=507$ mm^2，取 4 Φ 14（$A_\text{s}'=615$ mm^2），得

$$A_\text{s}+A_\text{s}'=1520+615=2135 \text{ mm}^2>0.006×250×600=900 \text{ mm}^2$$

故最小配筋率满足要求。

由于梁高 600 mm，故在梁高中部配置通长水平腰筋两道，每道为 2 Φ 12，符合规定，其间距不大于 200 mm。

（5）使用阶段托梁斜截面承载力计算。

由于是无洞口墙梁边支座，托梁支座边缘剪力系数 $\beta_\text{v}=0.6$，托梁的剪力为

$$V_\text{b}=V_1+\beta_\text{v}V_2=\frac{1}{2}Q_1 l_n+\beta_\text{v}\frac{1}{2}Q_2 l_n$$

$$=\frac{1}{2}×31.27×4.98+0.6×\frac{1}{2}×156.51×4.98=311.69 \text{ kN}$$

截面条件验算：当采用 C30 混凝土时，$f_\text{c}=14.3$ N/mm^2，$f_\text{t}=1.43$ N/mm^2，得

$$V_\text{b}=311.69 \text{ kN}\leq 0.25f_\text{c}b_\text{b}h_0=0.25×14.3×250×565×10^{-3}=505.0 \text{ kN}$$

故满足要求。

由钢筋混凝土受剪计算公式 $V_b = 0.7 f_t b_b h_0 + f_{yv} \dfrac{A_{sv}}{s} h_0$，得

$$\frac{A_{sv}}{s} = \frac{V_b - 0.7 f_t b_b h_0}{f_{yv} h_0} = \frac{311.69 \times 10^3 - 0.7 \times 1.43 \times 250 \times 565}{360 \times 565} = 0.837\,3 \text{ mm}$$

选用双肢箍筋 $\Phi 10@150\left(\dfrac{A_{sv}}{s} = 1.047\,2 \text{ mm}\right)$，满足要求。

（6）使用阶段墙体受剪承载力计算。

翼墙计算宽度 b_f 的计算：窗间墙宽 1 400 mm；2/3 横墙间距 $= (2/3) \times 3\,300 = 2\,200$ mm；$2 \times 3.5h = 2 \times 3.5 \times 240 = 1\,680$ mm，$2l_0/6 = 2 \times 5\,480/6 = 1\,827$ mm。所以取 $b_f = 1\,400$ mm。

系数 ξ_1：$b_f/h = 1\,400/240 = 5.833$，则

$$\xi_1 = 1.3 + (1.5 - 1.3)/(7 - 3) \times (5.833 - 3) = 1.442$$

系数 ξ_2：由于无洞口，取 $\xi_2 = 1.0$。则

$$V_2 = \frac{1}{2} Q_2 l_n = \frac{1}{2} \times 156.51 \times 4.98 = 389.71 \text{ kN}$$

$$\xi_1 \xi_2 \left(0.2 + \frac{h_b}{l_0} + \frac{h_t}{l_0}\right) f h h_w = 1.442 \times 1 \times \left(0.2 + \frac{600}{5\,480} + \frac{120}{5\,480}\right) \times 1.89 \times 240 \times 2\,880$$

$$= 624\,260.82 \text{ N} = 624.26 \text{ kN}$$

$$V_2 \leqslant \xi_1 \xi_2 \left(0.2 + \frac{h_b}{l_0} + \frac{h_t}{l_0}\right) f h h_w$$

故满足要求。

（7）使用阶段托梁上部砌体局部受压承载力验算。

$$b_f/h = 1\,400/240 = 5.833 > 5$$

故可不需计算局部受压承载力。

（8）施工阶段托梁承载力验算。

托梁自重及二层楼盖恒载：$0.25 \times (0.6 - 0.12) \times 25 + 3.98 \times 3.3 = 16.13$ kN/m；

墙体自重：$\dfrac{1}{3} \times 5.48 \times 0.24 \times 19 = 8.33$ kN/m；

恒载：$16.13 + 8.33 = 24.46$ kN/m；

二层楼盖施工活荷载：$2 \times 3.3 = 6.6$ kN/m；

$$1.3 \text{ 恒载} + 1.5 \text{ 活载} = 1.3 \times 24.46 + 1.5 \times 6.6 = 41.70 \text{ kN/m}$$

所以取 $Q_1' = 41.70$ kN/m。

取结构重要性系数 $\gamma_0 = 0.9$，则

$$\gamma_0 M = 0.9 \times \frac{1}{8} \times 41.70 \times 5.48^2 = 140.88 \text{ kN} \cdot \text{m}$$

由此弯矩值按单筋矩形截面求得 $A_s = 738.67 \text{ mm}^2 < 1\,520 \text{ mm}^2$，故满足要求。

剪力设计值为

$$\gamma_0 V = 0.9 \times \frac{1}{2} \times 41.70 \times 4.98 = 93.45 \text{ kN} < 0.7 f_t b_b h_0 = 0.7 \times 1.43 \times 250 \times 565 \times 10^{-3} = 141.39 \text{ kN}$$

故满足要求。

（9）托梁的配筋图。

托梁的配筋图如图 6-32 所示。

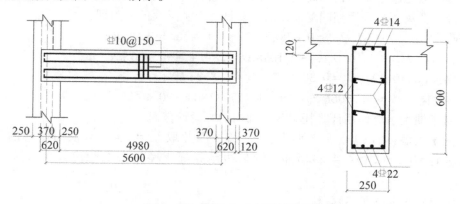

图 6-32 例题 6-3 托梁配筋图

【例题 6-4】某工厂单层仓库如图 6-33 所示，开间 4.5 m，其纵向外墙采用 9 跨自承重连续墙梁，等跨墙梁支撑在 400 mm×400 mm 的基础上。托梁顶面至纵墙顶面（包括顶梁）高度为 5 200 mm。纵墙每开间开一个窗洞，窗洞尺寸 $b_h \times h_h = 1\,800$ mm×2 400 mm。托梁截面 $b_b \times h_b = 250$ mm×400 mm，采用 C30 混凝土。位于托梁上的 240 mm 厚砖墙采用 MU15 烧结多孔砖和 M10 水泥砂浆砌筑。混凝土容重为 25 kN/m³，砖墙（双面粉刷 20 mm）和砂浆按 18 kN/m³ 计算。纵筋、箍筋均采用 HRB400 级钢筋。试设计此连续墙梁。

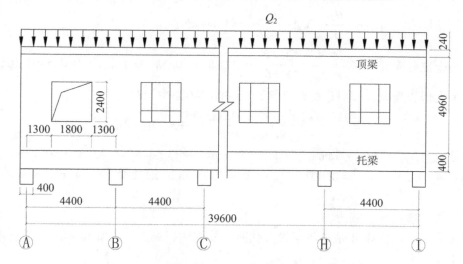

图 6-33 例题 6-4 某工厂单层仓库立面图

【解】（1）荷载计算。

对自承重墙梁，仅墙梁顶部作用有 Q_2，取托梁自重和托梁以上墙体自重为

$$Q_2 = 1.3 \times [25 \times 0.25 \times 0.4 + 18 \times (0.24 + 0.02 \times 2) \times 5.2] = 37.32 \text{ kN/m}$$

（2）连续梁内力计算。

计算跨度：$l_n = 4\,400 - 400 = 4\,000$ mm；

$$1.1 l_n = 1.1 \times 4\,000 = 4\,400 \text{ mm}$$

$$l_c = 4\,400 \text{ mm}$$

故取计算跨度 $l_0 = 4\,400$ mm。

147

因纵墙跨数已超过 5 跨，因此按照 5 跨连续梁计算 Q_2 作用下托梁各跨最大内力。同时，为简化设计，托梁通长采用相同配筋，故只要计算有关最大的内力即可。

边跨跨中：$M_{21} = 0.078Q_2l_0^2 = 0.078 \times 37.32 \times 4.4^2 = 56.36$ kN·m；

内支座 B：$M_{2B} = -0.105Q_2l_0^2 = -0.105 \times 37.32 \times 4.4^2 = -75.86$ kN·m；

边支座：$V_{2A} = 0.394Q_2l_0 = 0.394 \times 37.32 \times 4 = 58.82$ kN；

B 支座左侧：$V_{2B}^l = -0.606Q_2l_0 = -0.606 \times 37.32 \times 4 = -90.46$ kN。

（3）考虑墙梁组合作用计算托梁各截面内力并设计截面。

由于托梁上墙体（包括顶梁）高度 $h_w > l_0$，因此取 $h_w = 4.4$ m。从而墙梁的计算高度 $H_0 = 0.5h_b + h_w = 0.5 \times 0.4 + 4.4 = 4.6$ m，洞口边至相邻支座中心的距离 $a_i = (4.4 - 1.8)/2 = 1.3$ m。

①梁跨中截面正截面承载力。

洞口对托梁弯矩的影响系数：$\varphi_M = 3.8 - 8 \times \dfrac{a_i}{l_{0i}} = 3.8 - 8 \times \dfrac{1.3}{4.4} = 1.44$；

托梁跨中弯矩系数：$\alpha_M = \varphi_M \left(2.7 \dfrac{h_b}{l_{0i}} - 0.08 \right) = 1.44 \times \left(2.7 \times \dfrac{0.4}{4.4} - 0.08 \right) = 0.238$；

托梁跨中轴力系数：$\eta_N = 0.8 + 2.6 \dfrac{h_w}{l_{0i}} = 0.8 + 2.6 \times \dfrac{4.4}{4.4} = 3.4$。

所以托梁跨中最大弯矩：$M_b = M_1 + \alpha_M M_{21} = 0 + 0.238 \times 56.36 = 13.41$ kN·m；

相应的轴拉力：$N_{bt} = \eta_N \dfrac{M_{21}}{H_0} = 3.4 \times \dfrac{56.36}{4.6} = 41.66$ kN；

按偏心受拉截面计算：$e_0 = \dfrac{M_b}{N_{bt}} = \dfrac{13.41}{41.66} = 0.321\,9$ m $> 0.5h_b - a_s = 0.20 - 0.035 = 0.165$ m；

所以为大偏心受拉，按对称配筋计算，$f_y = 360$ N/mm^2，则

$$A_s = \frac{41.66 \times 10^3 \times (321.9 + 200 - 35)}{360 \times (365 - 35)} = 170.74 \text{ mm}^2$$

C30 混凝土，$f_c = 14.3$ N/mm^2，$f_t = 1.43$ N/mm^2，$45f_t/f_y = 45 \times 1.43/360 = 0.178\,8 < 0.2$，故最小配筋率为 0.2%。$A_{smin} = 0.002 \times 250 \times 400 = 200$ mm^2。取 2 $\underline{\Phi}$ 12（$A_s = 226$ mm^2），满足要求。

②托梁中支座截面承载力。

由于托梁第一内支座 B 是负弯矩最大截面，故连续托梁支座一律按其内力进行配筋。托梁支座弯矩系数为

$$\alpha_M = 0.75 - \frac{a_i}{l_{0i}} = 0.75 - \frac{1.3}{4.4} = 0.45$$

剪力系数 $\beta_v = 0.8$。所以，该处的弯矩和剪力分别为

$$M_{bB} = M_{1B} + \alpha_M M_{2B} = 0 + 0.45 \times 75.86 = 34.14 \text{ kN·m}$$

$$V_{bB}^l = V_{1B}^l + \beta_v V_{2B}^l = 0 + 0.8 \times 90.46 = 72.37 \text{ kN}$$

托梁在支座处按受弯构件计算，计算得 $A_s = 283.2$ mm^2，纵筋取 3 $\underline{\Phi}$ 12（$A_s = 339$ mm^2）。

由于 $V_{bB}^l < 0.7f_t b_b h_0$，箍筋按构造配，最小配箍率为

$$\rho_{svmin} = 0.24 \frac{f_t}{f_{yv}} = 0.24 \times \frac{1.43}{360} = 0.000\,953\,3$$

取双肢箍$\phi 8@200$。

为便于施工，托梁通长配筋，截面顶部配筋取 3$\phi 12$，底部纵筋取 2$\phi 12$，箍筋一律取双肢箍$\phi 8@200$。

（4）墙体抗剪验算。

对于单层开洞墙梁，翼墙或构造柱影响系数 $\xi_1 = 1.0$，洞口影响系数 $\xi_1 = 0.6$，查得 $f = 2.31$ N/mm^2。

墙梁顶面圈梁截面高度 $h_t = 240$ mm。从而

$$V_2 = V_{2B}^1 = 90.46 \text{ kN}$$

$$\xi_1 \xi_2 \left(0.2 + \frac{h_b}{l_{0i}} + \frac{h_t}{l_{0i}} \right) fhh_w = 1.0 \times 0.6 \times \left(0.2 + \frac{0.4}{4.5} + \frac{0.24}{4.5} \right) \times 2.31 \times 240 \times 4\,400 \times 10^{-3} = 500.88 \text{ kN}$$

故 $V_2 \leq \xi_1 \xi_2 \left(0.2 + \frac{h_b}{l_{0i}} + \frac{h_t}{l_{0i}} \right) fhh_w$，满足要求。

（5）托梁支座上部砌体局部受压承载力验算。

由于未设翼墙或构造柱，故局压系数为

$$\xi = 0.25 + 0.08 \frac{b_f}{h} = 0.25 + 0.08 \times 1.0 = 0.33$$

从而 $Q_2 = 38.76$ kN/m $\leq \xi fh = 0.33 \times 2.31 \times 240 = 182.952$ kN/m，满足要求。

另外，还需进行托梁施工阶段的验算。此处省略，请读者自行验算。

【例题 6-5】 如图 6-34 所示，某住宅阳台采用钢筋混凝土挑梁，悬挑长度 $l = 1\,200$ mm，埋入墙内的长度 $l_1 = 1\,500$ mm，挑梁的截面尺寸 $b \times h_b = 240$ mm$\times 300$ mm，房屋层高为 2\,900 mm，该 240 mm 厚的墙体由 MU15 烧结多孔砖和 M10 水泥混合砂浆砌筑而成。荷载取值情况如下所示：

挑梁自重标准值：2.1 kN/m；

墙体自重标准值：4.20 kN/m^2；

挑梁恒载标准值：8 kN/m；

挑梁活载标准值：6 kN/m；

楼面恒载标准值：10 kN/m^2；

楼面活载标准值：6 kN/m^2；

请试对挑梁进行抗倾覆验算。

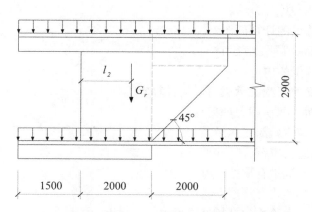

图 6-34 例题 6-5 阳台钢筋混凝土挑梁图

【解】 $l_1 = 1\ 500\ mm > 2.2h_b = 2.2 \times 300 = 660\ mm$

$x_0 = 0.3h_b = 0.3 \times 300 = 90\ mm < 0.13l_1 = 0.13 \times 1\ 500 = 195\ mm$

$M_{ov} = 1.3 \times (2.1 + 8) \times (1.5 + 0.09)^2/2 + 1.5 \times 6 \times (1.5 + 0.09)^2/2 = 27.97\ kN \cdot m$

$M_r = 0.8G_r \times (l - x_0) = 0.8 \times [(2.1 + 2.1) \times (2 - 0.09)^2/2 + 2 \times 2.9 \times 4.2 \times (2 - 0.09) + 2 \times (2.9 - 2) \times 4.2 \times (2 + 2/2 - 0.09) + 1/2 \times 2 \times 2 \times 4.2 \times (2 + 2 \times 1/3 - 0.09)] = 78.27\ kN \cdot m$

则 $M_{ov} < M_r$，故挑梁抗倾覆验算合格。

本章小结

（1）过梁主要分为砖砌过梁和钢筋混凝土过梁两类。过梁的破坏形式有：过梁跨中截面受弯破坏，过梁支座附近受剪破坏，过梁支座处水平灰缝因受剪承载力不足而滑动破坏。

（2）根据过梁破坏特征，过梁必须进行正截面受弯和斜截面受剪承载力计算。对砖砌平拱和弧拱还需按水平推力验算端部墙体的水平受剪承载力。

（3）支承墙体的钢筋混凝土托梁及其上计算高度范围内墙体所组成的组合构件称为墙梁。设计墙梁结构时，应根据各种墙梁的受力特点及其破坏形态，考虑托梁与墙体的组合作用，分别进行混凝土托梁使用阶段正截面承载力、斜截面受剪承载力计算，墙体受剪承载力和托梁支座上部砌体局部受压承载力计算，同时应进行托梁在施工阶段的承载力验算。

（4）一般分为弹性挑梁和刚性挑梁。挑梁的破坏形式有挑梁倾覆破坏、挑梁下砌体的局部受压破坏及挑梁本身的破坏。

（5）防止或减轻墙体开裂的主要措施包括减少温度变形和收缩变形、减少不均匀沉降等。对于房屋顶层墙体，宜设置保温、隔热层、分隔缝等，可施加竖向预应力。对于房屋底层墙体，宜增大基础圈梁的刚度，在灰缝内设钢筋网片或钢筋。

思考题与习题

6-1　何谓过梁？过梁的破坏类型有哪些？

6-2　何谓墙梁？墙梁的受力性能与哪些因素有关？

6-3　墙梁承载力计算包括哪些计算？

6-4　墙梁有哪几种计算方法？

6-5　如何确定墙梁的计算简图？

6-6　要计算墙梁的哪些承载力？

6-7　如何计算墙梁的内力？

6-8　墙梁中托梁的正截面承载力如何计算？

6-9　墙梁斜截面受剪承载力如何计算？.

6-10　如何计算墙体局部受压承载力？

6-11　墙梁在构造上应符合哪些要求？

6-12　何谓挑梁？挑梁有哪些类型？

6-13　挑梁的破坏形式有哪些？

6-14　挑梁的承载力验算包括哪些方面？

6-15　挑梁倾覆过程中有哪三个受力阶段？

6-16 挑梁如何分类？

6-17 什么是挑梁的计算倾覆点？

6-18 如何确定抗倾覆荷载？

6-19 如何验算挑梁的抗倾覆？

6-20 荷载作用对墙体开裂有何影响？如何预防？

6-21 简述温度变形引起的八字形裂缝原理及解决方法。

6-22 简述温度变形和收缩变形对墙体开裂的影响，如何预防？

6-23 防止或减轻墙体开裂的主要措施有哪些？

6-24 何谓圈梁？圈梁的作用？圈梁应如何设置？

6-25 作用于墙梁上的荷载，在使用阶段和施工阶段有什么差别？

6-26 已知钢筋混凝土过梁净跨 $l_n = 2\,400$ mm，在墙上的支撑长度 $a = 0.24$ m。砖墙厚度 $h = 240$ mm，采用 MU15 烧结普通砖和 M7.5 水泥砂浆砌筑，在洞口上方 1\,500 mm 处楼板传来的均布荷载设计值为 17 kN/m²。试设计该过梁。

6-27 某五层商店住宅开间 4.2 m，进深 6 m，二层以上层高 2.8 m，其纵向外墙采用 5 跨连续墙梁承重，等跨墙梁支撑在 400 mm×400 mm 的混凝土柱上。纵墙每开间开一个窗洞，窗洞尺寸 $b_h \times h_h = 1\,500$ mm×1\,400 mm，如图 6-35 所示。托梁截面 $b_b \times h_b = 250$ mm×500 mm，采用 C35 混凝土，纵筋用 HRB400 级钢筋，箍筋用 HRB400 级钢筋。托梁上砖墙采用 MU10 砖烧结多孔砖和 M10 混合砂浆砌筑，墙厚 $h = 240$ mm。屋面活荷载标准值取 0.6 kN/m²，屋面恒荷载标准值取 4.2 kN/m²，楼面活荷载标准值取 2.0 kN/m²，楼面恒荷载标准值取 4.2 kN/m²，墙体自重取 4.3 kN/m²。楼面荷载按双向板传递，试设计此连续墙梁。

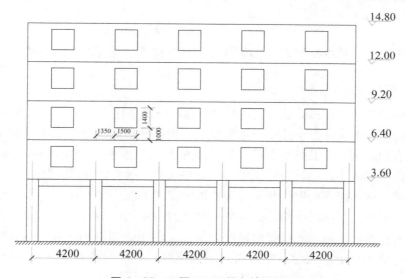

图 6-35 习题 6-27 纵向墙梁简图

6-28 某多层砖混结构房屋钢筋混凝土挑梁，悬挑长度 $l = 1\,500$ m，埋入墙内的长度 $l_1 = 2\,000$ mm，挑梁的截面尺寸 $b \times h_b = 240$ mm×300 mm，房屋层高为 2\,800mm，墙体采用 MU15 烧结多孔砖和 M10 水泥混合砂浆砌筑，墙体厚度为 240 mm。挑梁自重标准值为 1.8 kN/m，墙体自重标准值为 4.20 kN/m²，挑梁上恒载和活载标准值分别为 6 kN/m，4 kN/m，楼面恒载和活载标准值分别为 9 kN/m²，6 kN/m²。试对挑梁的进行抗倾覆验算。

第 7 章　配筋砌体结构

本章学习目标：

（1）了解网状配筋砖砌体构件、组合砖砌体构件受压破坏特征及构造要求；

（2）掌握网状配筋砖砌体构件、组合砖砌体构件承载力计算方法；

（3）掌握配筋混凝土砌块砌体剪力墙正截面受压及斜截面受剪承载力计算方法；

（4）熟悉配筋混凝土砌块砌体剪力墙抗震承载力计算及配筋混凝土砌块砌体连梁抗震承载力计算；

（5）了解配筋混凝土砌块砌体剪力墙构造要求。

网状配筋砖砌体构件、砖砌体和钢筋混凝土面层或钢筋砂浆面层的组合砌体构件是我国较早采用的配筋砌体结构。后来发展了砖砌体和钢筋混凝土构造柱组合墙、配筋混凝土砌块砌体剪力墙，其中，砖砌体和钢筋混凝土构造柱组合墙多用于单层与多层房屋，而配筋混凝土砌块砌体剪力墙则在中高层房屋中得到推广应用。

7.1　网状配筋砖砌体结构

网状配筋砖砌体，是指在砌筑时，将钢筋网设置在水平灰缝之内的砖砌体，故又称为横向配筋砖砌体。

（1）受压破坏特征。

无筋砖砌体的破坏过程：无筋砖砌体构件受压时，随着压力增大，砌体内裂缝加长增宽，且数量增多，砌体内形成许多小柱体，从而过早失稳破坏。而对于网状配筋砖砌体，由于水平灰缝中设置有钢筋网，荷载增加过程中，裂缝的发展速度相比于无筋砖砌体中更为缓慢，因而防止了砌体中形成小柱过早失稳破坏，故构件的受压承载力得到了提高。

裂缝出现前，网状配筋砖砌体与无筋砖砌体的受力特征基本相似，但裂缝出现以后两者受力特征则有显著不同。网状配筋砖砌体第一批裂缝为单块砖内产生的细小裂缝，随着压力的增加，裂缝数目增加，但单条裂缝的发展较缓慢。由于钢筋网的存在，网状配筋砖砌体构件无法形成贯通整个柱子的裂缝，压力增至极限值时，砌体内的砖被完全压碎，构件破坏。由于柱子内没有形成小柱体过早失稳破坏，砖的抗压强度得以充分发挥。

（2）受压承载力计算。

网状配筋砖（见图 7-1）砌体受压构件的承载力，应按下列公式验算：

$$N \leqslant \varphi_n f_n A \tag{7-1}$$

$$f_n = f + 2\left(1 - \frac{2e}{y}\right)\rho f_y \tag{7-2}$$

$$\rho = \frac{(a + b) A_s}{abs_n} \qquad (7-3)$$

式中，N——轴向力设计值；

φ_n——高厚比和配筋率以及轴向力的偏心距对网状配筋砖砌体受压构件承载力的影响系数；

f_n——网状配筋砖砌体的抗压强度设计值；

A——截面面积；

e——轴向力的偏心距；

y——自截面重心至轴向力所在偏心方向截面边缘的距离；

ρ——体积配筋率；

f_y——钢筋的抗拉强度设计值，当f_y大于320 MPa时，仍取320 MPa；

a，b——钢筋网的网格尺寸；

A_s——钢筋的截面面积；

s_n——钢筋网的竖向间距。

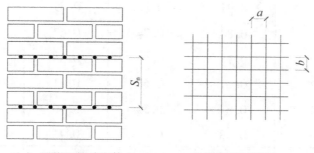

（a）网状配筋砖砌体   （b）钢筋网设置

图 7-1 网状配筋砖砌体构件

网状配筋砖砌体矩形截面单向偏心受压构件承载力的影响系数φ_n，可按表7-1采用或按式（7-4）计算：

$$\varphi_n = \frac{1}{1 + 12\left[\dfrac{e}{h} + \sqrt{\dfrac{1}{12}\left(\dfrac{1}{\varphi_{0n}} - 1\right)}\right]^2} \qquad (7-4)$$

若考虑网状配筋砖砌体的变形特性，取$\eta = 0.0015 + 0.45\rho$。因此网状配筋砖砌体受压构件的稳定系数，可按式（7-5）计算：

$$\varphi_{0n} = \frac{1}{1 + (0.0015 + 0.45\rho)\beta^2} \qquad (7-5)$$

式中，φ_{0n}——网状配筋砖砌体受压构件的稳定系数；

ρ——体积配筋率。

表 7 - 1　网状配筋砖砌体矩形截面单向偏心受压构件承载力的影响系数 φ_n

$\rho /\%$	β $\diagdown$ e/h	0	0.05	0.10	0.15	0.17
0.1	4	0.97	0.89	0.78	0.67	0.63
	6	0.93	0.84	0.73	0.62	0.58
	8	0.89	0.78	0.67	0.57	0.53
	10	0.84	0.72	0.62	0.52	0.48
	12	0.78	0.67	0.56	0.48	0.44
	14	0.72	0.61	0.52	0.44	0.41
	16	0.67	0.56	0.47	0.40	0.37
0.3	4	0.96	0.87	0.76	0.65	0.61
	6	0.91	0.80	0.69	0.59	0.55
	8	0.84	0.74	0.62	0.53	0.49
	10	0.78	0.67	0.56	0.47	0.44
	12	0.71	0.60	0.51	0.43	0.40
	14	0.64	0.54	0.46	0.38	0.36
	16	0.58	0.49	0.41	0.35	0.32
0.5	4	0.94	0.85	0.74	0.63	0.59
	6	0.88	0.77	0.66	0.56	0.52
	8	0.81	0.69	0.59	0.50	0.46
	10	0.73	0.62	0.52	0.44	0.41
	12	0.65	0.55	0.46	0.39	0.36
	14	0.58	0.49	0.41	0.35	0.32
	16	0.51	0.43	0.36	0.31	0.29
0.7	4	0.93	0.83	0.72	0.61	0.57
	6	0.86	0.75	0.63	0.53	0.50
	8	0.77	0.66	0.56	0.47	0.43
	10	0.68	0.58	0.49	0.41	0.38
	12	0.60	0.50	0.42	0.36	0.33
	14	0.52	0.44	0.37	0.31	0.30
	16	0.46	0.38	0.33	0.28	0.26

续表

ρ /%	β \ e/h	0	0.05	0.10	0.15	0.17
0.9	4	0.92	0.82	0.71	0.60	0.56
	6	0.83	0.72	0.61	0.52	0.48
	8	0.73	0.63	0.53	0.45	0.42
	10	0.64	0.54	0.46	0.38	0.36
	12	0.55	0.47	0.39	0.33	0.31
	14	0.48	0.40	0.34	0.29	0.27
	16	0.41	0.35	0.30	0.25	0.24
1.0	4	0.91	0.81	0.70	0.59	0.55
	6	0.82	0.71	0.60	0.51	0.47
	8	0.72	0.61	0.52	0.43	0.41
	10	0.62	0.53	0.44	0.37	0.35
	12	0.54	0.45	0.38	0.32	0.30
	14	0.46	0.39	0.33	0.28	0.26
	16	0.39	0.34	0.28	0.24	0.23

（3）注意事项。

网状配筋砖砌体受压构件，应符合下列规定：

①偏心距超过截面核心范围（对矩形截面即 $e/h>0.17$），或构件的高厚比 $\beta>16$ 时，不宜采用网状配筋砖砌体构件；

②对矩形截面构件，当轴向力偏心方向的截面边长大于另一方向的边长时，除按偏心受压计算外，还应对较小边长方向按轴心受压进行计算；

③当网状配筋砖砌体构件下端与无筋砖砌体交接时，还应验算无筋砌体的局部受压承载力。

（4）构造要求。

网状配筋砖砌体构件的构造应符合下列规定：

①网状配筋砖砌体中的体积配筋率，不应小于 0.1%，且不应大于 1%；

②采用钢筋网时，钢筋的直径宜为 3~4 mm；

③钢筋网中钢筋的间距，不应大于 120 mm，且不应小于 30 mm；

④钢筋网的间距，不应大于五皮砖，且不应大于 400 mm；

⑤网状配筋砖砌体所用的砂浆强度等级不应低于 M7.5，钢筋网应设置在砌体的水平灰缝中，灰缝厚度应保证钢筋上下至少各有 2 mm 厚的砂浆层。

网状配筋砌体

7.2 组合砖砌体构件

组合砖砌体构件，是指在砖砌体内部配置钢筋混凝土（或钢筋砂浆）部件组合而成的砌体。

组合砖砌体构件分为两类：一类组合砌体构件，是砖砌体和钢筋混凝土面层或钢筋砂浆

155

面层的组合砖砌体结构；另一类是砖砌体和钢筋混凝土构造柱的组合墙，简称组合墙。

7.2.1 组合砌体构件

（1）受压破坏特征。

①在砖砌体和钢筋混凝土面层的组合砌体中，因砖吸收混凝土中多余水分而利于混凝土结硬，这一情况特别是在混凝土结硬的早期（4~10 天内）更为明显，故组合砌体中的混凝土比一般的混凝土更能提前发挥作用。

②组合砖砌体轴心受压时，第一批裂缝往往在砌体与面层混凝土或面层砂浆的连接处产生。随着轴向压力的增大，竖向裂缝逐渐产生于砖砌体内，但由于面层的横向约束作用，裂缝发展得较为缓慢。最终，砌体内的竖向钢筋在箍筋范围内压屈，砖和面层混凝土或面层砂浆严重脱落甚至被压碎，组合砌体完全破坏。

③组合砖砌体受压时，由于面层存在横向约束作用，变形能力增大，当组合砖砌体达到其极限承载力时，强度并未充分利用。当有砂浆面层时，组合砖砌体达到其极限承载力时的压应变小于钢筋的屈服应变，其内受压钢筋的强度也没有得到充分利用。

（2）组合砖砌体轴心受压构件承载力。

钢筋混凝土构件的存在使其偏心受压承载力大大提高。当轴向力的偏心距较大（$e > 0.6y$），或截面尺寸受限制时，宜采用砖砌体和钢筋混凝土面层或钢筋砂浆面层组成的组合砖砌体构件，如图 7-2 所示。

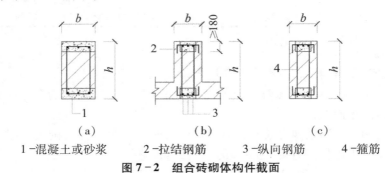

1-混凝土或砂浆　　2-拉结钢筋　　3-纵向钢筋　　4-箍筋

图 7-2　组合砖砌体构件截面

对于砖墙与组合砌体一同砌筑的 T 形截面构件，如图 7-2（b），其承载力和高厚比可按矩形截面组合砌体构件计算，如图 7-2（c）。

组合砌体轴心受压构件（图 7-3）的承载力，应按式（7-6）验算：

$$N \leqslant \varphi_{com}(fA + f_c A_c + \eta_s f_y' A_s') \tag{7-6}$$

式中，φ_{com}——组合砖砌体构件的稳定系数，可按表 7-2 采用；

　　　A——砖砌体的截面面积；

　　　f_c——混凝土或面层水泥砂浆的轴心抗压强度设计值，砂浆的轴心抗压强度设计值可取同强度等级混凝土的轴心抗压强度设计值的 70%，当砂浆强度为 M15 时，取 5.0 MPa，当砂浆强度为 M10 时，取 3.4 MPa，当砂浆强度为 M7.5 时，取 2.5 MPa；

　　　A_c——混凝土或砂浆面层的截面面积；

　　　η_s——受压钢筋的强度系数，当为混凝土面层时，可取 1.0，当为砂浆面层时，可取 0.9；

　　　f_y'——钢筋的抗压强度设计值；

A'_s——受压钢筋的截面面积。

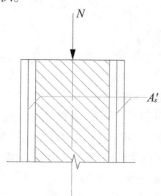

图 7-3　组合砖砌体轴心受压构件

表 7-2　组合砖砌体构件的稳定系数 φ_{com}

高厚比 β	配筋率 ρ /%					
	0	0.2	0.4	0.6	0.8	≥1.0
8	0.91	0.93	0.95	0.97	0.99	1.00
10	0.87	0.90	0.92	0.94	0.96	0.98
12	0.82	0.85	0.88	0.91	0.93	0.95
14	0.77	0.80	0.83	0.86	0.89	0.92
16	0.72	0.75	0.78	0.81	0.84	0.87
18	0.67	0.70	0.73	0.76	0.79	0.81
20	0.62	0.65	0.68	0.71	0.73	0.75
22	0.58	0.61	0.64	0.66	0.68	0.70
24	0.54	0.57	0.59	0.61	0.63	0.65
26	0.50	0.52	0.54	0.56	0.58	0.60
28	0.46	0.48	0.50	0.52	0.54	0.56

注：组合砖砌体构件截面的配筋率 $\rho = A'_s/bh$。

（3）组合砖砌体偏心受压构件承载力。

组合砖砌体偏心受压构件的承载力，应按下列公式验算：

$$N \leqslant fA' + f_c A'_c + \eta_s f'_y A'_s - \sigma_s A_s \tag{7-7}$$

或

$$Ne_N \leqslant fS_s + f_c S_{c,s} + \eta_s f'_y A'_s(h_0 - a'_s) \tag{7-8}$$

此时受压区的高度 x 可按下列公式确定：

$$fS_N + f_c S_{c,N} + \eta_s f'_y A'_s e'_N - \sigma_s A_s e_N = 0 \tag{7-9}$$

$$e_N = e + e_a + \left(\frac{h}{2} - a_s\right) \tag{7-10}$$

$$e'_N = e + e_a - \left(\frac{h}{2} - a'_s\right) \tag{7-11}$$

$$e_a = \frac{\beta^2 h}{2\,200}(1 - 0.022\beta) \tag{7-12}$$

式中，A'——砖砌体受压部分的面积；

A'_c——混凝土或砂浆面层受压部分的面积；

σ_s——钢筋 A_s 的应力；

A_s——距轴向力 N 较远侧钢筋的截面面积；

S_s——砖砌体受压部分的面积对钢筋 A_s 重心的面积距；

$S_{c,s}$——混凝土或砂浆面层受压部分的面积对钢筋 A_s 重心的面积矩；

S_N——砖砌体受压部分的面积对轴向力 N 作用点的面积矩；

$S_{c,N}$——混凝土或砂浆面层受压部分的面积对轴向力 N 作用点的面积矩；

e_N，e'_N——分别为钢筋 A_s 和 A'_s 重心至轴向力 N 作用点的距离，如图 7-4 所示；

e——轴向力的初始偏心距，按荷载设计值计算，当 e 小于 $0.05h$ 时，应取 $e = 0.05h$；

e_a——组合砖砌体构件在轴向力作用下的附加偏心距；

h_0——组合砖砌体构件截面的有效高度，取 $h_0 = h - a_s$；

a_s，a'_s——分别为钢筋 A_s 和 A'_s 重心至截面较近边的距离。

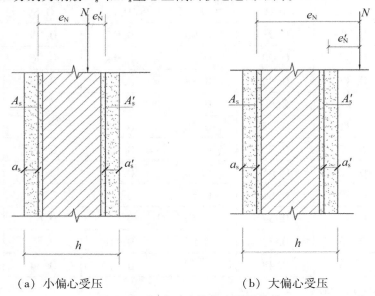

（a）小偏心受压　　　　　　　　（b）大偏心受压

图 7-4　组合砖砌体偏心受压构件

计算时，式（7-9）中的各项的正、负号按图 7-5 确定，即各分力对轴向力 N 作用点取矩时，顺时针者为正，反之为负。例如小偏心受压且 A_s 的应力为压应力（σ_s 取负号），则在公式（7-9）中，其对 N 点的力矩项为正号；当 N 作用在 A_s 和 A'_s 重心间距离以内时，$e'_N = e + e_a - (h/2 - a'_s)$ 的值为负号，则在式（7-9）中 A'_s 项产生的力矩为负号。

对于砖墙和组合砌体一同砌筑的 T 形截面构件 ［见图 7-6（a）］，其高厚比和承载力可按矩形截面组合砖砌体构件计算 ［见图 7-6（b）］，是偏于安全的。

组合砖砌体钢筋 A_s 的应力 σ_s（单位为 MPa，正值为拉应力，负值为压应力）应按下列规定计算：

①当为小偏心受压，即 $\xi > \xi_b$ 时，有

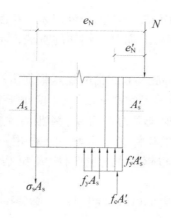

图 7-5　组合砖砌体构件截面内力图

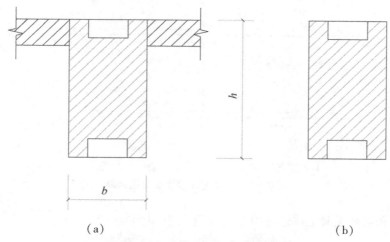

（a）　　　　　　　　　　　　　　　　　　（b）

图 7-6　T 形截面组合砖砌体构件

$$\sigma_s = 650 - 800\xi \tag{7-13}$$

②当为大偏心受压，即 $\xi \leqslant \xi_b$ 时，有

$$\sigma_s = f_y \tag{7-14}$$

$$\xi = x/h_0 \tag{7-15}$$

式中，σ_s——钢筋的应力，当 $\sigma_s > f_y$ 时，取 $\sigma_s = f_y$，当 $\sigma_s < f_y$ 时，取 $\sigma_s = f'_y$；

$\quad\xi$——组合砖砌体构件截面的相对受压区高度；

$\quad f_y$——钢筋的抗拉强度设计值。

组合砖砌体构件受压区相对高度的界限值 ξ_b，对于 HRB400 级钢筋，应取 0.36；对于 HRB335 级钢筋，应取 0.44；对于 HPB300 级钢筋，应取 0.47。

（4）构造要求。

组合砖砌体构件的构造应符合下列规定：

①面层混凝土强度等级宜采用 C20，面层水泥砂浆强度等级不宜低于 M10，砌筑砂浆的强度等级不宜低于 M7.5。

②砂浆面层的厚度，可为 30~45 mm，当面层厚度大于 45 mm 时，其面层宜采用混凝土。

③竖向受力钢筋宜采用 HPB300 级钢筋，对于混凝土面层，亦可采用 HRB335 级钢筋。

受压钢筋一侧的配筋率，对砂浆面层，不宜小于 0.1%，对混凝土面层，不宜小于 0.2%。受拉钢筋的配筋率，不应小于 0.1%。竖向受力钢筋的直径，不应小于 8 mm。钢筋的间距，不应小于 30 mm。

④箍筋的直径，不宜小于 4 mm 及 0.2 倍的受压钢筋直径，且不宜大于 6 mm；箍筋的间距，不应大于 20 倍受压钢筋的直径及 500 mm，且不应小于 120 mm。

⑤当组合砖砌体构件一侧的竖向受力钢筋多于 4 根时，应设置附加箍筋或拉结钢筋。

⑥对于截面长短边相差较大的构件如墙体等，应采用穿通墙体的拉结钢筋作为箍筋，同时设置水平分布钢筋。水平分布钢筋的竖向间距及拉结钢筋的水平间距，均不应大于 500 mm，如图 7-7 所示。

⑦组合砖砌体构件的顶部和底部以及牛腿部位，必须设置钢筋混凝土垫块。竖向受力钢筋伸入垫块的长度，必须满足锚固要求。

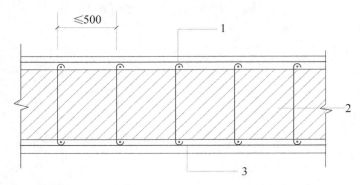

1—竖向受力钢筋　　2—拉结钢筋　　3—水平分布钢筋

图 7-7　混凝土或砂浆面层组合墙

7.2.2　砖砌体和钢筋混凝土构造柱组合墙（见图 7-8）

（1）受压破坏特征。

①受力阶段。轴心受压时，砖砌体和钢筋混凝土构造柱组合墙的破坏过程可分为三个受力阶段。

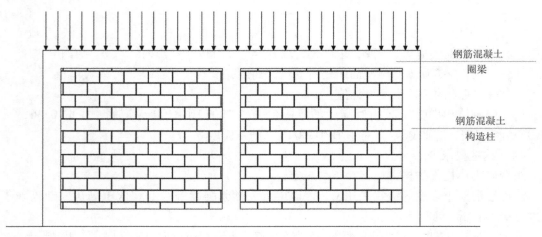

图 7-8　砖砌体和钢筋混凝土构造柱组合墙

160

a. 弹性受力阶段。

从组合墙开始受压至压力小于破坏压力的约40%时，处于弹性受力阶段。有限元分析的结果与砌体实际轴心受压时竖向压应力的分布大致相同，在靠近构造柱一定范围内墙体的主压应力迹线明显指向构造柱方向，荷载向构造柱方向扩散，而墙体内主拉应力均很小，靠近构造柱和圈梁四周的砌体处于双向受压应力状态。同时，墙体内竖向压应力的分布不均匀，墙顶、中部和底部截面（分别为Ⅰ-Ⅰ，Ⅱ-Ⅱ和Ⅲ-Ⅲ截面，如图7-9所示）上竖向压应力上部大、下部小，沿墙体水平方向是中间大、两端小，其应力峰值位于墙体上部跨中处，随构造柱间距的减小而减小。

b. 弹塑性工作阶段。

随着轴向压力的增加，构造柱之间中部砌体及上圈梁与构造柱连接处附近开始出现竖向裂缝，且上圈梁在跨中处产生自下而上的竖向裂缝，如图7-10（组合墙轴心受压破坏形态）所示。因构造柱与圈梁所形成的一定的约束作用，直至轴心压力达破坏压力的约70%时，裂缝仍发展缓慢，走向多指向构造柱柱脚。该阶段历时较长，所施加的轴心压力可达破坏压力的90%。图7-9（b）中实线为临近破坏时砌体内的竖向压应力分布。按有限元分析，构造柱下部截面压应力较上部截面压应力增加，中部构造柱为均匀受压，边构造柱则处于小偏心受压状态，如图7-9（c）所示。由于边构造柱横向变形的增大，试验时可观测到边构造柱略向外鼓。

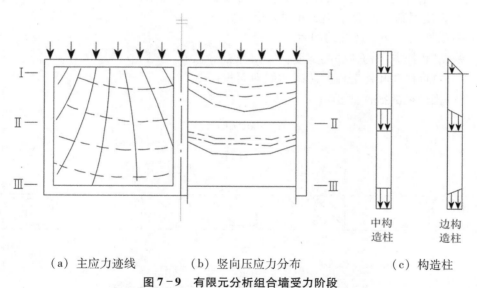

（a）主应力迹线　　　（b）竖向压应力分布　　　（c）构造柱

图7-9　有限元分析组合墙受力阶段

注：①图（a）"-----"为主拉应力迹线，"——"为主压应力迹线；
　　②图（b）"-----"为墙体开裂前竖向压应力的分布，"——"为临近破坏时砌体内竖向压应力分布，"—·—"为有限元分析开裂时砌体内竖向压应力分布。

c. 破坏阶段。

试验中未出现构造柱与砌体交接处竖向开裂或脱离现象，但砌体内裂缝贯通，最终裂缝穿过构造柱的柱脚，构造柱内钢筋压屈，混凝土被压碎、剥落，与此同时构造柱之间中部的砌体亦受压破坏，如图7-10所示。

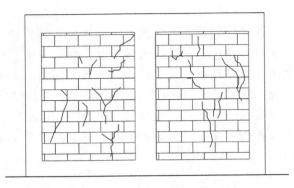

图 7 - 10　组合墙轴心受压破坏形态

（2）承载力计算。

①轴心受压。当墙身长度较长时，宜采用砖砌体和钢筋混凝土构造柱组合墙，如图 7 - 11 所示。组合墙的轴心受压承载力，应按下列公式计算：

$$N = \varphi_{\text{com}} [fA + \eta (f_c A_c + f'_y A'_s)] \tag{7-16}$$

$$\eta = \left(\frac{1}{l/b_c - 3} \right)^{1/4} \tag{7-17}$$

式中，φ_{com} ——组合砖砌体构件的稳定系数，可按表 7 - 2 采用；

η——强度系数，当 l/b_c 小于 4 时，取 $l/b_c = 4$；

l ——沿墙长方向构造柱的间距；

b_c ——沿墙长方向构造柱的宽度；

A ——扣除孔洞和构造柱的砖砌体截面面积；

A_c ——构造柱的截面面积。

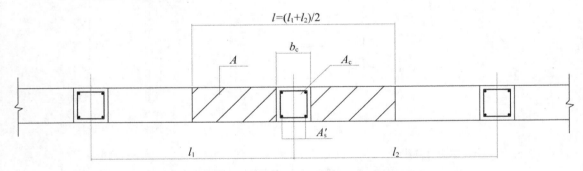

图 7 - 11　砖砌体和钢筋混凝土构造柱组合墙截面

②平面外偏心受压。砖砌体和钢筋混凝土构造柱组合墙平面外的偏心受压承载力可按下列规定计算：

a. 按相关规定确定作用于构件的弯矩或偏心距；

b. 按本书 7.2.1 节相关规定计算构造柱纵向钢筋，但截面宽度应改用构造柱间距 l，大偏心受压时，可不计受压区构造柱混凝土和钢筋的作用，构造柱的计算配筋不应小于本书表 7 - 3 的构造要求。

表 7-3　构造柱的纵筋和箍筋设置要求

位置	纵向配筋			箍筋		
	最大配筋率/%	最小配筋率/%	最小直径/mm	加密区范围/mm	加密区间距/mm	最小直径/mm
角柱	1.8	0.8	14	全高	100	6
边柱			14	上端700		
中柱	1.4	0.6	12	下端500		

（3）构造要求。

组合砖墙的材料和构造应符合下列规定：

①砂浆的强度等级不应低于 M5，构造柱的混凝土强度等级不宜低于 C20。

②构造柱的截面尺寸不宜小于 240 mm×240 mm，其厚度不应小于墙厚，边柱、角柱的截面宽度宜适当加大。柱内竖向受力钢筋，对于中柱，钢筋数量不宜少于 4 根、直径不宜小于 12 mm；对于边柱、角柱，钢筋数量不宜少于 4 根，直径不宜小于 14 mm。构造柱的竖向受力钢筋的直径也不宜大于 16 mm。其箍筋，一般部位宜采用直径 6 mm、间距 200 mm，楼层上下 500 mm 范围内宜采用直径 6 mm、间距 100 mm。构造柱的竖向受力钢筋应在基础梁和楼层圈梁中锚固，并应符合受拉钢筋的锚固要求。

③组合砖墙砌体结构房屋，应在纵横墙交接处、墙端部和较大洞口的洞边设置构造柱，其间距不宜大于 4 m。各层洞口宜设置在相应位置，并宜上下对齐。

④组合砖墙砌体结构房屋应在基础顶面、有组合墙的楼层处设置现浇钢筋混凝土圈梁。圈梁的截面高度不宜小于 240 mm；纵向钢筋数量不宜少于 4 根、直径不宜小于 12 mm，纵向钢筋应伸入构造柱内，并应符合受拉钢筋的锚固要求；圈梁的箍筋宜采用直径 6 mm、间距 200 mm。

⑤砖墙砌体与构造柱的连接处应砌成马牙槎，并应沿墙高每隔 500 mm 设 2 根直径 6 mm 的拉结钢筋，且每边伸入墙内不宜小于 600 mm。

⑥构造柱可不单独设置基础，但应伸入室外地坪下 500 mm，或与埋深小于 500 mm 的基础梁相连。

⑦组合砖墙的施工顺序：先砌墙后浇筑混凝土构造柱。

7.3　配筋混凝土砌块砌体剪力墙

配筋砌块砌体构件具有良好的抗压、抗拉和抗剪性能，且抗震性能优良，因此广泛用作抗震设防区的中高层房屋的剪力墙。配筋砌块砌体剪力墙，宜采用全部灌芯砌体。

配筋砌块砌体结构的内力与位移采用弹性方法计算。各构件应根据结构分析所得的内力，分别按轴心受压、偏心受压或偏心受拉构件进行正截面承载力和斜截面承载力计算，并应根据结构分析所得的位移进行变形验算，其计算过程在此不再赘述。

配筋混凝土砌块砌体

以下介绍配筋混凝土砌块砌体剪力墙非抗震承载力的计算。

7.3.1　正截面受压承载力计算的基本假定

因配筋混凝土砌块砌体剪力墙受力性能与钢筋混凝土类似，故在正截面承载力计算中采用了与之相似的基本假定：

（1）截面应变分布保持平面。

（2）竖向钢筋与其毗邻的砌体、灌孔混凝土的应变相同。

（3）不考虑砌体、灌孔混凝土的抗拉强度。

（4）据材料选择砌体、灌孔混凝土的极限压应变：当轴心受压时不应大于 0.002；当偏心受压时不应大于 0.003。

（5）根据材料选择钢筋的极限拉应变，且不应大于 0.01。

（6）纵向受拉钢筋屈服与受压区砌体破坏同时发生时的相对界限受压区的高度，应按式（7－18）计算：

$$\xi_{\mathrm{b}} = \frac{0.8}{1 + \dfrac{f_{\mathrm{y}}}{0.003 E_{\mathrm{s}}}} \tag{7-18}$$

式中，ξ_{b}——相对界限受压区高度，即界限受压区高度与截面有效高度的比值；

$\quad\quad f_{\mathrm{y}}$——钢筋的抗拉强度设计值；

$\quad\quad E_{\mathrm{s}}$——钢筋的弹性模量。

（7）大偏心受压时受拉钢筋考虑在 $h_0 - 1.5x$ 范围内屈服并参与工作。

7.3.2　配筋混凝土砌块砌体剪力墙轴心受压承载力

（1）受压破坏特征。

配筋混凝土砌块砌体剪力墙在轴心压力作用下，经历三个受力阶段。

①初裂阶段。竖向钢筋及砌体的应变均很小，第一条或第一批竖向裂缝大多产生于有竖向钢筋的砌体内。墙体产生第一条裂缝时的压力为破坏压力的 40%～70%。当增大竖向钢筋的配筋率时该比值有所降低，但是变化并不明显。

②裂缝发展阶段。墙体裂缝随轴心压力的增大而增多、加长，且多分布在有竖向钢筋的砌体内，逐渐形成条带状。因钢筋有一定的约束作用，裂缝细而密且分布较均匀；在水平钢筋处，上下竖向裂缝不贯通而有错位。

③破坏阶段。破坏时，竖向钢筋可达屈服强度，最终因墙体的竖向裂缝较宽，甚至个别砌块被压碎而导致破坏。由于钢筋的约束，墙体破坏时仍保持良好的整体性。

此外，配筋混凝土砌块砌体的抗压强度、弹性模量，较之同等条件下的空心砌块砌体的抗压强度、弹性模量均有较大程度的提高。

（2）承载力计算。

对轴心受压配筋混凝土砌块砌体剪力墙，当有箍筋或水平分布钢筋时，其正截面受压承载力应按式（7－19）验算：

$$N \leqslant \varphi_{0\mathrm{g}} \left(f_{\mathrm{g}}A + 0.8 f_{\mathrm{y}}'A_{\mathrm{s}}' \right) \tag{7-19}$$

$$\varphi_{0\mathrm{g}} = \frac{1}{1 + 0.001\beta^2} \tag{7-20}$$

$$\beta = \frac{H_0}{b} \qquad (7-21)$$

式中，N——轴向力设计值；

$\quad$ f_g——灌孔砌体的抗压强度设计值；

$\quad$ f'_y——钢筋的抗压强度设计值；

$\quad$ A——构件的截面面积；

$\quad$ A'_s——全部竖向钢筋的截面面积；

$\quad$ φ_{0g}——轴心受压构件的稳定系数；

$\quad$ β——构件的高厚比；

$\quad$ H_0——剪力墙的计算高度；

$\quad$ b——剪力墙厚。

注：①无箍筋或水平分布钢筋时，仍应按式（7-19）、式（7-20）验算，但应使$f'_y A'_s = 0$；

$\quad$ ②配筋混凝土砌块砌体构件的计算高度H_0可取层高。

对配筋混凝土砌块砌体剪力墙，当竖向钢筋仅配在中间时，其平面外偏心受压承载力可按式（7-22）进行验算：

$$N \leqslant \varphi f_g A \qquad (7-22)$$

式中，N——轴向力设计值；

$\quad$ φ——高厚比β和轴向力的偏心距e对受压构件承载力的影响系数，按《砌体结构设计规范》（GB 50003—2011）附录 D 的规定采用；

$\quad$ f_g——灌孔砌体的抗压强度设计值。

7.3.3 配筋混凝土砌块砌体剪力墙正截面偏心受压承载力

（1）受压破坏特征。

配筋混凝土砌块砌体剪力墙在偏心受压时，受力性能、破坏形态与一般的钢筋混凝土偏心受压构件的类同。

①大偏心受压。大偏心受压时，竖向受压和受拉主筋达到屈服强度；中和轴附近的竖向分布钢筋的应力较小，但离中和轴较远处的竖向分布钢筋可达屈服强度，受压区的砌块砌体可达抗压极限强度。其破坏形态如图 7-12 所示。

图 7-12　配筋混凝土砌块砌体剪力墙大偏心受压破坏

②小偏心受压。小偏心受压时，受压区的主筋达到屈服强度，而另一侧的主筋不能达到屈服强度；竖向分布钢筋大部分受压，其应力较小，可能存在部分受拉，但其应力亦较小。

（2）大、小偏心受压的界限。

根据平截面变形假定，配筋混凝土砌块砌体剪力墙在偏心受压时，竖向受拉钢筋屈服与受压区砌体破坏同时发生时的相对界限受压区高度取值如下：

当 $x \leqslant \xi_b h_0$ 时，按大偏心受压计算；

当 $x > \xi_b h_0$ 时，按小偏心受压计算。

ξ_b 可按式（7-23）计算：

$$\xi_b = \frac{0.8}{1 + \dfrac{f_y}{0.003E_s}} \tag{7-23}$$

式中，ξ_b——相对界限受压区高度，对 HPB300 级钢筋取 $\xi_b = 0.57$，对 HRB335 级钢筋取 $\xi_b = 0.55$，对 HRB400 级钢筋取 $\xi_b = 0.52$；

E_s——钢筋弹性模量；

f_y——墙体中竖向钢筋的抗拉强度设计值。

（3）矩形截面偏心受压配筋砌块砌体剪力墙大偏心受压正截面承载力计算。

大偏心受压时应按下列公式验算 ［见图 7-13（a）］：

$$N \leqslant f_g bx + f_y'A_s' - f_y A_s - \sum f_{si}A_{si} \tag{7-24}$$

$$Ne_N \leqslant f_g bx \ (h_0 - x/2) \ + f_y'A_s'(h_0 - a_s') \ - \sum f_{si}S_{si} \tag{7-25}$$

$$e_N = e + e_a + \ (h/2 - a_s) \tag{7-26}$$

$$e_a = \frac{\beta^2 h}{2\ 200} \ (1 - 0.022\beta) \tag{7-27}$$

式中，N——轴向力设计值；

f_g——灌孔砌体的抗压强度设计值；

f_y，f_y'——竖向受拉、受压主筋的强度设计值；

b——截面宽度；

f_{si}——竖向分布钢筋的抗拉强度设计值；

x——截面受压区高度；

h_0——截面有效高度，一般情况下 $h_0 = h - 300$；

A_s，A_s'——竖向受拉、受压主筋的截面面积；

A_{si}——单根竖向分布钢筋的截面面积；

S_{si}——第 i 根竖向分布钢筋对竖向受拉主筋的面积矩；

e_N——轴向力作用点到竖向受拉主筋合力点之间的距离；

e——轴向力的初始偏心距，按荷载设计值计算，当 $e < 0.05h$ 时，应取 $e = 0.05h$；

e_a——配筋砌体构件在轴向力作用下的附加偏心距；

a_s——受拉区纵向钢筋合力点至截面受拉区边缘的距离，对 T 形、L 形、工字形截面，当翼缘受压时取 300 mm，其他情况取 100 mm；

a_s'——受压区纵向钢筋合力点至截面受压区边缘的距离，对 T 形、L 形、工字形截面，当翼缘受压时取 100 mm，其他情况取 300 mm。

当受压区高度 $x<2a_s'$ 时，其截面承载力可按式（7－28）验算：

$$Ne_N' \leqslant f_y'A_s'(h_0-a_s')\qquad(7-28)$$

$$e_N' = e+e_a-(h/2-a_s')\qquad(7-29)$$

式中，e_N'——轴向力作用点至竖向受压主筋合力点之间的距离。

当采用对称配筋时，取 $f_y'A_s'=f_yA_s$。设计中可先选择竖向分布钢筋，之后由式（7－24）求得截面受压区高度 x。用 ρ_w 表示竖向分布钢筋的配筋率，则式（7－24）中 $\sum f_{yi}A_{si} = f_{yw}\rho_w(h_0-1.5x)b$，得

$$x=\frac{N+f_{yw}\rho_w bh_0}{(f_g+1.5f_{yw}\rho_w)b}\qquad(7-30)$$

式中，f_{yw}——竖向分布钢筋的抗拉强度设计值。

最后由式（7－25）可求得受压、受拉主筋截面面积为

$$A_s=A_s'=\frac{Ne_N-f_gbx\left(h_0-\dfrac{x}{2}\right)+0.5f_{yw}\rho_w b(h_0-1.5x)^2}{f_y'(h_0-a_s')}\qquad(7-31)$$

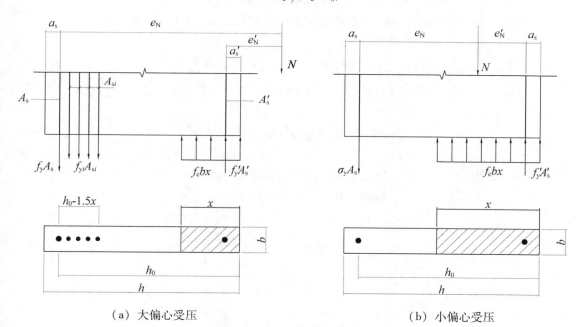

（a）大偏心受压　　　　　　　　　　　　　（b）小偏心受压

图 7－13　矩形截面偏心受压

（4）矩形截面偏心受压配筋砌块砌体剪力墙小偏心受压正截面承载力计算。

小偏心受压时应按下列公式验算［见图 7－13（b）］：

$$N\leqslant f_gbx+f_y'A_s'-\sigma_sA_s\qquad(7-32)$$

$$Ne_N\leqslant f_gbx(h_0-x/2)+f_y'A_s'(h_0-a_s')\qquad(7-33)$$

$$\sigma_s=\frac{f_y}{\xi_b-0.8}\left(\frac{x}{h_0}-0.8\right)\qquad(7-34)$$

注意：当受压区竖向受压主筋无箍筋或无水平钢筋约束时，可不考虑竖向受压主筋的作用，即取 $f_y'A_s'=0$。

矩形截面对称配筋砌块砌体剪力墙小偏心受压时，也可近似按式（7－35）计算钢筋截

面面积：

$$A_s = A_s' = \frac{Ne_N - \xi\ (1 - 0.5\xi)\ f_g b h_0^2}{f_y'(h_0 - a_s')}$$ (7-35)

此处，相对界限受压区高度可按式（7-36）计算：

$$\xi = \frac{x}{h_0} = \frac{N - \xi_b f_g b h_0}{\dfrac{Ne_N - 0.43 f_g b\ h_0^2}{(0.8 - \xi_b)\ (h_0 - a_s')} + f_g b h_0} + \xi_b$$ (7-36)

注意：小偏心受压计算中未考虑竖向分布钢筋的作用。

（5）T形、L形、工字形截面偏心受压构件正截面承载力计算。

对 T形、L形、工字形截面偏心受压构件，当翼缘和腹板的相交处采用错缝搭接砌筑和同时设置中距不大于 1.2 m 的配筋带（截面高度≥60 mm，钢筋不少于 2Φ12）时，可考虑翼缘的共同工作，翼缘的计算宽度应按表 7-4 中的最小值采用，其正截面承载力应按下列规定计算：

①当受压区高度 $x \leqslant h_f'$ 时，应按宽度为 b_f' 的矩形截面计算。

②当受压区高度 $x > h_f'$ 时，则应考虑腹板的受压作用，应按下列公式验算；

a. 大偏心受压（见图 7-14）。

$$N \leqslant f_g\ [\ bx +\ (b_f' - b)\ h_f'\ ] + f_y' A_s' - f_y A_s - \sum f_{si} A_{si}$$ (7-37)

$$Ne_N \leqslant f_g\ [\ bx\ (h_0 - x/2) +\ (b_f' - b)\ h_f'(h_0 - h_f'/2)\ ] + f_y' A_s'(h_0 - a_s') - \sum f_{si} S_{si}$$ (7-38)

b. 小偏心受压。

$$N \leqslant f_g\ [\ bx +\ (b_f' - b)\ h_f'\ ] + f_y' A_s' - \sigma_s A_s$$ (7-39)

$$Ne_N \leqslant f_g\ [\ bx\ (h_0 - x/2) +\ (b_f' - b)\ h_f'(h_0 - h_f'/2)\ ] + f_y' A_s'(h_0 - a_s')$$ (7-40)

式中，b_f'——T形、L形、工字形截面受压区的翼缘计算宽度；

h_f'——T形、L形、工字形截面受压区的翼缘厚度。

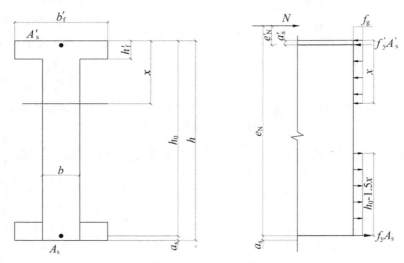

图 7-14　T形截面偏心受压构件正截面承载力计算简图

168

表 7－4　T形、L形截面偏心受压构件翼缘计算宽度 b'_f

考虑情况	T形截面	L形截面
按构件计算高度 H_0 考虑	$H_0/3$	$H_0/6$
按腹板间距 L 考虑	L	$L/2$
按翼缘厚度 h'_f 考虑	$b+12h'_f$	$b+6h'_f$
按翼缘的实际宽度 b'_f 考虑	b'_f	b'_f

表 7－4 中翼缘计算宽度取值引自国际标准《配筋砌体设计规范》（SO 9652—3），它与钢筋混凝土 T 形及倒 L 形受弯构件位于受压区的翼缘计算宽度的规定和钢筋混凝土剪力墙有效翼缘宽度的规定非常接近，但保证翼缘和腹板共同工作的构造是不同的。对钢筋混凝土结构，翼墙和腹板是由整浇的钢筋混凝土进行连接的；对配筋砌块砌体，翼墙和腹板是通过交接处块体的相互咬砌、连接钢筋（或连接铁件），或配筋带进行连接的，通过这些连接构造，保证承受腹板和翼墙共同工作时产生的剪力。

7.3.4　配筋混凝土砌块砌体剪力墙斜截面受剪承载力

（1）受力性能。

研究表明，配筋混凝土砌块砌体剪力墙的受剪性能和破坏形态与一般钢筋混凝土剪力墙的类似（见图 7－15）。影响其抗剪承载力的主要因素是材料强度、垂直压应力、墙体的剪跨比以及水平钢筋的配筋率。

①灌孔砌块砌体材料对墙体抗剪承载力的影响用关系式 $f_{vg}=\varphi\ (f_g^{0.55})$ 表达，随着块体、砌筑砂浆和灌孔混凝土强度等级的提高，灌孔率的增大，灌孔砌块砌体的抗剪强度提高，其中灌孔混凝土的影响更加明显。

②墙体截面上的垂直压应力对墙体的破坏形态和抗剪强度有直接影响。当轴压比较小时，墙体的抗剪能力和变形能力随垂直压应力的增加而增加。但当轴压比较大时，墙体转变成不利的斜压破坏，垂直压应力的增大反而使墙体的抗剪承载力减小。

③随剪跨比的不同，使墙体产生不同的应力状态和破坏形态。剪跨比较小时，墙体趋于剪切破坏；剪跨比较大时，则趋于弯曲破坏。墙体剪切破坏的抗剪承载力远大于弯曲破坏的抗剪承载力。

④水平和竖向钢筋提高了墙体的变形能力和抗剪能力，其中水平钢筋在墙体产生斜裂缝后直接受拉抗剪。

在偏心压力和剪力的作用下，墙体有剪拉、剪压和斜压三种破坏形态。

（2）斜截面受剪承载力计算。

偏心受压和偏心受拉配筋砌块砌体剪力墙，其斜截面受剪承载力应根据下列情况进行计算：

①配筋混凝土砌块砌体剪力墙截面。为防止墙体不产生斜压破坏，配筋混凝土砌块砌体剪力墙的截面应符合式（7－41）要求：

$$V \leqslant 0.25f_g bh_0 \tag{7－41}$$

式中，V——配筋混凝土砌块砌体剪力墙的剪力设计值；

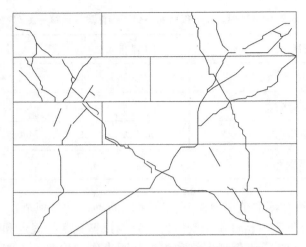

图 7-15 配筋混凝土砌块砌体墙剪压破坏

　　b——配筋混凝土砌块砌体剪力墙截面宽度或 T 形、倒 L 形截面腹板宽度；

　　h_0——配筋混凝土砌块砌体剪力墙截面的有效高度。

　　②配筋混凝土砌块砌体剪力墙偏心受压斜截面受剪承载力。配筋混凝土砌块砌体剪力墙在偏心受压时的斜截面受剪承载力应按式（7-42）验算：

$$V \leqslant \frac{1}{\lambda-0.5}\left(0.6f_{vg}bh_0+0.12N\frac{A_W}{A}\right)+0.9f_{yh}\frac{A_{sh}}{s}h_0 \qquad (7-42)$$

$$\lambda = M/Vh_0 \qquad (7-43)$$

式中，f_{vg}——灌孔砌体抗剪强度设计值；

　　　　M，N，V——计算截面的弯矩、轴向力和剪力设计值，当 $N>0.2f_gbh$ 时，取 $N=0.2f_gbh$；

　　　　A——配筋混凝土砌块砌体剪力墙的截面面积，其中翼缘计算宽度，可按表 7-4 的规定确定；

　　　　A_W——T 形、倒 L 形截面腹板的截面面积，对矩形截面取 $A_W=A$；

　　　　λ——计算截面的剪跨比，当 $\lambda \leqslant 1.5$ 时取 1.5，当 $\lambda \geqslant 2.2$ 时取 2.2；

　　　　h_0——配筋混凝土砌块砌体剪力墙截面的有效高度；

　　　　A_{sh}——配置在同一截面内的水平分布钢筋或网片的全部截面面积；

　　　　s——水平分布钢筋的竖向间距；

　　　　f_{yh}——水平钢筋的抗拉强度设计值。

　　③配筋混凝土砌块砌体剪力墙偏心受拉斜截面受剪承载力。配筋混凝土砌块砌体剪力墙在偏心受拉时的斜截面受剪承载力应按式（7-44）验算：

$$V \leqslant \frac{1}{\lambda-0.5}\left(0.6f_{vg}bh_0-0.22N\frac{A_W}{A}\right)+0.9f_{yh}\frac{A_{sh}}{s}h_0 \qquad (7-44)$$

　　配筋砌块砌体剪力墙中的钢筋提高了墙体的变形能力和抗剪能力。其中水平钢筋（网）在通过的斜截面上直接受拉抗剪，但它在墙体开裂前几乎不受力，墙体开裂直至达到极限荷载时所有水平钢筋均参与受力并达到屈服。而竖向钢筋主要通过销栓作用抗剪，极限荷载时该钢筋达不到屈服，墙体破坏时部分竖向钢筋可屈服。根据试验和国外有关文献，竖向钢筋的抗剪贡献为 $0.24f_{yh}A_{sv}$，本公式未直接反映竖向钢筋的贡献，而是通过综合考虑正应力的影响，以无筋砌体部分承载力的调整给出的。

7.3.5 配筋混凝土砌块砌体剪力墙中连梁的承载力

（1）钢筋混凝土连梁。

当配筋混凝土砌块砌体剪力墙的连梁采用钢筋混凝土时，连梁的承载力应按现行国家标准《混凝土结构设计规范》（GB 50010—2010）的有关规定进行计算。

（2）配筋混凝土砌块砌体连梁（见图7-16）。

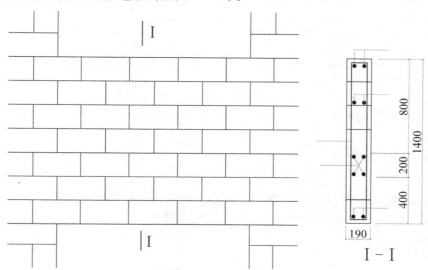

图 7-16　配筋混凝土砌块砌体连梁

①正截面受弯承载力。

配筋混凝土砌块砌体连梁的正截面受弯承载力应按现行国家标准《混凝土结构设计规范》（GB 50010—2010）受弯构件的有关规定进行计算，但应采用其相应的计算参数和指标，如以 f_g 代替 f_c 等。

②斜截面受弯承载力。

a. 连梁的截面应符合式（7-45）的要求：

$$V_b \leqslant 0.25 f_g b h_0 \tag{7-45}$$

b. 连梁的斜截面受剪承载力按式（7-46）验算：

$$V_b \leqslant 0.8 f_{vg} b h_0 + f_{yv} \frac{A_{sv}}{s} h_0 \tag{7-46}$$

式中，V_b——配筋混凝土砌块砌体连梁的剪力设计值；

　　　b——配筋混凝土砌块砌体连梁的截面宽度；

　　　h_0——配筋混凝土砌块砌体连梁的截面有效高度；

　　　A_{sv}——配置在同一截面内箍筋各肢的全部截面面积；

　　　f_{yv}——箍筋的抗拉强度设计值；

　　　s——沿构件长度方向箍筋的间距。

以下介绍配筋混凝土砌块砌体剪力墙抗震承载力计算。

7.3.6 配筋混凝土砌块砌体剪力墙抗震承载力计算

考虑地震作用组合的配筋砌块砌体剪力墙的正截面承载力应按7.3.2节和7.3.3节的规

定计算，但其抗力应除以承载力抗震调整系数。

　　配筋混凝土砌块砌体抗震墙房屋抗震计算时，应按本节规定调整地震作用效应；6 度时可不进行截面抗震验算，但应按后文 7.3.8 节的有关要求采取抗震构造措施。配筋混凝土小砌块抗震墙房屋应进行多遇地震作用下的抗震变形验算，其楼层内最大的弹性层间位移角，底层不宜超过 1/1 200，其他楼层不宜超过 1/800。

　　进行配筋砌块砌体抗震墙承载力计算时，底部加强部位的截面组合剪力设计值 V_w 应按下列规定调整：

　　①当抗震等级为一级时，

$$V_w = 1.6V \tag{7-47}$$

　　②当抗震等级为二级时，

$$V_w = 1.4V \tag{7-48}$$

　　③当抗震等级为三级时，

$$V_w = 1.2V \tag{7-49}$$

　　④当抗震等级为四级时，

$$V_w = 1.0V \tag{7-50}$$

式中，V_w——考虑地震作用组合的抗震墙计算截面的剪力设计值。

　　进行配筋砌块砌体抗震墙的截面，应符合下列规定：

　　①当剪跨比大于 2 时：

$$V_w \leqslant \frac{1}{\gamma_{RE}} \ (0.2f_g b h_0) \tag{7-51}$$

　　②当剪跨比不大于 2 时：

$$V_w \leqslant \frac{1}{\gamma_{RE}} \ (0.15f_g b h_0) \tag{7-52}$$

式中，f_g——灌孔小砌块砌体抗压强度设计值；

　　　　b——抗震墙截面宽度；

　　　　h——抗震墙截面高度；

　　　　γ_{RE}——承载力抗震调整系数，取 0.85。

　　偏心受压配筋混凝土砌块砌体抗震墙截面受剪承载力，应按式（7-53）验算：

$$V_w \leqslant \frac{1}{\gamma_{RE}} \left[\frac{1}{\lambda - 0.5} \left(0.48f_{vg} b h_0 + 0.1N \frac{A_w}{A} \right) + 0.72f_{yh} \frac{A_{sh}}{s} h_0 \right] \tag{7-53}$$

$$\lambda = \frac{M}{V h_0} \tag{7-54}$$

式中，f_{vg}——灌孔砌体抗剪强度设计值；

　　　　M，N，V——考虑地震作用组合的剪力墙计算截面的弯矩、轴向力和剪力设计值，当 $N > 0.2f_g b h$ 时，取 $N = 0.2f_g b h$；

　　　　A——配筋混凝土砌块砌体剪力墙的截面面积，其中翼缘计算宽度，可按表 7-4 的规定确定；

　　　　A_w——T 形、L 形截面腹板的截面面积，对矩形截面取 $A_w = A$；

　　　　λ——计算截面的剪跨比，当 $\lambda \leqslant 1.5$ 时取 $\lambda = 1.5$，当 $\lambda \geqslant 2.2$ 时取 $\lambda = 2.2$；

　　　　h_0——配筋混凝土砌块砌体剪力墙截面的有效高度；

172

A_{sh}——配置在同一截面内的水平分布钢筋的全部截面面积；

f_{yh}——水平钢筋的抗拉强度设计值；

f_g——灌孔砌体抗压强度设计值；

s——水平分布钢筋的竖向间距；

γ_{RE}——承载力抗震调整系数。

在多遇地震作用组合下，配筋混凝土小型空心砌块抗震墙的墙肢不应出现小偏心受拉。大偏心受拉配筋混凝土砌块砌体抗震墙，其斜截面受剪承载力应按下列公式验算：

$$V_w \leq \frac{1}{\gamma_{RE}}\left[\frac{1}{\lambda-0.5}(0.48f_{vg}bh_0-0.17N)+0.72f_{yh}\frac{A_{sh}}{s}h_0\right] \qquad (7-55)$$

当 $0.48f_{gv}bh_0-0.17N \leq 0$ 时，取 $0.48f_{gv}bh_0-0.17N=0$。

式中，N——抗震墙组合的轴向拉力设计值。

7.3.7 配筋混凝土砌块砌体连梁抗震承载力计算

配筋混凝土砌块砌体剪力墙的连梁的正截面受弯承载力可按现行国家标准《混凝土结构设计规范》（GB 50010—2010）受弯构件的有关规定进行计算；当采用配筋混凝土砌块砌体连梁时，应采用其相应的计算参数和指标；连梁的正截面承载力应除以相应的承载力抗震调整系数。

配筋砌块砌体由于受其块型、砌筑方法和配筋方式的影响，不适宜做跨高比较大的梁构件。而在配筋砌块砌体抗震墙结构中，连梁是保证房屋整体性的重要构件，为了保证连梁与抗震墙节点处在弯曲屈服前不会出现剪切破坏和具有适当的刚度和承载能力，对于跨高比大于 2.5 的连梁宜采用受力性能更好的钢筋混凝土连梁，以确保连梁构件的"强剪弱弯"。对于跨高比小于 2.5 的连梁（主要指窗下墙部分），则还是允许采用配筋砌块砌体连梁。配筋小型空心砌块抗震墙跨高比大于 2.5 的连梁宜采用钢筋混凝土连梁，其截面组合的剪力设计值和斜截面受剪承载力，应符合现行国家标准《混凝土结构设计规范》（GB 50010—2010）对连梁的有关规定。

配筋砌块砌体抗震墙的连梁的设计原则是作为抗震墙结构的第一道防线，即连梁破坏应先于抗震墙，而对连梁本身则要求其斜截面的抗剪能力高于正截面的抗弯能力，以体现"强剪弱弯"的要求。对配筋砌块连梁，验算和试设计表明，在高烈度区和较高的抗震等级（一、二级）下，连梁超筋的情况比较多，而砌块连梁在孔中配置钢筋的数量又受到限制。在这种情况下，一是减小连梁的截面高度（应在满足弹塑性变形要求的情况下），二是连梁设计成混凝土形式。

配筋砌块砌体抗震墙连梁的剪力设计值，在抗震等级一、二、三级下应按下式调整，四级时可不调整：

$$V_b = \eta_v \frac{M_b^l+M_b^r}{l_n}+V_{Gb} \qquad (7-56)$$

式中，V_b——连梁的剪力设计值；

η_v——剪力增大系数，一级时取 1.3，二级时取 1.2，3 级时取 1.1；

M_b^l，M_b^r——分别为梁左、右端考虑地震作用组合的弯矩设计值；

V_{Gb}——在重力荷载代表值作用下，按简支梁计算的截面剪力设计值；

l_n——连梁净跨。

抗震墙采用配筋混凝土砌块砌体连梁时，应符合下列要求：

①连梁的截面应满足式（7-57）的要求：

$$V_b \leqslant \frac{1}{\gamma_{RE}}(0.15f_g bh_0) \qquad (7-57)$$

②连梁的斜截面受剪承载力应按式（7-58）验算：

$$V_b \leqslant \frac{1}{\gamma_{RE}}\left(0.56f_{vg}bh_0 + 0.7f_{yv}\frac{A_{sv}}{s}h_0\right) \qquad (7-58)$$

式中，V_b——配筋混凝土砌块砌体连梁的剪力设计值；

b——配筋混凝土砌块砌体连梁截面宽度；

h_0——配筋混凝土砌块砌体连梁的截面有效高度；

A_{sv}——配置在同一截面内箍筋各肢的全部截面面积；

f_{yv}——箍筋的抗拉强度设计值；

s——沿构件长度方向箍筋的间距。

7.3.8 配筋混凝土砌块砌体剪力墙构造要求

为提高配筋混凝土砌块砌体构件的整体受力性能，宜采用全部灌孔砌体。用于抗震时，应采用全部灌孔砌体（见图7-17）。

（a）　　　　　　　　　　　　　　　　（b）

图7-17　施工中的配筋混凝土砌块墙体

（1）钢筋。

①钢筋规格。

a. 钢筋的直径不宜大于25 mm，当设置在灰缝中时不应小于4 mm，在其他部位不应小于10 mm；

b. 配置在孔洞或空腔中的钢筋面积不应大于孔洞或空腔面积的6%。

②钢筋设置。

a. 设置在灰缝中钢筋的直径不宜大于灰缝厚度的1/2；

b. 两平行的水平钢筋间的净距不应小于50 mm；

c. 柱和壁柱中的竖向钢筋的净距不宜小于40 mm（包括接头处钢筋间的净距）。

③钢筋的锚固。

配筋混凝土砌块砌体剪力墙中，竖向钢筋在芯柱混凝土内锚固［见图7-18（a）］；设置在水平灰缝中的水平钢筋，可将水平钢筋垂直弯折90°后在芯柱内锚固［见图7-18（b）］，或将水平钢筋弯折90°在水平灰缝中锚固［见图7-18（c）］；设置在凹槽砌块混凝土带中的水平钢筋，可垂直弯折90°在芯柱内锚固［见图7-18（d）］，或水平弯折90°锚固［见图7-18（e）］。

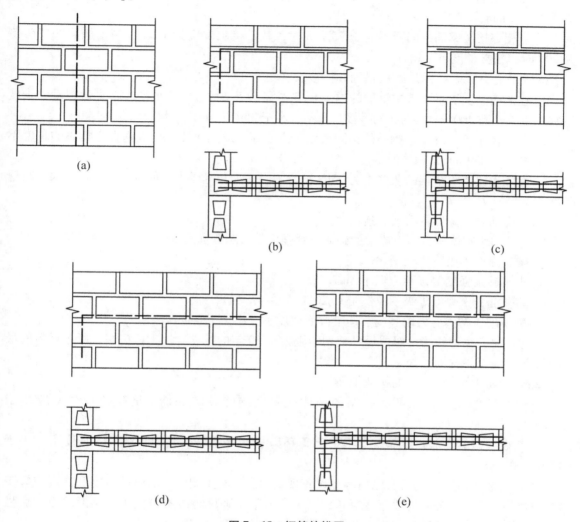

图 7-18　钢筋的锚固

a. 当计算中充分利用竖向受拉钢筋强度时，其锚固长度 l_a，对 HRB335 级钢筋不应小于 30d，对 HRB400 和 RRB400 级钢筋不应小于 35d，在任何情况下钢筋（包括钢筋网片）锚固长度不应小于 300 mm。

b. 竖向受拉钢筋不应在受拉区截断。如必须截断时，应延伸至按正截面受弯承载力计算不需要该钢筋的截面以外，延伸的长度不应小于 20d。

c. 竖向受压钢筋在跨中截断时，必须伸至按计算不需要该钢筋的截面以外，延伸的长度不应小于 20d；对绑扎骨架中末端无弯钩的钢筋，不应小于 25d。

d. 对钢筋骨架中的受力光圆钢筋，应在钢筋末端作弯钩；在焊接骨架、焊接网以及轴心受压构件中，不作弯钩；对绑扎骨架中的受力带肋钢筋，在钢筋的末端不作弯钩。

④钢筋的接头。

钢筋的直径大于 22 mm 时宜采用机械连接接头，接头的质量应符合国家现行有关标准的规定；其他直径的钢筋可采用搭接接头，并应符合下列规定：

a. 钢筋的接头位置宜设置在受力较小处；

b. 受拉钢筋的搭接接头长度不应小于 $1.1l_a$，受压钢筋的搭接长度不应小于 $0.7l_a$，且不应小于 300 mm；

c. 当相邻接头钢筋的间距不大于 75 mm 时，其搭接长度应为 $1.2l_a$，当钢筋间的接头错开 20d 时，搭接长度可不增加。

⑤水平受力钢筋（网片）的锚固和搭接长度。

a. 在凹槽砌块混凝土带中钢筋的锚固长度不宜小于 30d，且其水平或垂直弯折段的长度不宜小于 15d 和 200 mm，钢筋的搭接长度不宜小于 35d；

b. 在砌体水平灰缝中，钢筋的锚固长度不宜小于 50d，且其水平或垂直弯折段的长度不宜小于 20d 和 250 mm，钢筋的搭接长度不宜小于 55d；

c. 在隔皮或错缝搭接的灰缝中为 55d+2h，其中 d 为灰缝受力钢筋的直径，h 为水平灰缝的间距。

（2）配筋砌块砌体剪力墙、连梁。

①配筋砌块砌体剪力墙、连梁的砌体材料强度等级和截面尺寸如下：

a. 砌块强度等级不应低于 MU10；

b. 砌筑砂浆强度等级不应低于 Mb7.5；

c. 灌孔混凝土强度等级不应低于 Cb20；

d. 配筋砌块砌体剪力墙厚度、连梁截面宽度不应小于 190 mm。

注意：对安全等级为一级或设计使用年限大于 50 年的配筋砌块砌体房屋，所用材料的最低强度等级应至少提高一级。

②配筋砌块砌体剪力墙的构造配筋。

a. 应在墙的转角、端部和孔洞的两侧配置竖向连续的钢筋，钢筋的直径不应小于 12 mm；

b. 应在洞口的底部和顶部设置不小于 2Φ10 的水平钢筋，其伸入墙内的长度不应小于 40d 和 600 mm；

c. 应在楼（屋）盖的所有纵横墙处设置现浇钢筋混凝土圈梁，圈梁的宽度和高度应等于墙厚和块高，圈梁主筋不应少于 4Φ10，圈梁的混凝土强度等级不应低于同层混凝土砌块强度等级的 2 倍，或该层灌孔混凝土的强度等级，也不应低于 C20；

d. 剪力墙其他部位的竖向和水平钢筋的间距不应大于墙长、墙高的 1/3，也不应大于 900 mm；

e. 剪力墙沿竖向和水平方向的构造钢筋配筋率均不宜小于 0.07%。

这是确保配筋砌块砌体剪力墙结构安全的最低构造钢筋要求。它加强了孔洞的削弱部位和墙体的周边，规定了水平及竖向钢筋的间距和构造配筋率。

剪力墙的配筋比较均匀，其隐含的构造含钢率为 0.05%～0.06%。据国外规范，该构造配筋率有两个作用：一是限制砌体干缩裂缝；二是能保证剪力墙具有一定的延性。一般在非地震设防地区的剪力墙结构应满足这种要求。对局部灌孔砌体，为保证水平配筋带（国外叫系梁）混凝土的浇筑密实，其竖筋间距不应大于 600 mm，这是来自我国的工程实践。

③配筋砌块砌体窗间墙。

按壁式框架设计的配筋砌块砌体窗间墙除应符合上述相关规定外，还应符合下列规定：

a. 窗间墙的截面：墙宽不应小于 800 mm；墙净高与墙宽之比不宜大于 5。

b. 窗间墙中的竖向钢筋：每片窗间墙中沿全高不应少于 4 根钢筋；沿墙的全截面应配置足够的抗弯钢筋；窗间墙的竖向钢筋的配筋率不宜小于 0.2%，也不宜大于 0.8%。

c. 窗间墙中的水平分布钢筋：水平分布钢筋应在墙端部纵筋处向下弯折 90°，弯折段长度不小于 15d 和 150 mm；水平分布钢筋的间距在距梁边 1 倍墙宽范围内不应大于 1/4 墙宽，其余部位不应大于 1/2 墙宽；水平分布钢筋的配筋率不宜小于 0.15%。

④配筋砌块砌体剪力墙的边缘构件。

a. 当剪力墙端部的砌体受力时，应符合下列规定：应在一字墙的端部至少 3 倍墙厚范围内的孔中设置不小于 Φ12 通长竖向钢筋；应在 L 形，T 形或"+"字形墙交接处 3 或 4 个孔中设置不小于 Φ12 通长竖向钢筋；当剪力墙的轴压比大于 $0.6f_g$ 时，除按上述规定设置竖向钢筋外，还应设置间距不大于 200 mm、直径不小于 6 mm 的钢箍。

b. 当在剪力墙墙端设置混凝土柱作为边缘构件时，应符合下列规定：柱的截面宽度宜不小于墙厚，应为 1~2 倍的墙厚，且不应小于 200 mm；柱的混凝土强度等级不宜低于该墙体块体强度等级的 2 倍，或不低于该墙体灌孔混凝土的强度等级，也不应低于 Cb20；柱的竖向钢筋不宜小于 4Φ12，箍筋不宜小于 Φ6、间距不宜大于 200 mm；墙体中的水平钢筋应在柱中锚固，且应满足钢筋的锚固要求；柱的施工顺序宜为先砌砌块墙体，后浇捣混凝土。

配筋砌块砌体剪力墙的边缘构件，即剪力墙的暗柱，要求在该区设置一定数量的竖向构造钢筋和横向箍筋或等效的约束构件，以提高剪力墙的整体抗弯能力和延性。

⑤钢筋混凝土连梁。

配筋砌块砌体剪力墙中当连梁采用钢筋混凝土时，连梁混凝土的强度等级不宜低于同层墙体块体强度等级的 2 倍，或同层墙体灌孔混凝土的强度等级，也不应低于 C20；其他构造还应符合现行国家标准《混凝土结构设计规范》（GB 50010—2010）的有关规定。

⑥配筋混凝土砌块砌体连梁。

配筋砌块砌体剪力墙中当连梁采用配筋砌块砌体时，连梁应符合下列规定：

a. 连梁的截面：连梁的高度不应小于两皮砌块的高度和 400 mm；连梁应采用 H 形砌块或凹槽砌块组砌，孔洞应全部浇灌混凝土。

b. 连梁的水平钢筋：连梁上、下水平受力钢筋宜对称、通长设置，在灌孔砌体内的锚固长度不宜小于 40d 和 600 mm；连梁水平受力钢筋的含钢率不宜小于 0.2%，也不宜大于 0.8%。

c. 连梁的箍筋：箍筋的直径不应小于 6 mm；箍筋的间距不宜大于 1/2 梁高和 600 mm；在距支座等于梁高范围内的箍筋间距不应大于 1/4 梁高，距支座表面第一根箍筋的间距不应大于 100 mm；箍筋的面积配筋率不宜小于 0.15%；箍筋宜为封闭式，双肢箍末端的弯钩为135°；单肢箍末端的弯钩为 180°，或弯 90°加 12 倍箍筋直径的延长段。

（3）配筋砌块砌体柱（见图 7-19）。

配筋砌块砌体柱除应符合配筋砌块砌体剪力墙、连梁的砌体材料强度等级和截面尺寸的要求外，还应符合下列规定：

①柱截面边长不宜小于 400 mm，柱高度与截面短边之比不宜大于 30。

②柱的竖向受力钢筋的直径不宜小于 12 mm，数量不应少于 4 根，全部竖向受力钢筋的配筋率不宜小于 0.2%。

③柱中箍筋的设置：

a. 当纵向钢筋的配筋率大于 0.25%，且柱承受的轴向力大于受压承载力设计值的 25% 时，柱应设箍筋；当配筋率小于等于 0.25% 时，或柱承受的轴向力小于受压承载力设计值的 25% 时，柱中可不设置箍筋。

b. 箍筋直径不宜小于 6 mm。

c. 箍筋的间距不应大于 16 倍的纵向钢筋直径、48 倍箍筋直径及柱截面短边尺寸中较小者。

d. 箍筋应封闭，端部应弯钩或绕纵筋水平弯折 90°，弯折段长度不小于 10d。

e. 箍筋应设置在灰缝或灌孔混凝土中。

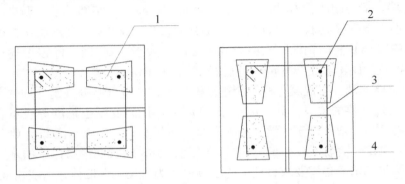

1-灌孔混凝土　2-钢筋　3-箍筋　4-砌块

图 7-19　配筋砌块砌体柱截面示意图

（4）抗震构造措施。

配筋砌块砌体抗震墙底部加强区的高度不小于房屋高度的 1/6，且不小于房屋底部两层的高度，抗震墙的水平和竖向分布钢筋应符合下列规定。

①抗震墙水平分布钢筋的配筋构造应符合表 7-5 的规定。

表 7-5　配筋混凝土砌块砌体抗震墙水平分布钢筋配筋构造

抗震等级	最小配筋率/%		最大间距/mm	最小直径/mm
	一般部位	加强部位		
一级	0.13	0.15	400	Φ8
二级	0.13	0.13	600	Φ8
三级	0.11	0.13	600	Φ8
四级	0.10	0.10	600	Φ6

注：a. 水平分布钢筋宜双排布置，在顶层和底部加强部位，最大间距不应大于 400 mm；
　　b. 双排水平分布钢筋应设不小于Φ6 的拉结筋，水平间距不应大于 400 mm。

②抗震墙竖向分布钢筋的配筋构造应符合表 7-6 的规定。

表 7-6　配筋混凝土砌块砌体抗震墙竖向分布钢筋的配筋构造

抗震等级	最小配筋率/%		最大间距/mm	最小直径/mm
	一般部位	加强部位		
一级	0.15	0.15	400	Φ12
二级	0.13	0.13	600	Φ12
三级	0.11	0.13	600	Φ12
四级	0.10	0.10	600	Φ12

注：a. 竖向分布钢筋宜采用单排布置，直径不应大于 25 mm，9 度时配筋率不应小于 0.2%；

　　b. 在顶层和底部加强部位，最大间距应适当减小。

③配筋砌块砌体抗震墙除应符合非抗震构造措施的第 5 点规定外，还应在底部加强部位和轴压比大于 0.4 的其他部位的墙肢设置边缘构件。边缘构件的配筋范围：无翼墙端部为 3 孔配筋；L 形转角节点为 3 孔配筋；T 形转角节点为 4 孔配筋；边缘构件范围内应设置水平箍筋；配筋砌块砌体抗震墙边缘构件的配筋应符合表 7-7 的要求。

表 7-7　配筋砌块砌体抗震墙边缘构件的配筋要求

抗震等级	每孔竖向钢筋最小配筋量		水平箍筋最小直径	水平箍筋最大间距/mm
	底部加强部位	一般部位		
一级	1Φ20（4Φ16）	1Φ18（4Φ16）	Φ8	200
二级	1Φ18（4Φ16）	1Φ16（4Φ14）	Φ6	200
三级	1Φ16（4Φ12）	1Φ14（4Φ12）	Φ6	200
四级	1Φ14（4Φ12）	1Φ12（4Φ12）	Φ6	200

注：a. 边缘构件水平箍筋宜采用横筋为双筋的搭接点焊网片形式；

　　b. 当抗震等级为二、三级时，边缘构件箍筋应采用 HRB400 级或 RRB400 级钢筋；

　　c. 表中括号中数字为边缘构件采用混凝土边框柱时的配筋。

在配筋砌块砌体抗震墙结构中，边缘构件在提高墙体强度和变形能力方面的作用都非常明显，因此参照混凝土抗震墙结构边缘构件设置的要求点，结合配筋砌块砌体抗震墙的特点，规定了边缘构件的配筋要求。

在配筋砌块砌体抗震墙端部设置水平箍筋是为了提高对砌体的约束作用及墙端部混凝土的极限压应变，提高墙体的延性。根据工程经验，水平箍筋放置于砌体灰缝中，受灰缝高度限制（一般灰缝高度为 10 mm），水平箍筋直径不小于 6 mm，且不应大于 8 mm。当箍筋直径较大时，将难以保证砌体结构灰缝的砌筑质量，会影响配筋砌块砌体强度；灰缝过厚则会给现场施工和施工验收带来困难，也会影响砌体的强度。抗震等级为一级的水平箍筋最小直径为Φ8，二~四级的为Φ6，为了适当弥补钢筋直径减小造成的损失，本书注明抗震等级为一、二、三级时，应采用 HRB335 或 RRB335 级钢筋。亦可采用其他等效的约束构件，如等截面面积、厚度不大于 5 mm 的一次冲压钢圈，其对边缘构件具有更强约束作用。

④宜避免设置转角窗，否则，转角窗开间相关墙体尽端边缘构件最小纵筋直径应比表 7-7 的规定值提高一级，且转角窗开间的楼、屋面应采用现浇钢筋混凝土楼、屋面板。

转角窗的设置将削弱结构的抗扭能力，配筋砌块砌体抗震墙较难采取措施（如墙加厚，梁加高），故建议避免设置转角窗。但配筋砌块砌体抗震墙结构受力特性类似于钢筋混凝土抗震墙结构，若需设置转角窗，则应适当增加边缘构件配筋，并且将楼、屋面板做成现浇板以增强整体性。

⑤配筋砌块砌体抗震墙在重力荷载代表值作用下的轴压比，应符合下列规定：

a. 一般墙体的底部加强部位，一级（9 度）不宜大于 0.4，一级（8 度）不宜大于 0.5，二、三级不宜大于 0.6；一般部位，均不宜大于 0.6。

b. 短肢墙体全高范围，一级不宜大于 0.5，二、三级不宜大于 0.6；对于无翼缘的一字形短肢墙，其轴压比限值应相应降低 0.1。

c. 各向墙肢截面均为 $3b<h<5b$ 的独立小墙肢，一级不宜大于 0.4，二、三级不宜大于 0.5；对于无翼缘的一字形独立小墙肢，其轴压比限值应相应降低 0.1。

配筋砌块砌体抗震墙在重力荷载代表值作用下的轴压比控制是为了保证配筋砌块砌体在水平荷载作用下的延性和强度的发挥，同时也是为了防止墙片截面过小、配筋率过高，保证抗震墙结构延性。本书对一般墙、短肢墙、一字形短肢墙的轴压比限值作了区别对待，由于短肢墙和无翼缘的一字形短肢墙的抗震性能较差，因此对其轴压比限值应该作更为严格的规定。

⑥配筋混凝土砌块砌体圈梁构造，应符合下列要求：

a. 墙体在基础和各楼层标高处均应设置现浇钢筋混凝土圈梁，圈梁的宽度应同墙厚一致，其截面高度不宜小于 200 mm。

b. 圈梁混凝土抗压强度不应小于相应灌孔小砌块砌体的强度，且不应小于 C20。

c. 圈梁纵向钢筋直径不应小于墙中横向分布钢筋的直径，且不应小于 4Φ12；基础圈梁纵筋的直径不应小于 4Φ12；圈梁及基础圈梁箍筋直径不应小于 8 mm，间距不应大于 200 mm；当圈梁高度大于 300 mm 时，应沿圈梁截面高度方向设置腰筋，其间距不应大于 200 mm，直径不应小于 10 mm。

d. 圈梁底部嵌入墙顶小砌块孔洞内，深度不宜小于 30 mm；圈梁顶部应是毛面。

在配筋砌块砌体抗震墙和楼盖的结合处设置钢筋混凝土圈梁，可进一步增加结构的整体性，同时该圈梁也可作为建筑竖向尺寸调整的手段。钢筋混凝土圈梁作为配筋砌块砌体抗震墙的一部分，其强度应和灌孔砌块砌体强度基本一致，相互匹配，其纵筋配筋量不应小于配筋砌块砌体抗震墙水平筋数量，其间距不应大于配筋砌块砌体抗震墙水平筋间距，并宜适当加密。

⑦配筋砌块砌体抗震墙连梁的构造，当采用混凝土连梁时，应符合上述非抗震构造措施第⑥条的规定和现行国家标准《混凝土结构设计规范》（GB 50010—2010）中有关地震区连梁的构造要求。当采用配筋砌块砌体连梁时，除应符合上述非抗震构造措施配筋砌块砌体柱的规定以外，还应符合下列规定：

a. 连梁的上、下纵向钢筋锚入墙内的长度，一、二级不应小于 1.15 倍锚固长度，三级不应小于 1.05 倍锚固长度，四级不应小于锚固长度，且均不应小于 600 mm。

b. 连梁的箍筋应沿梁长布置，并应符合表7-8的规定。

表7-8 连梁箍筋的构造要求

抗震等级	箍筋加密区				箍筋非加密区	
	长度	箍筋最大间距/mm		直径	间距/mm	直径
一级	$2h$	100，$6d$，$1/4h$ 中的小值		Φ10	200	Φ10
二级	$1.5h$	100，$8d$，$1/4h$ 中的小值		Φ8	200	Φ8
三级	$1.5h$	150，$8d$，$1/4h$ 中的小值		Φ8	200	Φ8
四级	$1.5h$	150，$8d$，$1/4h$ 中的小值		Φ8	200	Φ8

注：h 为连梁截面高度，加密区长度不小于600 mm。

c. 顶层连梁在伸入墙体的纵向钢筋长度范围内应设置间距不大于200 mm 的构造箍筋，其直径应与该连梁的箍筋直径相同。

d. 自梁顶面下200 mm 至梁底面上200 mm 范围内应增设腰筋，其间距不大于200 mm；每层腰筋的数量，一级不少于2Φ12，二~四级不少于2Φ10；腰筋伸入墙内的长度不应小于30 倍的钢筋直径，且不应小于300 mm。

e. 连梁内不宜开洞，需要开洞时应符合下列要求：在跨中梁高1/3 处预埋外径不大于200 mm 的钢套管；洞口上下的有效高度不应小于1/3 梁高，且不应小于200 mm；洞口处应配补强钢筋，被洞口削弱的截面应进行受剪承载力验算。

⑧配筋砌块砌体抗震墙房屋的基础与抗震墙结合处的受力钢筋，当房屋高度超过50 m 或一级抗震等级时宜采用机械连接或焊接。

7.4 计算例题

【例题7-1】某网状配筋砖砌体房屋的横墙，如图7-20 所示，墙厚240 mm，墙的计算

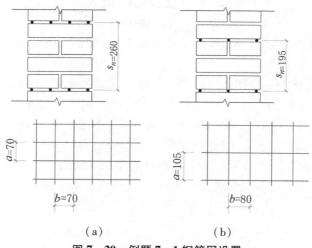

（a）　　　　　　　（b）

图7-20 例题7-1钢筋网设置

高度 H_0 为 3.2 m。由 MU15 烧结多孔砖和 M10 水泥混合砂浆砌筑，配置直径 4 mm 的螺旋肋钢丝焊接方格钢筋网，网格尺寸 $a \times b = 70$ mm$\times 70$ mm［见图 7-20（a）］，且每 4 皮砖设置一层钢筋网。本房屋环境类别为 1 类，设计使用年限 50 年，施工质量控制等级为 B 级。该墙承受轴心力设计值为 500 kN/m，试验算其受压承载力。

【解】横墙的砌体材料、钢筋及配筋构造，符合环境类别 1 的要求。

查表 3-5，$f = 2.31$ MPa（因采用水泥混合砂浆，且墙体截面面积大于 0.2 m²，该 f 值不需调整）。

该钢丝的抗拉强度设计值大于 320 N/mm²，取 $f_y = 320$ N/mm²。

$A_s = 12.6$ mm²，$a = b = 70$ mm，每皮砖以 65 mm 计。网格尺寸及间距符合构造要求。

由式（7-3）：

$$\rho = \frac{V_s}{V} = \frac{2A_s}{as_n} = \frac{2 \times 12.6}{70 \times 260} = 0.138\% \quad (0.1\% < 0.138\% < 1.0\%)$$

由式（7-2）：

$$f_n = f + 2\rho f_y = 2.31 + \frac{2 \times 0.138}{100} \times 320 = 3.19 \text{ MPa}$$

$$\beta = \frac{H_0}{h} = \frac{3.2}{0.24} = 13.3 < 16.0$$

由式（7-5）和式（7-4）：

$$\varphi = \varphi_{0n} = \frac{1}{1 + (0.0015 + 0.45\rho)\beta^2}$$

$$= \frac{1}{1 + \left(0.0015 + 0.45 \times \dfrac{0.138}{100}\right) \times 13.3^2} = \frac{1}{1.37} = 0.73$$

取 1 m 宽横墙进行验算，按式（7-1）验算，得

$\varphi_n f_n A = 0.73 \times 3.19 \times 240 \times 1000 \times 10^{-3} = 558.9$ kN> 500 kN，该横墙安全。

【讨论】该墙在满足承载力的要求下，可以选用不同的网格尺寸和网格间距。如设置网格尺寸如图 7-20（b）所示，并每隔 3 皮砖放一层钢筋网，即 $s_n = 195$ mm。按式（7-3）：

$$\rho = \frac{V_s}{V} = \frac{(a+b)A_s}{abs_n} = \frac{(105+80) \times 12.6}{105 \times 80 \times 195} = 0.142\%$$

此时的配筋率与上述 $\rho = 0.138\%$ 接近，且略大于 0.138%，该网状配筋砖墙的受压承载力亦能满足。

【例题 7-2】某网状配筋砖砌体房屋中一砖柱，截面尺寸为 370 mm$\times 490$ mm，柱的计算高度为 4.2 m。由 MU15 烧结多孔砖和 M10 水泥混合砂浆砌筑，配置直径 4 mm 的螺旋肋钢丝焊接方格钢筋网，网格尺寸为 50 mm$\times 50$ mm，每 3 皮砖设置一层钢筋网。本房屋的环境类别为 1 类，设计使用年限 50 年，施工质量控制等级为 B 级。该柱承受轴向力设计值为 240 kN，沿长边方向的弯矩设计值为 19.2 kN·m，试验算其受压承载力。

【解】砖柱的砌体材料、钢筋及配筋构造，符合环境类别 1 的要求。

$$e = \frac{M}{N} = \frac{19.2}{240} = 0.08 \text{ m}$$

$$\frac{e}{h} = \frac{0.08}{0.49} = 0.163 < 0.17$$

$$\beta = \frac{H_0}{h} = \frac{4.2}{0.49} = 8.57 < 16$$

由【例题 7-1】，$f_y = 320 \text{ N/mm}^2$，$A_s = 12.6 \text{ mm}^2$，$s_n = 195 \text{ mm}$。

$$\rho = \frac{V_s}{V} = \frac{2A_s}{as_n} = \frac{2 \times 12.6}{50 \times 195} = 0.258\% \quad (0.1\% < 0.258\% < 1.0\%)$$

查表 3-5，$f = 2.31 \text{ MPa}$。

因砌体截面面积 $A = 0.37 \times 0.49 = 0.181 \text{ m}^2 < 0.2 \text{ m}^2$，按 3.2.3 节中的规定，$\gamma_a = 0.8 + A = 0.8 + 0.181 = 0.981$。取 $f = 0.981 \times 2.31 = 2.27 \text{MPa}$。

由式（7-2）：

$$f_n = f + 2\left(1 - \frac{2e}{y}\right)\rho f_y = 2.27 + 2\left(1 - \frac{2 \times 0.08}{0.245}\right) \times \frac{0.258}{100} \times 320 = 2.27 + 0.57 = 2.84 \text{ MPa}$$

由式（7-5）：

$$\varphi_{0n} = \frac{1}{1 + (0.0015 + 0.45\rho)\beta^2} = \frac{1}{1 + \left(0.0015 + 0.45 \times \frac{0.258}{100}\right) \times 8.57^2} = 0.837$$

由式（7-4）：

$$\varphi_n = \frac{1}{1 + 12\left[\frac{e}{h} + \sqrt{\frac{1}{12}\left(\frac{1}{\varphi_{0n}}\right)}\right]^2} = \frac{1}{1 + 12\left[0.163 + \sqrt{\frac{1}{12}\left(\frac{1}{0.837} - 1\right)}\right]^2} = 0.5$$

上述 φ_{0n} 和 φ_n 亦可查表 7-1 而得。

按式（7-1）：

$$\varphi_n f_n A = 0.5 \times 2.84 \times 0.181 \times 10^3 = 257 \text{ kN} > 240 \text{ kN}$$

再对较小边长方向按轴心受压承载力验算：

$$\beta = \frac{4.2}{0.37} = 11.35$$

$$\varphi_n = \varphi_{0n} = \frac{1}{1 + \left(0.0015 + 0.45 \times \frac{0.258}{100}\right) \times 11.35^2} = 0.74$$

$$f_n = f + 2\rho f_y = 2.27 + \frac{2 \times 0.258}{100} \times 320 = 3.92 \text{ MPa}$$

按式（7-1）：

$$\varphi_n f_n A = 0.74 \times 3.92 \times 0.181 \times 10^3 = 525 \text{ kN} > 240 \text{ kN}$$

以上计算结果表明，该砖柱安全。

【例题 7-3】某房屋混凝土面层组合砖柱［截面尺寸如图 7-21（a）所示］，柱计算高度 6.0 m，砌体采用烧结多孔砖 MU15、水泥混合砂浆 M10 砌筑，面层混凝土 C20。本房屋的环境类别为 1 类，设计使用年限 50 年，施工质量控制等级为 B 级。承受轴向力 $N = 380 \text{ kN}$，沿截面长边方向作用的弯矩 $M = 185.0 \text{ kN·m}$。试按对称配筋选择柱截面钢筋。

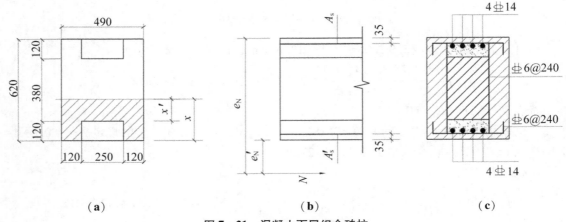

| （a） | （b） | （c） |

图 7-21　混凝土面层组合砖柱

【**解**】砖柱的砌体材料、混凝土、钢筋及配筋构造，符合环境类别 1 的要求。

（1）验算高厚比。

$$\beta = \frac{H_0}{h} = \frac{6.0}{0.49} = 12.24 < 1.2 \times 17 = 20.4$$

故符合要求。

（2）材料强度。

组合砖柱中砌体的截面面积为

$$0.49 \times 0.62 - 2 \times 0.12 \times 0.25 = 0.243\ 8\ \text{m}^2 > 0.2\ \text{m}^2$$

取 $\gamma_a = 1$，并由表 3-5 得 $f = 2.31$ MPa。$f_c = 9.6$ N/mm^2；选用 HRB400 级钢筋，$f_y = f'_y = 360$ N/mm^2。

（3）判别大、小偏心受压。

$$e = \frac{M}{N} = \frac{185 \times 10^3}{380} = 486.8\ \text{mm}$$

先假定为大偏心受压，由式（7-7）得 $N = fA' + f_c A'_c$。

设受压区高度为 x，并令 $x' = x - 120$，得

$$380 \times 10^3 = 2.31(2 \times 120 \times 120 + 490x') + 9.6 \times 250 \times 120$$

$$x' = \frac{11\ 026.84}{490} = 22.5\ \text{mm}$$

$$x = 120 + 22.5 = 142.5\ \text{mm}$$

$$\xi = \frac{x}{h_0} = \frac{142.5}{620 - 35} = 0.244 < 0.49$$

上述大偏心受压假设成立。

（4）计算参数。

$$S_s = (490 \times 142.5 - 250 \times 120)\left[620 - 35 - \frac{490 \times 142.5^2 - 250 \times 120^2}{2(490 \times 142.5 - 250 \times 120)}\right]$$

$$= 39\ 825 \times 505.3 = 20.12 \times 10^6\ \text{mm}^3$$

$$S_{c,s} = 250 \times 120\left(620 - 35 - \frac{120}{2}\right) = 250 \times 120 \times 525 = 15.75 \times 10^6\ \text{mm}^3$$

$$\beta = \frac{H_0}{h} = \frac{6.0}{0.62} = 9.7$$

由式（7-12）：

$$e_a = \frac{\beta^2 h}{2\,200}(1-0.022\beta) = \frac{9.7^2 \times 620}{2\,200}(1-0.022 \times 9.7) = 20.86 \text{ mm}$$

由式（7-10）：

$$e_N = e + e_a + \left(\frac{h}{2} - a_s\right) = 486.8 + 20.86 + \left(\frac{620}{2} - 35\right) = 782.66 \text{ mm}$$

（5）选择钢筋。

由式（7-8）：

$$380 \times 10^3 \times 782.66 = 2.31 \times 20.12 \times 10^6 + 9.6 \times 15.75 \times 10^6 + 1.0 \times 360 \times (585-35) A'_s$$

解得

$$A'_s = \frac{99\,733\,600}{198\,000} = 503.7 \text{ mm}^2$$

选用 4 $\underline{\Phi}$ 14（$A'_s = 615$ mm²）。

每侧钢筋配筋率为

$$\rho = \frac{615}{490 \times 620} = 0.2\%$$

故符合构造要求。截面配筋见图 7-21（c）。

【例题 7-4】某 240 mm 厚横墙，其计算高度 $H_0 = 4.2$ m，轴心压力 $N = 405.0$ kN，采用烧结多孔砖 MU15 和水泥混合砂浆 M7.5。本房屋的环境类别为 1 类，设计使用年限 50 年，施工质量控制等级为 B 级。试按砖砌体和钢筋混凝土构造柱组合墙进行设计。

【解】横墙的砌体材料、混凝土、钢筋及配筋构造，符合环境类别 1 的要求。

（1）选择构造柱。

设钢筋混凝土构造柱间距为 3.0 m，截面为 240 mm × 240 mm，混凝土 C20（$f_c = 9.6$ N/mm²），配置 4 $\underline{\Phi}$ 12 钢筋（$f'_y = 360$ N/mm²，$A'_s = 452$ mm²）。

由表 3-5 得 $f = 2.07$ MPa。

（2）验算受压承载力。

由式（7-17）：

$$\frac{l}{b_c} = \frac{3}{0.24} = 12.5 > 4$$

$$\eta = \left(\frac{1}{\frac{l}{b_c} - 3}\right)^{\frac{1}{4}} = \left(\frac{1}{12.5 - 3}\right)^{\frac{1}{4}} = 0.57$$

$$\beta = \frac{H_0}{h} = \frac{4.2}{0.24} = 17.5 < \mu_c\,[\beta] = \left(1 + \gamma\,\frac{b_c}{l}\right) = \left(1 + 1.5 \times \frac{0.24}{3}\right) \times 24 = 1.12 \times 24 = 26.88$$

因墙体配筋率低，取 $\varphi_{com} = \varphi = 0.68$。

由式（7-16）：

$$\varphi_{com}[fA + \eta(f_c A_c + f'_y A'_s)]$$

$$= 0.68\,[2.07 \times (3\,000 - 240) \times 240 + 0.57 \times (9.6 \times 240 \times 240 + 360 \times 452)] \times 10^{-3}$$

$$= 0.68 \times 1\,779\,105.6 \times 10^{-3} = 1\,209.8 \text{ kN} < 3 \times 405 = 1\,215 \text{ kN}$$

故承载力不满足要求。

（3）提高承载力。

此时宜减小构造柱间距，以提高受压承载力。设构造柱间距为 2.0 m，则

$$\frac{l}{b_c}=\frac{2.0}{0.24}=8.33$$

$$\eta=\left(\frac{1}{8.33-3}\right)^{\frac{1}{4}}=0.658$$

$$\mu_c=1+1.5\times\frac{0.24}{2}=1.18$$

故高厚比满足要求。

按式（7-16）验算受压承载力：

$$\varphi_{com}[fA+\eta(f_cA_c+f'_yA'_s)]$$

$$=0.68\ [2.07\ (2\,000-240)\times240+0.658\ (9.6\times240\times240+360\times452)\ ]\times10^{-3}$$

$$=0.68\times1\,345\,285.4\times10^{-3}=914.8\ kN>2\times405=810\ kN$$

故承载力满足要求。

【例题 7-5】某砌体结构房屋采用配筋混凝土砌块砌体剪力墙承重，其中一墙肢墙高 4.4 m，截面尺寸为 190 mm×5 500 mm，采用混凝土砌块 MU20（孔洞率 45%）、专用砂浆 Mb15 砌筑和 Cb30 混凝土灌孔，配筋如图 7-22 所示。本房屋的环境类别为 1 类，设计使用 年限 50 年，施工质量控制等级为 A 级。墙肢承受的内力 $N=1\,935.0\ kN$，$M=1\,800.0\ kN\cdot m$，$V=400.0\ kN$。试验算该墙肢的承载力。

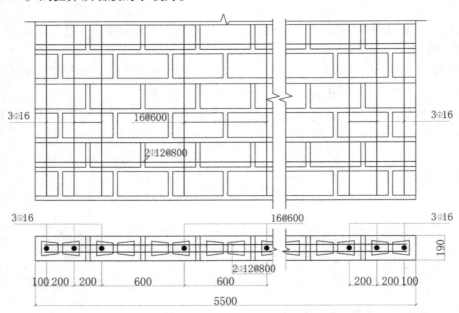

图 7-22　例题 7-5 墙肢配筋图

【解】剪力墙采用的砌筑材料、混凝土、钢筋及配筋构造，符合环境类别 1 的要求。

（1）强度指标。

为了确保高层配筋砌块砌体剪力墙的可靠度，该剪力墙的施工质量控制等级为 A 级，但

计算中仍采用施工质量控制等级为 B 级的强度指标。

查表 3-8，得 $f = 5.68$ MPa；Cb30 混凝土，$f_c = 14.3$ N/mm^2。

竖向钢筋采用 HRB335 级钢筋，$f_y = f_y' = 300$ N/mm^2；水平钢筋采用 HPB300 级钢筋，$f_y = 270$ N/mm^2。

竖向分布钢筋间距为 600 mm，并取灌孔率 $\rho = 33\%$，由式（3-14），$\alpha = \delta\rho = 0.45 \times 0.33 = 0.15$。

由式（3-13）：

$$f_g = f + 0.6\alpha f_c = 5.68 + 0.6 \times 0.15 \times 14.3 = 6.97 \text{ MPa} < 2f$$

由图 7-22 可知，剪力墙端部设置 3⚎16 竖向受力主筋，配筋率为 0.53%；竖向分布钢筋⚎16@600，配筋率为 0.176%；水平分布钢筋 2Φ12@800，配筋率 0.15%。

所选用钢筋均满足构造要求。

（2）偏心受压正截面承载力验算。

轴向力的初始偏心距：

$$e = \frac{M}{N} = \frac{1\,800 \times 10^3}{1\,935} = 930.2 \text{ mm}$$

$$\beta = \frac{H_0}{h} = \frac{4.4}{5.5} = 0.8$$

由式（7-12）：

$$e_a = \frac{\beta^2 h}{2\,200}(1 - 0.022\beta) = \frac{0.8^2 \times 5\,500}{2\,200}(1 - 0.022 \times 0.8) = 1.57 \text{ mm}$$

由式（7-10）：

$$e_N = e + e_a + \left(\frac{h}{2} - a_s\right) = 930.2 + 1.57 + \left(\frac{5\,500}{2} - 300\right) = 3\,381.77 \text{ mm}$$

$$\rho_w = \frac{201.1}{190 \times 600} = 0.176\%$$

$$h_0 = h - a_s' = 5\,500 - 300 = 5\,200 \text{ mm}$$

因采用对称配筋，由式（7-30）：

$$x = \frac{N + f_{yw}\rho_w b h_0}{(f_g + 1.5 f_{yw}\rho_w)b} = \frac{1\,935 \times 10^3 + 300 \times 0.001\,76 \times 190 \times 5\,200}{(6.97 + 1.5 \times 300 \times 0.001\,76) \times 190}$$

$$= 1\,666 \text{ mm} \quad (600 = 2a_s' < 1\,666 << \xi_b h_0 = 2\,860)$$

故为大偏心受压，应按式（7-25）进行验算。其中 $Ne_N = 1\,935 \times 3\,381.77 \times 10^{-3} = 6\,543.7$ kN·m

$$\sum f_{yi}S_{si} = 0.5 f_{yw}\rho_w b(h_0 - 1.5x)^2$$

$$= [0.5 \times 300 \times 0.001\,76 \times 190 \times (5\,200 - 1.5 \times 1\,666)^2] \times 10^{-6} = 365.9 \text{ kN·m}$$

按式（7-25）：

$$f_g bx\left(h_0 - \frac{x}{2}\right) + f_y' A_s'(h_0 - a_s') - \sum f_{yi}S_{si}$$

$$= \left[6.97 \times 190 \times 1\,666\left(5\,200 - \frac{1\,666}{2}\right) + 300 \times 603(5\,200 - 300)\right] \times 10^{-6} - 365.9$$

$$= 10\,155.4 \text{ kN·m} > 6\,543.7 \text{ kN·m}$$

故满足要求。

（3）平面外轴心受压承载力验算。

$$\beta = \frac{H_0}{h} = \frac{4\,400}{190} = 23.16$$

由式（7－20）：

$$\varphi_{0g} = \frac{1}{1+0.001\beta^2} = \frac{1}{1+0.001\times23.16^2} = 0.65$$

按式（7－19）：

$$\varphi_{0g}(f_g A + 0.8 f_y' A_s')$$
$$= 0.65[6.97\times190\times5\,500 + 0.8\times300(6\times201.1 + 0.001\,76\times190\times4\,500)]\times10^{-3}$$
$$= 5\,157.4\ \text{kN} > 1\,935\ \text{kN}$$

故满足要求。

（4）偏心受压斜截面受剪承载力验算。

按式（7－41）：

$$0.25 f_g b h_0 = 0.25\times6.97\times190\times(5\,500-300)\times10^{-3} = 1\,721.6\ \text{kN} > 400\ \text{kN}$$

该墙肢截面符合要求。

由式（7－43）：

$$\lambda = \frac{M}{V h_0} = \frac{1\,800\times10^3}{400\times5\,200} = 0.87 < 1.5$$

取 $\lambda = 1.5$，$0.25 f_g bh = 1\,820.9\ \text{kN} < 1\,935.0\ \text{kN}$，取 $N = 1\,820.9\ \text{kN}$。

由式（3－15）：

$$f_{vg} = 0.2 f_g^{0.55} = 0.2\times6.97^{0.55} = 0.58\ \text{MPa}$$

按式（7－42）：

$$\frac{1}{\lambda-0.5}\left(0.6 f_{vg} b h_0 + 0.12 N \frac{A_W}{A}\right) + 0.9 f_{yh} \frac{A_{sh}}{s} h_0$$
$$= \left(0.6\times0.58\times190\times5\,200 + 0.12\times1\,820.9\times10^3 + 0.9\times270\times\frac{2\times113.1}{800}\times5\,200\right)\times10^{-3}$$
$$= 919.6\ \text{kN} > 400.0\ \text{kN}$$

故满足要求。

【例题7－6】某非抗震区住宅工程的工程概况：该工程地处某城市地段，场地类别为中软场地土。为七层住宅。总长 16.1 m，总宽12 m，底层层高 3.6 m，其余各层层高为 3 m，总高 21.6 m，建筑总面积 1 300 m² 左右。最大高宽比为1.8。结构体系采用配筋砌块砌体剪力墙结构体系，所有承重墙均为 190 mm 厚的灌孔配筋砌块墙体砌体 $\delta = 0.46$，施工质量控制等级为 B 级，楼面和屋面均采用钢筋混凝土现浇。本工程采用桩基础，持力层为中风化泥质粉砂岩层。城市基本风压 W_0 为 0.45 kN/m²，基本雪压 $S_0 = 0.40$ kN/m²。建筑平面图如图 7－23 所示，试验算墙体的抗震承载力。

【解】（1）荷载计算。

①结构荷载。

a. 活荷载标准值：

楼面：2.0 kN/m²；

屋面：0.7 kN/m²；

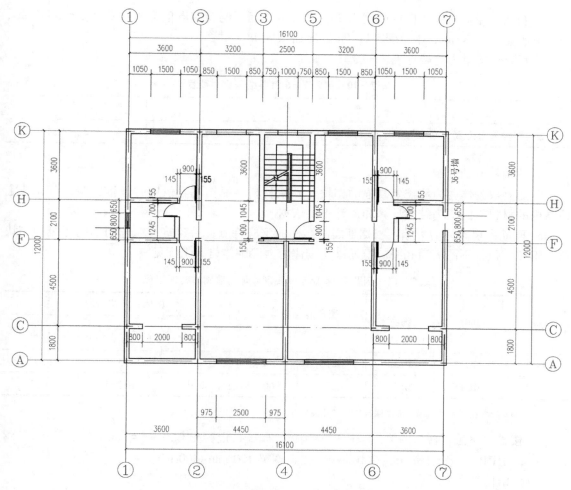

图 7-23 例题 7-6 建筑平面图

厨房、厕所：2.0 kN/m²；

走廊、楼梯、门厅：2.0 kN/m²；

消防楼梯：3.5 kN/m²。

b. 风荷载：城市基本风压为 $W_0 = 0.45$ kN/m²。

c. 雪荷载：基本雪压为 $S_0 = 0.40$ kN/m²。

d. 墙体自重：砌块空心率按 46% 计算。内墙采用 190 mm 厚不同灌孔率的墙体，双面抹灰20 mm厚。外墙为 190 mm 厚砌块。墙体自重见表 7-9。

表 7-9　例题 7-6 墙体自重　　　　　　　　　　　　　　　　　　　　　kN/m²

灌孔率	内墙	外墙
0	3.27	3.92
50%	4.36	5.01
100%	5.46	6.11

注：表中数值包括门窗自重。

e. 楼盖与屋盖自重：楼板厚度为 80～130 mm，面层的荷载取值为水磨石地面3.5 kN/m²，卧室木地板 3.7 kN/m²，卫生间 5 kN/m²，屋面 4.96 kN/m²。

②每层结构重力荷载见表 7-10。

表 7-10 例题 7-6 每层结构重力荷载　　　　　　　　　　　　　kN

结构层	1	2～6	7
每层结构重力荷载	2 500	2 191	2 379

③结构材料的选用。

配筋砌块砌体剪力墙需要高强的砌块、砂浆材料，根据材料供应、工程经验，首先选定该结构的材料组配，为结构计算和设计提供依据。

a. 配筋砌块砌体剪力墙。根据地震区结构的反应特点，沿建筑高度选用不同等级的砌块材料组配，包括不同的灌孔率。配筋砌块砌体剪力墙砌体材料组配见表 7-11。

表 7-11 例题 7-6 配筋砌块砌体剪力墙砌体材料组配

楼层	砌块	砂浆	灌孔混凝土等级及灌孔率		砌体计算指标/MPa		
					f_g	$E = 1\ 700f_g$	$f_{vg} = 0.2f_g^{0.55}$
1～2	MU15	Mb15	Cb30	100%	8.56	1.455×10^4	0.65
3～7	MU15	Mb10	Cb25	66%	6.19	1.052×10^4	0.55

注：33% 的灌孔率未计入墙端部加强部位的灌孔混凝土。

b. 楼盖、屋盖、板、圈梁。采用现浇楼盖、屋盖，混凝土 C20，$f_c = 9.6$ MPa，$E_c = 2.55\times10^4$ MPa，HRB335 级钢筋，$f_y = 300$ MPa，楼盖圈梁 190 mm×400 mm。

（2）结构受力分析。

本工程采用高层配筋砌块砌体剪力墙计算软件对结构进行内力及承载力计算。

①风荷载产生的剪力见表 7-12。

表 7-12 例题 7-6 风荷载产生的剪力　　　　　　　　　　　　　kN

楼层号	风荷载产生的各层剪力	
	X 轴方向	Y 轴方向
7	23.2	31
6	44.7	59.5
5	64.5	85.9
4	82.7	110.2
3	99.4	132.5
2	114.6	152.8
1	130.9	174.7

②风荷载作用下的结构顶点位移和最大层间位移角均满足规范要求，见表 7-13。

表 7 - 13　例题 7 - 6 结构顶点位移和最大层间位移角

类别		顶点位移		层间位移角	
		u/mm	u/H	$\triangle u/h$	允许值
风荷载	X 轴方向	0.1	1/9 999	1/9 999	1/1 100
	Y 轴方向	0.1	1/9 999	1/9 999	1/1 100

（3）墙体设计。

①墙体配筋。

a. 墙体构造配筋。配筋砌块砌体剪力墙配筋除按计算外，还应满足规范规定的构造要求。构造配筋包括墙体竖向和水平方向的均匀配筋及墙端 600 mm 范围内的竖向集中配筋。本工程选择墙体的配筋见表 7 - 14。

表 7 - 14　例题 7 - 6 墙体的配筋

层数	竖向配筋及配筋率				水平配筋及配筋率	
	墙端约束区配筋及配筋率		非墙端约束区配筋及配筋率			
1~2	3 Φ16	0.53%	Φ 12@ 600	0.099%	2 Φ10@ 600	0.137%
3~7	3 Φ14	0.41%	Φ 12@ 600	0.099%	2 Φ8@ 600	0.088%

b. 墙体的承载力验算。取底层 36 号墙进行验算，其计算数据如下：

墙片截面内力：$N = 831$ kN，$M = 103$ kN·m，$V = 28$ kN；

墙片尺寸：$b \times h \times l = 190$ mm×3 600 mm×4 700 mm；

砌体组成材料的强度等级：混凝土砌块 MU15，砌块专用砂浆 Mb15，灌孔混凝土 Cb30，$f_c = 14.3$ MPa；

钢筋的强度等级：竖向钢筋为 HRB335 级钢筋，强度设计值 $f_y = 300$ MPa；水平钢筋为 HPB300 级钢筋，强度设计值 $f_y = 270$ MPa；

该片墙的配筋情况：竖向受力钢筋为 3 Φ16（对称布置），其配筋率为 0.53%；竖向分布钢筋为Φ 12@ 600，其配筋率为 0.099%；水平分布钢筋为 2 Φ10@ 600，其配筋率为 0.137%。需验算的墙片如图 7 - 24 所示。

（a）混凝土灌孔砌块砌体的抗压强度设计值的计算。

由混凝土砌块 MU15，砌块专用砂浆 Mb15，知混凝土砌块砌体的抗压强度设计值 $f = 4.61$ MPa；因竖向分布钢筋间距为 600 mm，其灌孔率 $\rho = 100\%$，则

$$\alpha = \delta\rho = 0.46 \times 1 = 0.46$$

$$f_g = f + 0.6\alpha f_c = 4.61 + 0.6 \times 0.46 \times 14.3 = 8.56 \text{ MPa} < 2f$$

（b）偏心受压时正截面抗弯验算（平面内）。

轴向力的初始偏心距：$e = M/N = 103 \times 10^3 / 831 = 123.95$ mm

$$\beta = H_0/h = 3.6/4.5 = 0.8$$

配筋砌体构件在轴向力作用下的附加偏心距：

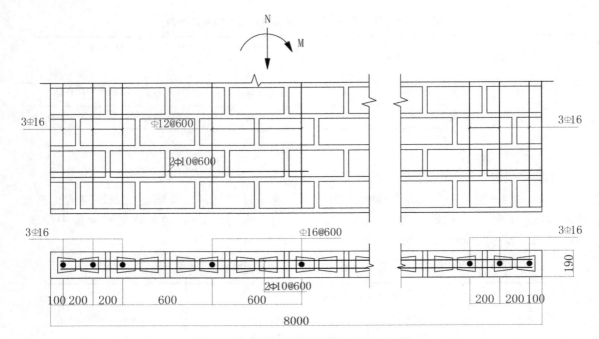

图 7-24 例题 7-6 需验算的墙片配筋图

$$e_a = \frac{\beta^2 h}{2\,200}\ (1-0.022\beta) = \frac{0.8^2 \times 4\,500}{2\,200}\ (1-0.022 \times 0.8) = 1.286 \text{ mm}$$

轴向力作用点到竖向受拉主筋合力点之间的距离：

$$e_N = e + e_a + (h/2 - a_s) = 123.95 + 1.286 + (4\,500/2 - 300) = 2\,075.24 \text{ mm}$$

假定为大偏心受压，对称配筋：

$$x = \frac{N + f_{yw}\,\rho_w bh_0}{(f_g + 1.5 f_{yw}\,\rho_w)\,b} = \frac{831 \times 10^3 + 300 \times 0.000\,99 \times 190 \times 4\,200}{(8.56 + 1.5 \times 300 \times 0.000\,99) \times 190}$$

$$= \frac{1\,068\,006}{1\,711} = 624.2 \text{ mm}\quad (600 = 2a'_s < 624.2 < \xi_b h_0 = 2\,226)$$

故该墙为大偏心受压。

$$Ne_N = 831 \times 2\,075.24 \times 10^{-3} = 1\,724.5 \text{ kN} \cdot \text{m}$$

$$\sum f_{yi} A_{si} = 0.5 f_{yw}\rho_w b (h_0 - 1.5x)^2$$

$$= [0.5 \times 300 \times 0.000\,99 \times 190 \times (4\,200 - 1.5 \times 624.2)^2] \times 10^{-6}$$

$$= 300.54 \text{ kN} \cdot \text{m}$$

$$f_g bx (h_0 - x/2) + f'_y A'_s (h_0 - a'_s) - \sum f_{yi} S_{si}$$

$$= [8.56 \times 190 \times 624.2 \times (4\,200 - 885.8/2) + 300 \times 603 \times (4\,200 - 300)] \times 10^{-6} - 300.54$$

$$= 3\,814 + 705.51 - 300.54 = 4\,218.97 \text{ kN} \cdot \text{m} > Ne_N = 1\,724.5 \text{ kN} \cdot \text{m}$$

故满足要求。

（c）偏心受压时斜截面抗剪承载力验算。

截面复核：

$$剪跨比\ \lambda = M/Vh_0 = 103 \times 10^3 / (28 \times 4\,200) = 0.876 < 1.5$$

故取 $\lambda = 1.5$，则 $0.15 f_g bh = 0.15 \times 8.56 \times 190 \times 4\,500 \times 10^{-3} = 1\,097.82 \text{ kN} > V = 28 \text{ kN}$。

192

斜截面承载力：

$$0.2f_gbh = 0.2 \times 8.56 \times 190 \times 4\,500 \times 10^{-3} = 1\,463.76 \text{ kN} > N = 831 \text{ kN}$$

故正应力贡献 N 取 1 463.76 kN。

$$f_{vg} = 0.2f_g^{0.55} = 0.2 \times 8.56^{0.55} = 0.65 \text{ MPa}$$

$$\frac{1}{\lambda - 0.5}\left(0.48f_{vg}bh_0 + 0.1N\frac{A_W}{A}\right) + 0.72f_{yh}\frac{A_{sh}}{s}h_0$$

$$= \left[(0.48 \times 0.65 \times 190 \times 4\,200 + 0.1 \times 1\,463.76 \times 10^3) + 0.72 \times 270 \times \frac{2 \times 78.5}{600} \times 4\,200\right] \times 10^{-3}$$

$$= 248.98 + 146.4 + 213.65 = 609.03 \text{ kN} > V = 28 \text{ kN}$$

计算结果表明，材料及配筋设计满足要求，而且结构有较大的富余度。

②墙端约束区计算：验算是否需要配置约束箍筋。

墙片最大压应力：$\sigma = \dfrac{N}{A} + \dfrac{M}{W}$，$A = 190 \times 4\,500 = 855 \times 10^3 \text{ mm}^2$

$$W = \frac{1}{6} \times 190 \times 4\,500^2 = 641.25 \times 10^6 \text{ mm}^3$$

$$\sigma = \frac{831 \times 10^3}{855 \times 10^3} + \frac{103 \times 10^6}{641.25 \times 10^6} = 0.97 + 0.16 = 1.13 \text{ MPa} < 0.5f_g = 2.95 \text{ MPa}$$

由计算知可以不设约束箍筋。

【例题 7-7】某 6 度抗震设防地区住宅工程：该工程地处一城市某中心地段，场地类别为中软场地土，为Ⅱ类建筑场地。近震，抗震设防烈度为 6 度，抗震设防类别为丙类，设计地震分组为第一组，抗震等级为三级。为七层住宅。总长 16.10 m，总宽 12 m，底层层高3.6 m，其余各层层高为 3.0 m，总高 21.6 m，建筑总面积 1 300 m² 左右。最大高宽比为 1.8。结构体系采用配筋砌块砌体剪力墙结构体系，所有承重墙均为 190 mm 厚的灌孔配筋砌块墙体，施工质量控制等级为 A 级。楼面和屋面均采用钢筋混凝土现浇。本工程采用桩基础，持力层为中风化泥质粉砂岩层。城市基本风压 W_0 为 0.45 kN/m²，基本雪压 $S_0 = 0.40$ kN/m²。建筑平面图见图 7-23。

【解】（1）荷载计算。

①结构荷载。

a. 活荷载标准值：

楼面：2.0 kN/m²；

屋面：0.7 kN/m²；

厨房、厕所：2.0 kN/m²；

走廊、楼梯、门厅：2.0 kN/m²；

消防楼梯：3.5 kN/m²。

b. 风荷载：城市基本风压为 $W_0 = 0.45$ kN/m²；

c. 雪荷载：基本雪压为 $S_0 = 0.40$ kN/m²；

d. 墙体自重：砌块空心率按 46% 计算。内墙采用 190 mm 厚不同灌孔率的墙体，双面抹灰 20 mm 厚。外墙为 190 mm 厚砌块。墙体自重见表 7-15。

灌孔率	内墙	外墙
0	3.27	3.92
50%	4.36	5.01
100%	5.46	6.11

注：表中数值包括门窗自重。

e. 楼盖与屋盖自重：楼板厚度为 80~130 mm，面层的荷载取值为水磨石地面 3.5 kN/m²，卧室木地板 3.7 kN/m²，卫生间 5 kN/m²，屋面 4.96 kN/m²。

f. 地震作用设计参数：近震，抗震设防烈度为 6 度，设计基本加速度为 $0.05g$，抗震设防类别为丙类，设计地震分组为第一组，抗震等级按三级考虑。

②每层结构重力荷载见表 7-16。

表 7-16 例题 7-7 每层结构重力荷载   kN

结构层	1	2-6	7
每层结构重力荷载	2 500	2 191	2 379

③结构材料的选用。

配筋砌块砌体剪力墙需要高强的砌块、砂浆材料，根据材料供应、工程经验，首先选定该结构的材料组配，为结构计算和设计提供依据。

a. 配筋砌块砌体剪力墙。根据地震区结构的反应特点，沿建筑高度选用不同等级的砌块材料组配，包括不同的灌孔率。配筋砌块砌体剪力墙砌体材料组配见表 7-17。

表 7-17 例题 7-7 配筋砌块砌体剪力墙砌体材料组配

楼层	砌块	砂浆	灌孔混凝土等级及灌孔率		砌体计算指标/MPa		
					f_g	$E=1700f_g$	$f_{vg}=0.2f_g^{0.55}$
1~2	MU20	Mb15	Cb30	100%	9.63	1.637×10^4	0.70
3~7	MU15	Mb15	Cb25	66%	6.87	1.152×10^4	0.57

注：33% 的灌孔率未计入墙端部加强部位的灌孔混凝土。

b. 楼盖、屋盖、板、圈梁。采用现浇楼盖、屋盖，混凝土 C20，$f_c = 9.6$ MPa，$E_c = 2.55 \times 10^4$ MPa，HRB335 级钢筋，$f_y = 300$ MPa，楼盖圈梁为 190 mm×400 mm。

（2）结构受力分析。

本工程采用高层配筋砌块砌体剪力墙计算软件对结构进行内力及承载力计算。

①结构自振周期（考虑扭转耦联）：$T_1 = 0.292\,5s$，$T_2 = 0.197\,1s$，$T_3 = 0.151\,9s$。

②地震作用与风荷载产生的剪力见表 7-18。

表 7 - 18　例题 7 - 7 地震作用与风荷载产生的剪力　　　　　　　　　　　kN

楼层号	地震作用产生的各层剪力		风荷载产生的各层剪力	
	X 轴方向	Y 轴方向	X 轴方向	Y 轴方向
7	55.03	60.48	23.2	31
6	101.35	109.66	44.7	59.5
5	140.36	149.7	64.5	85.9
4	171.215	180.12	82.7	110.2
3	192.625	200.96	99.4	132.5
2	205.115	212.97	114.6	152.8
1	211.015	218.84	130.9	174.7

③地震和风荷载作用下的结构顶点位移和最大层间位移角均满足规范要求，见表 7 - 19。

表 7 - 19　例题 7 - 7 结构顶点位移和最大层间位移角

类别		顶点位移		层间位移角	
		u/mm	u/H	$\triangle u/h$	允许值
风荷载	X 轴方向	0.1	1/9 999	1/9 999	1/1 100
	Y 轴方向	0.1	1/9 999	1/9 999	1/1 100
地震	X 轴方向	1.1	1/9 999	1/9 999	1/1 000
	Y 轴方向	0.5	1/9 999	1/9 999	1/1 000

（3）墙体设计。

①墙体配筋。

a. 墙体构造配筋。配筋砌块砌体剪力墙配筋除按计算外，首先应满足规范规定的构造要求。构造配筋包括墙体竖向和水平方向的均匀配筋及墙端 600 mm 范围内的竖向集中配筋。本工程的抗震等级为三级，选择墙体的配筋如表 7 - 20。

表 7 - 20　例题 7 - 7 墙体的配筋

层数	竖向配筋及配筋率				水平配筋及配筋率	
	墙端约束区配筋及配筋率		非墙端约束区配筋及配筋率			
1~2	3 ⚊ 18	0.67%	⚊ 14@ 600	0.135%	2 ⚊ 12@ 600	0.198%
3~7	3 ⚊ 16	0.53%	⚊ 12@ 600	0.099%	2 ⚊ 10@ 600	0.137%

b. 墙体的承载力验算。取底层 36 号墙进行验算，其计算数据如下：

墙片截面内力：$N = 831$ kN，$M = 103$ kN·m，$V = 28$ kN。

墙片尺寸：$b \times h \times l = 190 \ \mathrm{mm} \times 3\ 600 \ \mathrm{mm} \times 4\ 700 \ \mathrm{mm}$。

砌体组成材料的强度等级：混凝土砌块 MU20，砌块专用砂浆 Mb15，灌孔混凝土 Cb30，$f_c = 14.3 \ \mathrm{MPa}$。

钢筋的强度等级：竖向钢筋为 HRB335 级钢筋，强度设计值 $f_y = 300 \ \mathrm{MPa}$；水平钢筋为 HPB300 级钢筋，强度设计值 $f_y = 270 \ \mathrm{MPa}$。

抗震等级：三级抗震等级，加强区剪力调整系数为 1.2；承载力抗震调整系数 0.85。

该片墙的配筋情况：竖向受力钢筋为 3 ⌀18（对称布置），其配筋率为 0.67%；竖向分布钢筋为⌀14@600，其配筋率为 0.135%；水平分布钢筋 2 Φ12@600，其配筋率为 0.198%。需验算的墙片如图 7-25 所示。

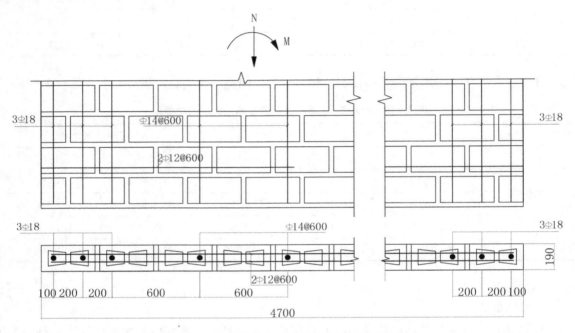

图 7-25　例题 7-7 需验算的墙片配筋图

c. 混凝土灌孔砌块砌体的抗压强度设计值的计算。

由混凝土砌块 MU20，砌块专用砂浆 Mb15，知混凝土砌块砌体的抗压强度设计值 $f = 5.68 \ \mathrm{MPa}$；因竖向分布钢筋间距为 600 mm，其灌孔率 $\rho = 100\%$，则

$$\alpha = \delta \rho = 0.46 \times 1 = 0.46$$

$$f_g = f + 0.6 \alpha f_c = 5.68 + 0.6 \times 0.46 \times 14.3 = 9.63 \ \mathrm{MPa} < 2f$$

d. 偏心受压时正截面抗弯验算（平面内）。

轴向力的初始偏心距：

$$e = M/N = 103 \times 10^3 / 831 = 123.95 \ \mathrm{mm},$$

$$\beta = H_0/h = 3.6/4.5 = 0.8$$

配筋砌体构件在轴向力作用下的附加偏心距：

$$e_a = \frac{\beta^2 h}{2\ 200}\ (1 - 0.022\beta) = \frac{0.8^2 \times 4\ 500}{2\ 200}\ (1 - 0.022 \times 0.8) = 1.286 \ \mathrm{mm}$$

轴向力作用点到竖向受拉主筋合力点的距离：

196

$$e_N = e + e_a + (h/2 - a_s) = 123.95 + 1.286 + (4\,500/2 - 300) = 2\,075.24 \text{ mm}$$

假定为大偏压，对称配筋，则

$$x = \frac{\gamma_{RE} N + f_{yw} \rho_w b h_0}{(f_g + 1.5 f_{yw} \rho_w)\, b} = \frac{0.85 \times 831 \times 10^3 + 300 \times 0.001\,35 \times 190 \times 4\,200}{(9.63 + 1.5 \times 300 \times 0.001\,35) \times 190}$$

$$= \frac{1\,029\,540}{1\,945} = 529.3 \text{ mm} \quad (600 = 2a_s' < 529.3 < \xi_b h_0 = 2\,226)$$

故该墙为大偏心受压。

$$N e_N = 831 \times 2\,075.24 \times 10^{-3} = 1\,724.5 \text{ kN} \cdot \text{m}$$

$$\sum f_{yi} A_{si} = 0.5 f_{yw} \rho_w b (h_0 - 1.5x)^2$$

$$= [0.5 \times 300 \times 0.001\,35 \times 190 \times (4\,200 - 1.5 \times 529.3)^2] \times 10^{-6} = 446.36 \text{ kN} \cdot \text{m}$$

$$\frac{1}{\gamma_{RE}} \left[f_g b x \left(h_0 - \frac{x}{2} \right) + f_y' A_s' (h_0 - a_s') - \sum f_{yi} A_{si} \right]$$

$$= \frac{1}{0.85} \{ [9.63 \times 190 \times 529.3 \times (4\,200 - 529.3/2) + 300 \times 763 \times (4\,200 - 300)] \times 10^{-6} - 446.36 \}$$

$$= (4\,703.93 - 446.36)/0.85 = 5\,008.91 \text{ kN} \cdot \text{m} > N e_N = 1\,724.5 \text{ kN} \cdot \text{m}$$

故满足要求。

e. 偏心受压时斜截面抗剪承载力验算。

截面复核：

剪跨比 $\lambda = M/V h_0 = 103 \times 10^3 / (28 \times 4\,200) = 0.876 < 1.5$，取 $\lambda = 1.5$，则

$$\frac{1}{\gamma_{RE}} 0.15 f_g b h = \frac{1}{0.85} \times 0.15 \times 9.63 \times 190 \times 4\,500 \times 10^{-3}$$

$$= 1\,453 \text{ kN} > V_W = 1.2V = 33.6 \text{ kN}$$

斜截面承载力：

$0.2 f_g b h = 0.2 \times 9.63 \times 190 \times 4\,500 \times 10^{-3} = 1\,646.73$ kN $> N = 831$ kN，正应力贡献 N 取 $1\,646.73$ kN。

$$f_{vg} = 0.2 f_g^{0.55} = 0.2 \times 9.63^{0.55} = 0.7 \text{ MPa}$$

$$\frac{1}{\gamma_{RE}} \left[\frac{1}{\lambda - 0.5} \left(0.48 f_{vg} b h_0 + 0.1 N \frac{A_W}{A} \right) + 0.72 f_{yh} \frac{A_{sh}}{s} h_0 \right]$$

$$= \frac{1}{0.85} \times \left[(0.48 \times 0.7 \times 190 \times 4\,500 + 0.1 \times 1\,646.73 \times 10^3) + 0.72 \times 270 \times \frac{2 \times 113.1}{600} \times 4\,500 \right] \times 10^{-3}$$

$$= \frac{1}{0.85} \times (287.28 + 164.67 + 329.80) = \frac{781.75}{0.85} = 919.71 \text{ kN} > V = 28 \text{ kN}$$

计算结果表明，材料及配筋设计满足要求，而且结构有较大的富余度。

②墙端约束区计算：验算是否需要配置约束箍筋。

墙片最大压应力：$\sigma = \dfrac{N}{A} + \dfrac{M}{W}$，$A = 190 \times 4\,500 = 855 \times 10^3 \text{ mm}^2$

$$W = \frac{1}{6} \times 190 \times 4\,500^2 = 641.25 \times 10^6 \text{ mm}^3$$

$$\sigma = \frac{831 \times 10^3}{855 \times 10^3} + \frac{103 \times 10^6}{641.25 \times 10^6} = 0.97 + 0.16 = 1.13 \text{ MPa} < 0.5 f_g = 3.49 \text{ MPa}$$

从计算知可以不设约束箍筋，但建议在设计中在底部两层加强层中设置约束箍筋以提高墙体的抗震性能和抗弯能力。

本章小结

（1）裂缝出现前，网状配筋砖砌体与无筋砖砌体的受力特征基本相似，裂缝出现以后，网状配筋砖砌体第一批裂缝为单块砖内产生的细小裂缝，随着压力的增加，裂缝数目增加，但单条裂缝的发展较缓慢，由于钢筋网的存在，网状配筋砖砌体构件无法形成贯通整个柱子的裂缝，压力增至极限值时，砌体内的砖被完全压碎，构件破坏。当网状配筋砖砌体构件下端与无筋砌体交接时，还应验算无筋砌体的局部受压承载力。

（2）组合砖砌体构件，是指在砖砌体内部配置钢筋混凝土（或钢筋砂浆）部件组合而成的砌体。对于砖墙和组合砌体一同砌筑的T形截面构件，其高厚比和承载力可按矩形截面组合砖砌体构件计算，是偏于安全的。

（3）配筋砌块砌体构件具有良好的抗压、抗拉和抗剪性能，且抗震性能优良。配筋砌块砌体剪力墙，宜采用全部灌芯砌体。配筋砌块砌体结构的内力与位移，可按弹性方法计算。各构件应根据结构分析所得的内力，分别按轴心受压、偏心受压或偏心受拉构件进行正截面承载力和斜截面承载力计算，并应根据结构分析所得的位移进行变形验算。

（4）配筋混凝土砌块剪力墙在轴心压力作用下，经历三个受力阶段。在初裂阶段，竖向钢筋及砌体的应变均很小，第一条或第一批竖向裂缝大多产生于有竖向钢筋的砌体内。墙体产生第一条裂缝时的压力为破坏压力的40%～70%；在裂缝发展阶段，墙体裂缝随轴心压力的增大而增多、加长，且多分布在有竖向钢筋的砌体内，逐渐形成条带状；在破坏阶段，竖向钢筋达到屈服强度，最终因墙体的竖向裂缝较宽，甚至其中个别砌块被压碎而破坏。由于钢筋的约束，墙体破坏时仍保持良好的整体性。

（5）当受压区竖向受压主筋无箍筋或无水平钢筋约束时，可不考虑竖向受压主筋的作用。对T形、L形、工字形截面偏心受压构件，当翼缘和腹板的相交处采用错缝搭接砌筑和同时设置中距不大于1.2 m的配筋带（截面高度≥60 mm，钢筋不少于2Φ12）时，可考虑翼缘的共同工作。

（6）影响配筋混凝土砌块砌体剪力墙斜截面受剪承载力的主要因素是材料强度、垂直压应力、墙体的剪跨比以及水平钢筋的配筋率。

（7）进行配筋混凝土砌块砌体抗震墙房屋抗震计算时，应按本章相应规定调整地震作用效应；6度时可不进行截面抗震验算。

思考题与习题

7-1　简述配筋砌体结构定义。

7-2　网状配筋砖砌体受压构件承载力应该如何计算？受扭构件承载力又应如何计算？

7-3　砖砌体和钢筋混凝土面层或钢筋砂浆面层的组合砌体受压构件的承载力要如何确定？

7-4　组合砖砌体受压构件承载力的计算方法可否应用于砌体结构的加固设计？

7-5　简述在砖砌体和钢筋混凝土构造柱组合墙中构造柱的作用。

7-6 砖砌体和钢筋混凝土构造柱组合墙的轴心受压承载力计算公式有何特点？

7-7 砖砌体和钢筋混凝土构造柱组合墙平面外偏心受压承载力要怎样计算？

7-8 设计组合墙时需要注意什么？

7-9 请解释何谓配筋混凝土砌块砌体剪力墙？

7-10 配筋混凝土砌块砌体剪力墙的轴心受压承载力要如何确定？

7-11 配筋混凝土砌块砌体剪力墙平面外的受压承载力应该如何计算？

7-12 矩形截面对称配筋混凝土砌块砌体剪力墙的偏心受压正截面承载力应该如何计算？

7-13 如何计算配筋混凝土砌块砌体剪力墙的斜截面受剪承载力？

7-14 配筋混凝土砌块砌体剪力墙的边缘构件构造要求有哪些？

7-15 配筋混凝土砌块砌体剪力墙的钢筋布置及构造配筋有何要求？

7-16 配筋混凝土砌块砌体剪力墙中的钢筋的锚固与搭接应该如何实现？

7-17 配筋混凝土砌块砌体剪力墙中的圈梁和连梁如何配筋？

7-18 砌块墙体应该如何排块？

7-19 砌块墙体的竖向设计需要怎样实现？

7-20 某柱截面尺寸为 370 mm×740 mm，计算高度为 5.2 m，采用烧结多孔砖 MU10 和水泥混合砂浆 M7.5，施工质量控制等级为 B 级，承受轴心压力 458 kN。试设计网状钢筋。

7-21 截面为 370 mm×490 mm 的组合砖柱，柱高 6 m，两端为不动铰支座，承受轴心压力设计值 $N = 800$ kN，组合砌体采用烧结页岩多孔砖 MU10、水泥混合砂浆 M7.5 砌筑，面层混凝土 C20，HRB400 级钢筋。房屋的环境类别为 1 类，设计使用年限 50 年，施工质量控制等级为 B 级。试验算其承载能力。

7-22 某承重横墙，采用砌体和钢筋混凝土构造柱组合墙形式，墙厚 240 mm，计算高度 3.6 m。采用烧结页岩砌块 MU10 和水泥混合砂浆 M7.5，墙内设置间距为 1.2 m 的钢筋混凝土构造柱，其截面为 240 mm×240 mm，C20 混凝土、配 4Φ12 钢筋。房屋的环境类别为 1 类，设计使用年限 50 年，施工质量控制等级为 B 级。墙体承受轴心压力设计值 $N = 565$ kN/m，试验算该组合墙的轴心受压承载力。

7-23 某房屋混凝土面层组合砖柱，柱计算高度 7.4 m，砌体采用混凝土多孔砖 MU10、水泥混合砂浆 Mb10 砌筑，HRB400 级钢筋，面层混凝土 C20。房屋的环境类别为 1 类，设计使用年限 50 年，施工质量控制等级 B 级。承受轴向力 $N = 456.0$ kN，沿截面长边方向作用的弯矩 $M = 198.0$ kN·m。试按对称配筋选择柱截面钢筋。

第8章　砌体结构房屋抗震设计简述

本章学习目标:
  (1) 熟悉砌体结构房屋的震害及不同类型砌体结构房屋的抗震构造措施;
  (2) 掌握砌体结构地震作用下的计算方法;
  (3) 熟悉砌体结构的抗震性能,掌握墙体抗震承载力验算。

8.1　砌体结构房屋的震害及抗震构造措施

8.1.1　概述

  地震对建筑物的破坏作用主要是由地震波在土中传播引起强烈地运动造成的。由地震引起的建筑物破坏情况主要有以下几种:受震破坏、地基失效引起的破坏和次生效应引起的破坏。

  (1) 受震破坏。

  地震时,由震源释放的能量,有一部分以弹性波的形式向外传播,称为地震波。地震波引起的地面震动,通过基础传至建筑物,引起建筑物震动,当地震引起的震动强度超过建筑物的抗震能力时,就会使建筑物发生破坏,甚至倒塌。

  (2) 地基失效引起的破坏。

  地震时,在强烈的振动作用下,有可能由于地基设计失当而引起上部结构发生震害(损坏或破坏,甚至倒塌)。对软弱地基或有可能出现不均匀沉降的地基,如果未经妥善处理,那么,地震时上部结构将可能因为不均匀沉降而发生震害。

  (3) 次生效应引起的破坏。

  地震引起地裂、滑坡、山崩和泥石流等自然现象。地裂和滑坡可能破坏地基,使建筑物遭受严重破坏,甚至倒塌,山崩和泥石流可能掩埋整个居民点。有时,地震导致海啸,侵袭滨海地区,冲走建筑物。此外,地震还可能引起火灾、停水、断电、毒气泄漏或爆炸等次生灾害。

  下面,将简要叙述砌体结构房屋的受震破坏及抗震构造措施。

8.1.2　震害及抗震构造措施

  目前实际工程中常用的砌体结构房屋类型有多层砌体结构房屋、底部框架-抗震墙砌体房屋和配筋砌块砌体剪力墙房屋。

  据不完全统计,2008 年汶川地震导致 650 多万间房屋倒塌,2 300 多万间房屋损坏。根据国家标准《建筑地震破坏等级划分标准》,建筑物破坏程度可分为基本完好、轻微破坏、中等破坏、严重破坏及毁坏五个等级。从建筑物破坏的具体情况分析,汶川地震灾区砌体结构的屋顶塌落、结构柱断裂、承重墙体开裂、楼梯破损，甚至整体坍塌等；钢筋混凝土框架结构的框架柱梁破坏、个别墙体与柱连接处开裂、填充墙体开裂等。

（1）砖混结构中，以大开间、大开窗、外走廊等建筑形式的震害最为严重。

不少地方在20世纪90年代以前的砖混结构中较多地使用了大开间、大开窗、外走廊等建筑形式，当时的抗震规范没有从圈梁和构造柱的设置上提出更多的要求，加上大量使用与墙体连接锚固不充分的预制空心楼板使砖混结构的整体性也受到影响，这些结构形式的建筑在重灾区普遍发生了严重的破坏或整体倒塌，如砖混结构形式的图书馆、卫生院、医院、中小学教学楼、培训机构用房等。

（2）框架-砌体混合结构形式，在重灾区普遍受到重创。

无论是底部框架上部砖混的竖向混合结构还是部分框架部分砖混的水平混合结构，由于刚度突变、传力途径复杂和变形能力不协调等，大量此类建筑，如使用混合结构的商场、办公楼、学校教学楼等公共建筑破坏严重。

8.1.3　多层砌体结构房屋受震破坏

多层砌体结构房屋是指竖向承重构件采用砌体墙片（柱），而水平承重构件（楼、屋盖）采用钢筋混凝土或其他材料组成的砌体结构房屋。由于多层砌体墙体属脆性结构构件，抗震性能较差，在不大的地震作用下就会出现裂缝。地震烈度很高时，墙（柱）上的裂缝不仅多且宽，由于地震的往复运动，破裂后的砌体还会出现平面内和平面外的错动，甚至崩落，使墙（柱）的竖向承载力大幅度地下降，从而造成砌体结构房屋在地震作用下发生破坏、倒塌。

大量震害表明传统的砌体结构抗震性能较差。

1923年日本关东大地震，东京约有砖石结构房屋7 000栋，几乎全部遭到不同程度的破坏。

1948年苏联阿什哈巴德地震，砖石结构房屋的破坏和倒塌率达到70%~80%。

1976年唐山大地震（见图8-1），在对烈度为10度、11度区的123栋2~8层砖混结构房屋调查中，房屋倒塌率为63.2%，严重破坏率为23.6%，尚能修复使用的为4.2%，实际破坏率达95.8%。

2008年汶川大地震（见图8-2）在汶川映秀镇、北川、都江堰、绵竹地震烈度达到8度及以上的地区砖混结构房屋破坏很严重，在映秀镇、北川县城等地震烈度达10度、11度的地区，90%以上的房屋严重破坏，倒塌率达50%~80%；都江堰、彭州等地震烈度达8度、9度的地区，40%~60%的房尾严重破坏，倒塌率达5%~15%。

图8-1　唐山大地震砖混结构破坏

图8-2　汶川大地震砖混结构破坏

地震对砌体结构房屋的破坏，主要表现在房屋的整体或局部倒塌，也可能使房屋不同部位出现不同程度的裂缝。具体破坏情况概要说明如下。

（1）墙体的破坏。

墙体的破坏主要表现为墙体出现水平裂缝（见图 8-3）、斜裂缝、X 形裂缝（见图 8-4），严重的则出现歪斜甚至倒塌现象。

图 8-3　水平裂缝

图 8-4　X 形裂缝

X 形裂缝是指在竖向压力和反复水平剪力作用产生的裂缝。常出现 X 形裂缝的位置：与主震方向平行的墙体；在横向，房屋两端的山墙；在纵向，窗间墙。在横向，房屋两端的山墙最容易出现 X 形裂缝，这是因为山墙的刚度大而其压应力又比一般的横墙小。当房屋纵向承重，横墙间距大而屋盖刚度弱时，纵墙平面受弯产生水平裂缝；或受垂直方向地震力的作用，墙体会因受拉出现水平裂缝。高宽比小时——水平裂缝；高宽比大时——水平偏斜。水平裂缝常见于纵墙窗间墙上下截面处（见图 8-5）。

（2）墙角的破坏。

在扭转地震力的作用下，房屋的端部尤其是墙角处易产生严重的震害（见图 8-6）。由于墙角位于尽端，房屋对它的约束作用相对较弱，同时地震对房屋的扭转作用，在墙角处也较大，因此墙角处受力会比较复杂，容易产生应力集中。这种情况在房屋端部设有空旷房间，或在房屋转角处设置楼梯间时，更为显著。

图 8-5　窗间墙的破坏

图 8-6　墙角的破坏

（3）楼梯间的破坏。

楼梯间两侧承重横墙在震后出现的斜裂缝通常比一般横墙严重，这是由于楼梯间一般开间小，水平方向的刚度相对较大，承担的地震作用较多。且楼梯间墙体和楼（屋）盖联系比一般墙体差，特别是楼梯间休息平台以上的外纵墙，由于净高比较高，墙体沿高度方向缺乏强劲的支撑，平面外的稳定性差，其破坏程度较一般纵墙严重。

（4）纵横墙连接处破坏。

纵横墙连接处由于受到两个方向的地震作用，受力比较复杂，容易产生应力集中现象。通常情况下，墙体间的连接比较薄弱，且很少注意咬槎砌筑，使得施工时墙体间咬槎不好，导致内外墙交接面产生竖向裂缝，以致纵墙内外倾斜或倒塌（见图 8-7）。

（5）平立面突出部位的破坏。

平面现状复杂而没有设置防震缝的多层砌体结构房屋，在地震时，平面突出部位常出现局部破坏现象。立面局部突出房屋的破坏比平面局部突出的房屋更为严重，其破坏程度与突出部位的面积有关，突出部分面积和房屋面积相差越大，震害越严重（见图 8-8）。

图 8-7 纵横墙连接处破坏图

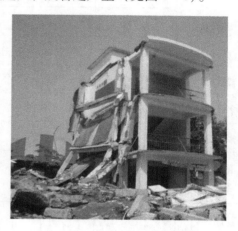

图 8-8 平面突出部位的破坏

（6）其他部位的破坏。

多层砌体结构房屋的附属物和装饰物，主要整体稳定性不好的附属物，是地震时极容易由于鞭梢效应而破坏的部位。其他部位常见的破坏有：由于楼（屋）盖缺乏足够的拉结或在施工中楼板搁置长度过小，易出现楼板坠落的现象；由于伸缩缝过窄，不能起到防震缝的作用，地震时缝两侧墙体发生碰撞而造成破坏。另外施工质量直接影响房屋的抗震能力。砂浆强度、灰缝饱满程度、纵横墙体间及其他构件间的连接质量，都明显影响房屋的抗震能力。

多层砌体结构房屋在地震作用下发生破坏的主要原因：一是房屋结构的布置不当或者房屋的高度、层数超过一定的限度；二是结构或构件承载力不足；三是构造或连接方面存在的问题。

8.1.4 多层砌体结构房屋的抗震构造措施

（1）平面布置原则。

我国现行国家标准《建筑抗震设计规范》（GB 50011—2010）中提出的建筑抗震设防

一般目标：当遭受低于本地区设防烈度的地震影响时，建筑物一般不受损坏或不需修理仍可继续使用；当遭受本地区设防烈度的地震影响时，建筑物可能损坏，经一般修理或不需修理仍可继续使用；当遭受高于本地区设防烈度的预估的罕遇地震影响时，建筑物不致倒塌或发生危及生命的严重破坏。根据规范提出的抗震设防要求，在进行砌体结构房屋的抗震设计时，除了对建筑物的承载力进行核算外，还应对房屋的体型、平面布置、结构形式等进行合理的选择。

①房屋层数和高度的限值。历次震害调查表明，随着多层砌体结构房屋高度和层数的增加，房屋的破坏程度加重，倒塌率增加。因此合理限制其层数和高度是十分必要的。多层砌体房屋的层数和总高度限制如表8-1所示。

表8-1 多层砌体房屋的层数和总高度限制

房屋类别	最小墙厚度/mm	设防烈度和设计基本地震加速度											
		6		7				8				9	
		0.05g		0.10g		0.15g		0.20g		0.30g		0.40g	
		总高度/m	层数	总高度/m	层数	总高度/m	层数	总高度/m	层数	总高度/m	层数	总高度/m	层数
多层砌体结构	普通砖 240	21	7	21	7	21	7	18	6	15	5	12	4
	多孔砖 240	21	7	21	7	18	6	18	6	15	5	9	3
	多孔砖 190	21	7	18	6	15	5	15	5	12	4	—	—
	混凝土砌块 190	21	7	21	7	18	6	18	6	15	5	9	3
底部框架-抗震墙砌体房屋	普通砖 多孔砖 240	22	7	22	7	19	6	16	5	—	—	—	—
	多孔砖 190	22	7	19	6	16	5	13	4	—	—	—	—
	混凝土砌块 190	22	7	22	7	19	6	16	5	—	—	—	—

注：a. 房屋的总高度指室外地面到檐口或主要屋面板顶的高度，半地下室应从地下室室内地面算起，全地下室和嵌固条件好的半地下室允许从室外地面算起；对带阁楼的坡屋面应算到山尖墙的1/2高度处。

b. 室内外高差大于0.6m时，房屋总高度应允许比表中的数据适当增加，但增加量不应大于1.0m。

c. 乙类的多层砌体房屋仍按本地区设防烈度查表，其层数应减少一层且总高度应降低3m；不应采用底部框架-抗震墙砌体房屋。

横墙较少（横墙较少指同一层内开间大于4.2m的房间占该层总面积的40%以上）的多层砌体房屋总高度，应比表8-1的规定低3m，层数相应减少一层；各层横墙很少（开间不大于4.2m的房屋总面积不到20%且开间大于4.8m的房间占该层总面积的50%以上为横墙很少）的多层砌体结构房屋，还应再减少一层。

当抗震设防烈度为6，7度时，横墙较少的丙类多层砌体房屋，当按现行国家标准《建筑抗震设计规范》（GB 50011—2010）规定采取加强措施并满足抗震承载力要求时，其高度和层数应允许仍按表8-1中的规定采用。

采用蒸压灰砂普通砖和蒸压粉煤灰普通砖的砌体房屋，当砌体的抗剪强度仅达到普通黏土砖砌体的70%时，房屋的层数应比普通砖房屋减少一层，总高度应减少3 m；当砌体的抗剪强度达到烧结普通砖砌体的数值时，房屋层数和总高度的要求与烧结普通砖房屋相同。

②房屋高宽比的限值。震害调查表明，多层砌体结构房屋墙片震害主要表现为对角斜裂缝的剪切破坏，但也有少部分高宽比比较大的房屋发生整体弯曲破坏，随着房屋高宽比的增大，整体弯曲在墙体中产生的附加应力也将增大，房屋的破坏会更加严重。为了保证房屋的整体稳定性，其总高度与总宽度的最大比值应符合表8-2的要求。

表8-2　房屋最大高宽比

设防烈度	6	7	8	9
最大高宽比	2.5	2.5	2.0	1.5

注：a. 单面走廊房屋的总高宽不包括走廊宽度；
　　b. 建筑平面接近正方形时，其高宽比宜适当减小。

③房屋结构体系的布置。多层砌体房屋的合理抗震结构体系，对提高其整体抗震能力是非常重要的，是抗震设计应考虑的关键问题。

a. 应优先选用横墙承重或纵横墙共同承重的结构体系。地震震害调查表明，由于横墙开洞少，又有纵墙作为侧向支承，因此横墙承重的多层砌体结构具有较好的传递地震作用的能力。

b. 纵横墙的布置宜均匀对称，沿平面内宜对齐，沿竖向应上下连续，同一轴线上的窗间墙宽度宜均匀。

c. 防震缝的设置。实践证明，防震缝是减轻地震对房屋破坏的有效措施之一。《建筑抗震设计规范》（GB 50011—2010）要求，当设防烈度为8度和9度且有下列情况之一时宜设防震缝。

（a）建筑立面高差在6 m以上；

（b）建筑有错层且楼板高差大于层高的1/4；

（c）建筑各相邻部分及结构刚度、质量截然不同。

防震缝应沿建筑全高设置，缝两侧应设置双墙或双柱，使各部分结构都有较好的刚度。一般情况下，设防震缝时，基础可以不分开。防震缝的缝宽应根据地震烈度和房屋高度确定，可取70~100 mm。

（2）抗震横墙的最大间距。

多层砌体房屋，建筑结构的两个主轴方向上的水平地震作用应分别由两个主轴方向上的墙体来承担，由于纵墙的间距一般不会过大，因此规范对纵墙的间距没有加以限制。横墙间距由两个因素决定：一是强度要求，一般情况下可以满足；二是抗震措施要求。所以横墙除了必须有足够的抗震能力之外，其间距还必须能满足楼盖传递水平地震作用到相邻墙体所需的水平刚度的要求。也就是说，横墙的间距必须根据楼盖的水平刚度给予一定的限制，即不应超过表8-3的要求。

表 8-3　房屋抗震横墙最大间距　　　　　　　　　　m

房屋楼盖类别	设防烈度			
	6 度	7 度	8 度	9 度
现浇和装配整体式钢筋混凝土楼、屋盖	15	15	11	7
装配式钢筋混凝土楼、屋盖	11	11	9	4
木屋盖	9	9	4	—

注：①多层砌体房屋的顶层，除木屋盖外的最大横墙间距应允许适当放宽，还应采取相应加强措施；

②多孔砖抗震横墙厚度为 190 mm 时，最大横墙间距应比表中数值减少 3 m。

（3）设置钢筋混凝土的构造柱、芯柱。

钢筋混凝土构造柱或芯柱是多层砌体房屋的一项重要抗震构造，不仅可以提高墙体抗剪能力，还可以明显提高结构的极限变形能力。这是因为当墙体周边设有钢筋混凝土构造柱和圈梁时，墙体受到较大约束，可使开裂后的墙体以其塑性变形和滑移、摩擦来消耗地震能量；在墙体遭到破坏的极限状态下，可使破坏的墙体中的碎块不易散落，从而能保持一定的承载力，使房屋不致突然倒塌。

①多层砖砌体房屋。

a. 构造柱的设置要求。

（a）一般情况下，多层普通砖、多孔砖房屋构造柱的设置部位应符合表 8-4 的要求。

（b）外廊式和单面走廊式的房屋，应按增加一层后的层数，按表 8-4 的要求设置构造柱，且单面走廊两侧的纵墙均应按外墙处理。

（c）横墙较少的房屋，应根据增加一层后的层数，按表 8-4 设置构造柱。当横墙较少的房屋为外廊式或单面走廊式时，应按（b）要求设置构造柱；当 6 度不超过四层、7 度不超过三层和 8 度不超过二层时，应按增加二层后的层数考虑。

（d）各层横墙很少的房屋，应按增加二层后的层数设置构造柱。

（e）采用蒸压灰砂普通砖和蒸压粉煤灰普通砖砌体的房屋，当砌体的抗剪强度仅达到普通黏土砖砌体的 70% 时（普通砂浆砌筑），应根据增加一层的层数按本条（a）～（d）款要求设置构造柱；但 6 度不超过四层、7 度不超过三层和 8 度不超过二层应按增加二层后的层数考虑。

（f）有错层的多层房屋，错层部位应设置墙，其与其他墙交接处应设置构造柱；在错层部位的错层楼层位置应设置现浇钢筋混凝土圈梁；当房屋层数不低于四层时，底部 1/4 楼层处错层部位墙中部的构造柱间距不宜大于 2 m。

构造柱

表 8-4　砖砌体房屋构造柱设置要求

房屋层数				设置部位	
6 度	7 度	8 度	9 度		
≤五	≤四	≤三		楼（电）梯间四角，楼梯斜梯段上下端对应的墙体处（单层房屋除外）；外墙四角和对应转角；错层部位横墙与外纵墙交接处；大房间内外墙交接处；较大洞口两侧	隔 12 m 或单元横墙与外纵墙交接处；楼梯间对应的另一侧内横墙与外纵墙交接处
六	五	四	二		隔开间横墙（轴线）与外墙交接处；山墙与内纵墙交接处
七	六、七	五、六	三、四		内墙（轴线）与外墙交接处；内墙的局部较小墙垛处；内纵墙与横墙（轴线）交接处

b. 构造柱的构造要求。

（a）构造柱最小截面可为 180 mm×240 mm（墙厚 190 mm 时，为 180 mm×190 mm）；构造柱纵向钢筋宜采用 4Φ12，箍筋直径可采用 6 mm，间距不宜大于 250 mm，且在柱上、下端宜适当加密；当 6、7 度时超过六层、8 度时超过五层和 9 度时，构造柱纵向钢筋宜采用 4Φ14，箍筋间距不应大于 200 mm，房屋四角的构造柱应适当加大截面及配筋；构造柱的配筋宜符合表 8-5 的要求。

（b）构造柱与墙连接处应砌成马牙槎，并应沿墙高每隔 500 mm 设 2Φ6 水平钢筋和Φ4 分布短筋平面内点焊组成的拉结片或Φ4 点焊钢筋网片，每边深入墙内不宜小于 1 m。

（c）构造柱与圈梁连接处，构造柱的纵筋应穿过圈梁的主筋，保证构造柱纵筋上下贯通。

（d）构造柱可不单独设置基础，但应伸入室外地面下 500 mm，或锚入浅于 500 mm 的基础圈梁内。房屋高度和层数接近表 8-1 的限值时，纵、横墙内构造柱间距还应符合下列要求：横墙内的构造柱间距不宜大于层高的 2 倍；下部 1/3 楼层的构造柱间距适当减小；当外纵墙开间大于 3.9 m 时，应另设加强措施。内纵墙的构造柱间距不宜大于 4.2 m。

（e）纵、横墙内构造柱应按规范要求（见表 7-3）采取加密加强措施。

②砌块房屋。

a. 钢筋混凝土芯柱的设置要求。

（a）混凝土砌块砌体墙纵横墙交接处、墙段两端和较大洞口两侧宜设置不少于单孔的芯柱。

（b）对层数不少于四层的房屋，底部 1/4 楼层且不低于一层范围内，6 度和 7 度时墙中部芯柱的间距不宜大于 2 m，8 度时不宜大于 1.5 m，9 度时不宜大于 1 m。

（c）有错层的多层房屋，错层部位应设置墙，墙中部的钢筋混凝土芯柱间距宜适当加密，在错层部位的纵横墙交接处宜设置不少于 4 孔的芯柱；在错层部位的错层楼板位置还应设置现浇钢筋混凝土圈梁。

（d）房屋层数或高度等于或接近表8-1中的限值时，纵、横墙内芯柱间距还应符合下列要求：6、7度时底部1/3楼层，8、9度时底部1/2楼层，横墙中部的芯柱间距不宜大于600 mm；外纵墙开间大于3.9 m时，应另设加强措施。

（e）外廊式和单面走廊式的多层房屋、横墙较少的房屋、各层横墙很少的房屋，还应分别按构造柱（b）（c）（d）款关于增加层数的对应要求，按表8-5的要求设置芯柱。

表8-5　混凝土小型砌块房屋芯柱设置要求

房屋层数				设置部位	设置数量
6度	7度	8度	9度		
小于五	小于四	小于三		外墙四角和对应转角；楼、电梯间四角（单层房屋除外）；楼梯斜梯段上下端对应的墙体段；大房间内外墙交接处；错层部位横墙与外纵墙交接处；隔12 m或单元横墙与外纵墙交接处	外墙转角，灌实3个孔；内外墙交接处，灌实4个孔；楼梯斜梯段上下端对应的墙体段，灌实2个孔
六	五	四	一	同上；隔开间隔墙（轴线）与外纵墙交接处	
七	六	五	二	同上；各内墙（轴线）与外纵墙交接处；内纵墙与横墙（轴线）交接处和洞口两侧	外墙转角，灌实5个孔；内外墙交接处，灌实4个孔；内墙交接处，灌实4~5个孔；洞口两侧各灌实1个孔
	七	六	三	同上；横墙内芯柱间距不宜大于2 m	外墙转角，灌实7个孔；内外墙交接处，灌实5个孔；内墙交接处，灌实4~5个孔；洞口两侧各灌实1个孔

注：外墙转角，内外墙交接处，楼、电梯间的四角等部位，应允许采用钢筋混凝土构造柱代替部分芯柱。

b. 钢筋混凝土芯柱的构造要求（见图8-9）。

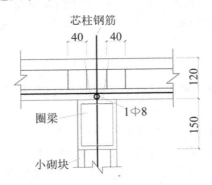

图8-9　柱芯贯通楼板措施

（a）混凝土小型空心砌块房屋芯柱截面不宜小于 120 mm×120 mm；

（b）芯柱混凝土强度等级不应低于 Cb20；

（c）芯柱的竖向插筋应贯通墙身且与圈梁连接，插筋不应小于 1Φ12；

（d）芯柱应伸入室外地面下 500 mm 或锚入浅于 500 mm 的基础圈梁内；

（e）为提高墙体抗震承载力而设置的芯柱，宜在墙体内均匀布置，最大净距不宜大于 2.0 m。

（4）合理布置圈梁。

砌体结构房屋中，在砌体内沿水平方向设置封闭的钢筋砼梁，以提高房屋空间刚度，增加建筑物的整体性，提高砖石砌体的抗剪、抗拉强度，防止地基不均匀沉降、地震或其他较大振动荷载对房屋的破坏。在房屋的基础上部的连续的钢筋混凝土梁叫基础圈梁，也叫地圈梁；而在墙体上部，紧挨楼板的钢筋混凝土梁叫上圈梁。

震害调查表明，凡合理设置圈梁的房屋，震害都较轻；而未合理设置圈梁的房屋，震害较严重。

采用装配式钢筋混凝土楼、屋盖或木楼、屋盖或木屋盖的砖房，应按表 8-6 的要求设置圈梁；纵墙承重时，抗震墙上的圈梁间距应比表内要求适当加密。现浇或装配整体式钢筋混凝土楼、屋盖与墙体有可靠连接的房屋，应允许不另设圈梁，但楼板沿墙体周边应加强配筋并应与相应的构造柱钢筋可靠连接。

表 8-6 多层砖砌体房屋现浇钢筋混凝土圈梁设置要求

墙类	烈度		
	6，7	8	9
外墙和内纵墙	屋盖处及每层楼盖处	屋盖处及每层楼盖处	屋盖处及每层楼盖处
内横墙	同上；屋盖处间距不应大于 4.5 m；楼盖处间距不应大于 7.2 m；构造柱对应部位	同上；各层所有横墙，且间距不应大于 4.5 m；构造柱对应部位	同上；各层所有横墙

现浇钢筋混凝土圈梁应闭合，遇有洞口圈梁应上下搭接。圈梁宜与预制板设在同一标高处或紧靠板底。

圈梁在表 8-6 中要求的间距内无横墙时，应利用梁或板缝中配筋代替圈梁。

圈梁的截面高度不应小于 120 mm，配筋应符合表 8-7 的要求。

表 8-7 多层砖砌体房屋圈梁配筋要求

配筋	6，7 度	8 度	9 度
最小纵筋	4Φ10	4Φ12	4Φ14
最大箍筋间距	250	200	150

（5）加强楼梯间的抗震构造措施。

楼梯，作为应急疏散的"安全岛"，在发生火灾、地震等重大灾害时，是进行人员撤离疏散和抢救人民生命财产的重要通道。因为楼梯间突出屋面形成的鞭梢效应导致楼梯间应力集中，且未进行其他加强处理措施，楼梯间整体性不足，楼梯间的震害往往比其他部位严重。因此，在抗震设计时，楼梯间不宜布置在建筑物的尽端和拐角处。同时，还要符合以下要求：

①顶层楼梯间墙体沿墙高每隔500 mm设2Φ6通长钢筋和Φ4分布短钢筋平面内点焊组成的拉结网片或Φ4点焊网片；7～9度时其他各层楼梯间可在休息平台或楼层半高处设置60 mm厚、纵向钢筋不应少于2Φ10钢筋混凝土带或配筋砖带，配筋砖带不少于3皮，每皮的配筋不少于2Φ6，砂浆强度等级不应低于M7.5，且不低于同层墙体的砂浆强度等级。

②楼梯间及门厅内墙阳角处的大梁支承长度不应小于500 mm，且应与圈梁连接。

③装配式楼梯段应与平台板的梁可靠连接，8，9度时不应采用装配式楼梯段；不应采用墙中悬挑式踏步或踏步竖肋插入墙体的楼梯；不应采用无筋砖砌栏板。

④突出屋顶的楼梯间、电梯间，构造柱应伸到顶部，并与顶部圈梁连接，所有墙体应沿墙高每隔500 mm设2Φ6通长钢筋和Φ4分布短筋平面内点焊组成的拉结网片或Φ4点焊网片。

（6）加强构件间连接的构造要求。

震害分析表明，造成震害的主要原因就是砌体结构墙体之间、墙体与楼盖之间以及结构其他部位之间连接不牢。为此，规范规定了设置构造柱和圈梁之外的其他抗震加强构造措施。

①加强楼屋盖构件与墙体之间的连接及楼屋盖的整体性。

现浇钢筋混凝土楼板或屋面板伸进纵、横墙内的长度，均不应小于120 mm。

装配式钢筋混凝土楼板或屋面板，当圈梁未设在板的统一标高时，板端伸进外墙的长度不应小于120 mm，伸进内墙的长度不应小100 mm，在梁上不应小于80 mm。

当板的跨度大于4.8 m并与外墙平行时，靠外墙的预制板侧边应与墙或圈梁拉结。

房间端部大房间的楼盖，6度时房屋的屋盖和7～9度时房屋的楼、屋盖，当圈梁设在板底时，钢筋混凝土预制板应相互拉结，并与梁、墙或圈梁拉结。

楼、屋盖的钢筋混凝土梁或屋架应与墙、柱（包括构造柱）或圈梁可靠连接，不得采用独立砖柱。跨度不小于6 m大梁的支承构件应采用组合砌体等加强措施，并满足承载力要求。

②墙体间的连接及其他部位的连接。

6，7度时长度大于7.2 m的大房间，及8，9度时外墙转角及内外墙交接处，应沿墙高每隔500 mm配置2Φ6通长钢筋和Φ4分布短筋平面内点焊组成的拉结网片或Φ4点焊网片。

预制阳台应与圈梁和楼板的现浇板带可靠连接。

门窗洞口处不应采用砖过梁，过梁支承长度：6～8度时不小于240 mm，9度时不小于360 mm。

8.1.5 底部框架-抗震墙砌体房屋的抗震构造措施

（1）结构布置。

①上部的砌体墙体与底部的框架梁或抗震墙，除楼梯间附近的个别墙段外均应对齐。

框架-砌体混合结构

②房屋的底部应沿纵横两方向设置一定数量的抗震墙，并应均匀对称布置。

③底层框架-抗震墙砌体房屋的纵横两个方向，第二层计入构造柱影响的侧向刚度与底

层侧向刚度的比值，6，7度时不应大于2.5，8度时不应大于2.0，且均不应小于1.0。

④底部两层框架-抗震墙砌体房屋横纵两个方向，底层与底部第二层侧向刚度应接近，第三层计入构造柱影响的侧向刚度与底部第二层侧向刚度的比值，6，7度时不应大于2.0，8度时不应大于1.5，且均不应小于1.0。

⑤底部框架-抗震墙砌体房屋的抗震墙应设置条形基础、筏型基础等整体性好的基础。

（2）设置钢筋混凝土构造柱或芯柱。

①砖砌体墙中构造柱截面不宜小于240 mm×240 mm（墙厚190 mm时，为240 mm×190 mm）。

②构造柱的纵向钢筋不宜少于4Φ14，箍筋间距不宜大于200 mm；芯柱每孔插筋不应小于1Φ14，芯柱之间沿墙高应每隔400 mm设Φ4焊接钢筋网片。

③构造柱、芯柱应与每层圈梁连接，或与现浇楼板可靠拉接。

（3）过渡层墙体的构造。

①上部砌体墙的中心线宜与底部的框架梁、抗震墙的中心线相重合，构造柱或芯柱宜与框架柱上下贯通。

②过渡层应在底部框架柱、混凝土墙或约束砌体墙的构造柱所对应处设置构造柱或芯柱，墙体内的构造柱间距不宜大于层高。

③过渡层构造柱的纵向钢筋，6，7度时不宜少于4Φ16，8度时不宜少于4Φ18；过渡层芯柱的纵向钢筋，6，7度时不宜少于每孔1Φ16，8度时不宜少于每孔1Φ18；一般情况下，纵向钢筋应锚入下部的框架柱或混凝土墙内；当纵向钢筋锚固在托墙梁内时，托墙梁的相应位置应加强。

④过渡层的砌体墙，凡宽度不小于1.2 m的门洞和2.1 m的窗洞，洞口两侧宜增设截面不小于120 mm×240 mm（墙厚190 mm时，为120 mm×190 mm）的构造柱或单孔芯柱。

⑤过渡层的砌体墙在窗台标高处，应设置沿纵横墙通长的水平现浇钢筋混凝土带，其截面高度不小于60 mm，宽度不小于墙厚，纵向钢筋不少于2Φ10，横向分布筋的直径不小于6 mm且其间距不大于200 mm。

此外，砖砌体墙在相邻构造柱间的墙体，应沿墙高每隔360 mm设置2Φ6通长水平钢筋和Φ4分布短筋平面内点焊组成的拉结网片或Φ4点焊钢筋网片，并锚入构造柱内；小砌块砌体墙芯柱之间沿墙高应每隔400 mm设置Φ4通长水平点焊钢筋网片。

（4）底部框架-抗震墙砌体房屋的楼盖应符合下列要求。

①过渡层的底板应采用现浇钢筋混凝土板，板厚不应小于120 mm，并应少开洞、开小洞，当洞口尺寸大于800 mm时，洞口周边应设置边梁。

②其他楼层，采用装配式钢筋混凝土楼板时均应设现浇圈梁，采用现浇钢筋混凝土楼板时可允许不另设圈梁，但楼板沿抗震墙体周边均应加强配筋并应与相应的构造柱可靠连接。

8.1.6 配筋混凝土砌块砌体抗震墙结构

除应符合普通砌体结构房屋抗震设计的基本规定外，配筋混凝土砌块砌体抗震墙房屋的抗震设计应注意房屋层数、房屋总高度、房屋高宽比、抗震等方面的要求。

（1）房屋的层数、总高度及高宽比。

国内外有关试验研究结果表明，配筋砌块砌体抗震墙结构的承载能力明显高于普通砌体，其竖向和水平灰缝使其具有较大的耗能能力，受力性能和计算方法都与钢筋混凝土抗震墙结构相似。在上海、哈尔滨、大庆等地都成功建造过 18 层的配筋砌块砌体抗震墙住宅房屋。对这些试点工程的试验研究和计算分析，表明配筋砌块砌体抗震墙结构在 8 层～18 层范围时具有很强的竞争力，相对现浇钢筋混凝土抗震墙结构房屋，土建造价要低 5%～7%。《砌体结构设计规范》（GB 50003—2011）从安全、经济诸方面综合考虑，并对近年来的试验研究和工程实践经验作者分析和总结，将适用高度在原规范基础上适当增加，同时补充了 7 度（0.15g），8 度（0.30g）和 9 度的有关规定。当横墙较少时，类似多层砌体房屋，也要求其适用高度有所降低。经过专门研究，有可靠试验依据，采取必要的加强措施，房屋高度可以适当增加。

根据试验研究和理论分析结果，在满足一定设计要求并采取适当抗震构造措施后，底部为部分框支抗震墙的配筋混凝土砌块抗震墙房屋仍具有较好的抗震性能，能够满足 6～8 度抗震设防的要求，但考虑到此类结构形式的抗震性能相对不利，因此在最大适用高度限制上给予了较为严格的规定。

配筋砌块砌体抗震墙结构和部分框支抗震墙结构房屋最大高度应符合表 8-8 的规定。

表 8-8　配筋砌块砌体抗震墙结构和部分框支抗震墙结构房屋适用的最大高度　　　　m

结构类型	最小墙厚/mm	设防烈度和设计基本地震加速度					
		6 度	7 度		8 度		9 度
		0.05g	0.10g	0.15g	0.20g	0.25g	0.30g
配筋砌块砌体抗震墙	190	60	55	45	40	30	24
部分框支抗震墙	190	55	49	40	31	24	—

注：①房屋高度指室外地面到主要屋面板板顶的高度（不包括局部突出屋顶部分）；
　　②某层或几层开间大于 6.0 m 的房间建筑面积占相应层建筑面积 40% 以上时，表中数据相应减少 6 m；
　　③部分框支抗震墙结构指首层或底部两层为框支层的结构，不包括仅个别框支墙的情况；
　　④房屋的高度超过表内高度时，应根据专门研究，采取有效的加强措施。

配筋砌块砌体抗震墙房屋适用的最大高宽比应符合表 8-9 的规定。

表 8-9　配筋砌块砌体抗震墙房屋适用的最大高宽比

烈度	6 度	7 度	8 度	9 度
最大高宽比	4.5	4.0	3.0	2.0

注：房屋的平面布置和竖向布置不规则时应适当减小最大高宽比。

（2）抗震等级。

配筋砌块砌体结构的抗震等级是考虑了结构构件的受力性能和变形性能，同时参照了钢筋混凝土房屋的抗震设计要求而确定的，主要是根据抗震设防分类、烈度和房屋高度等因素划分配筋砌块砌体结构的抗震等级。考虑到底部为部分框支抗震墙的配筋混凝土砌块抗震墙房屋的抗震性能相对不利并影响安全，规定了 8 度时房屋总高度大于 24 m 及 9 度时不应采用此类结构形式，具体如表 8-10 所示。

表 8-10　配筋砌块砌体抗震墙和部分框支抗震墙结构房屋的抗震等级

结构类型		设防烈度						
		6		7		8		9
		≤24	≥24	≤24	≥24	≤24	≥24	≤24
配筋砌块砌体抗震墙	高度/m	≤24	≥24	≤24	≥24	≤24	≥24	≤24
	抗震墙	四	三	三	二	二	一	一
部分框支抗震墙	非底部加强部位抗震墙	四	三	三	二	二	不应采用	
	底部加强部位抗震墙	三	二	二				
	框支框架	二		二		一		

注：①对于四级抗震等级，除有规定外，均按非抗震设计采用；
　　②接近或等于高度分界时，可结合房屋不规则程度及场地、地基条件确定抗震等级。

配筋混凝土砌块砌体抗震横墙的最大间距应符合表 8-11 的规定。

表 8-11　配筋混凝土砌块砌体抗震横墙的最大间距　　　　　　　　　　　　m

烈度	6 度	7 度	8 度	9 度
最大间距	15	15	11	7

8.2　砌体结构地震作用下的计算

8.2.1　计算简图和地震作用

地震时，多层砌体房屋的破坏主要是由水平地震作用引起的。因此，对于多层砌体房屋的抗震计算，一般只考虑水平地震作用的影响，可不考虑竖向地震作用的影响。

当多层砌体房屋的高宽比不大于表 8-2 的规定时，由整体弯曲产生的附加应力不大。因此，可不作整体弯曲验算，而只需验算房屋在横向和纵向水平地震作用的影响下，横墙和纵墙在其自身平面内的受剪承载力。

现将水平地震作用下的验算简述如下。

（1）计算简图。

多层砌体结构房屋，在水平地震作用下，可以把与地震作用相平行的各道墙叠和在一起，视作如图 8-10（a）所示的计算简图。由于刚度大，自振周期短，在水平地震作用下，多层砌体结构房屋各层的水平侧向位移基本上与其离地面的距离成正比。因此，在抗震计算时，只需考虑房屋的基本阵型即可。另外，假定各层的重力荷载集中在楼（屋）盖标高处，墙体上、下层各半的重力集中于该层的上、下层楼（屋）盖处，计算简图便可进一步简化为图 8-10（b）所示。

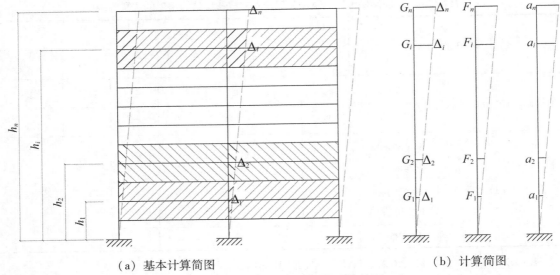

$$(a)\ 基本计算简图 \qquad\qquad (b)\ 计算简图$$

图 8-10　多层砌体结构房屋计算简图

（2）水平地震作用和楼层地震剪力的计算。

水平地震作用主要采用底部剪力法，所谓底部剪力法，是根据建筑物所在地区的设防烈度、场地土类别、建筑物的基本周期和建筑物距阵中的远近，在确定地震影响系数 α 后，先计算在结构底部截面水平地震作用，即求得整个房屋的总水平地震作用，然后按照某种竖向分布规律，将总地震作用沿建筑物高度方向分配到各个楼层处，得出分别作用于建筑物各楼盖处的水平地震作用的方法。

采用底部剪力法时，结构总水平地震作用标准值 F_{EK} 应按式（8-1）确定：

$$F_{EK} = \alpha_1 G_{eq} \qquad\qquad (8-1)$$

式中，F_{EK}——结构总水平地震作用标准值；

α_1——相当于结构基本自振周期的水平地震影响系数，多层砌体房屋可取水平地震影响系数最大值 α_{max}，采用表 8-12 中考虑多遇地震影响的取值；

G_{eq}——结构等效总重力荷载，单质点应取总重力荷载代表值，多质点可取总重力荷载代表值的 85%。

表 8-12　水平地震影响系数的最大值（阻尼比 0.05）

地震影响	设防烈度			
	6	7	8	9
多遇地震	0.04	0.08（0.12）	0.16（0.24）	0.32
罕遇地震	0.28	0.50（0.72）	0.90（1.20）	1.40

注：括号中数值分别用于设计基本地震加速度为 $0.15g$ 和 $0.3g$ 的地区。

各楼层的水平地震作用 F_i 为

$$F_i = \frac{G_i H_i}{\sum\limits_{j=1}^{n} G_j H_j} F_{EK} (i = 1,\ 2,\ \cdots,\ n) \qquad\qquad (8-2)$$

式中，F_i——第 i 楼层的水平地震作用代表值；

　　G_i，G_j——分别为集中于第 i，j 楼层的重力荷载代表值；

　　H_i，H_j——分别为第 i，j 楼层质点的计算高度。

作用于第 i 层的楼层地震剪力标准值 V_i 为第 i 层以上地震作用标准值之和，即

$$V_i = \sum_{j=1}^{n} F_j \qquad (8-3)$$

且抗震验算时 V_i 应符合如下楼层最小地震剪力的要求：

$$V_i > \lambda \sum_{j=1}^{n} G_j \qquad (8-4)$$

式中，λ——剪力系数，7 度取 0.016，8 度取 0.032，9 度取 0.064。

局部突出屋面的屋顶间、女儿墙、烟囱等部位在地震时由于鞭梢效应，地震作用放大，因此宜将这些部位的地震作用乘以增大系数 3 后进行设计计算、验算。增大的 2 倍不应该往下传递，但在设计与该突出部分相连的构件时应予计入。

8.2.2　地震剪力的分配

在多层砌体房屋中，墙体是主要抗侧力构件，由于墙体在平面外的侧力刚度很小，因此假定沿某一水平方向作用的楼层地震剪力 V_i 全部由同一层墙体中与该方向平行的各墙体共同承担。楼层地震剪力通过屋盖和楼盖传给各墙体。横向和纵向楼层地震剪力在各墙体间的分配原则不同，这主要与楼、屋盖的水平刚度和各墙体的抗侧力刚度等因素有关。

（1）多层砌体房屋。

①墙体的抗侧力刚度。

设某层墙体如图 8-11 所示，墙体高度、宽度和厚度分别为 h，b 和 t。当其顶端作用有单位侧向力时，产生侧移 δ，称之为该墙体的侧移柔度。如只考虑墙体的剪切变形，其侧移柔度为

$$\delta_a = \frac{\xi h}{AG} = \frac{\xi h}{btG} \qquad (8-5)$$

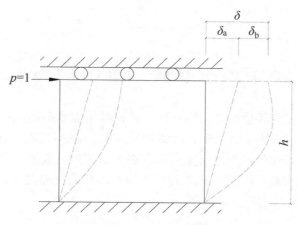

图 8-11　墙体侧移柔度

如果只考虑墙体的弯曲变形，其侧移柔度为

$$\delta_b = \frac{h^3}{12EI} = \frac{1}{Et}\left(\frac{h}{b}\right)^3 \qquad (8-6)$$

式中，E，G——分别为砌体弹性模量和剪变模量；

A，I——分别为墙体水平截面面积和惯性矩；

ξ——截面剪变形状系数。

墙体抗侧力刚度 K 是侧移柔度的倒数。对于同时考虑剪切变形和弯曲变形的墙体，由于砌体材料剪变模量 $G=0.4E$，矩形截面剪变形状系数 $\xi=1.2$，因此，其抗侧力刚度为

$$K = \frac{1}{\delta} = \frac{1}{\delta_a + \delta_b} = \frac{Et}{\dfrac{h}{b}\left[3 + \left(\dfrac{h}{b}\right)^2\right]} \tag{8-7}$$

如果只考虑剪切变形，其抗侧力刚度为

$$K = \frac{1}{\delta_a} = \frac{AG}{\xi h} = \frac{Et}{3\dfrac{h}{b}} \tag{8-8}$$

②横向水平地震剪力的分配。

a. 刚性楼盖。

当抗震横墙间距符合表 8-3 的规定时，现浇和装配整体式钢筋混凝土楼、屋盖水平刚度很大，可看作刚性楼盖。即可认为在横向水平地震作用下楼、屋盖在其自身水平平面内只发生刚体平移，各抗震横墙所分担的水平地震剪力与其抗侧力刚度成正比。因此，宜按同一层各墙体抗侧力刚度的比例分配。设第 i 楼层共有 m 层横墙，则其中第 j 墙所承担的水平地震剪力标准值 V_{ij} 为

$$V_{ij} = \frac{K_{ij}}{\displaystyle\sum_{k=1}^{m} K_{ik}} V_i \tag{8-9}$$

式中：K_{ij}，K_{ik}——分别为第 i 层第 j 墙墙体和第 k 墙墙体的抗侧力刚度。

当可以只考虑剪切变形且同一层墙体材料及高度均相同时，将式（8-8）代入式（8-9），可得

$$V_{ij} = \frac{A_{ij}}{\displaystyle\sum_{k=1}^{m} A_{ik}} V_i \tag{8-9a}$$

式中，A_{ij}，A_{ik}——分别为第 i 层第 j 墙墙体和第 k 墙墙体的水平截面面积。

b. 柔性楼盖。

对于木楼盖、木屋盖等柔性楼盖砌体结构房屋，楼屋盖水平刚度小，在横向水平地震作用下楼盖在其自身水平平面内受弯变形，可将其视为水平支撑在各抗震横墙上的多跨简支梁。各抗震横墙承担的水平地震作用为该墙体从属面积上的重力荷载所产生的水平地震作用。因而各横墙承担的水平地震剪力可按该从属面积上的重力荷载代表值的比例分配。即第 i 楼层第 j 墙所承担的水平地震剪力标准值 V_{ij} 为

$$V_{ij} = \frac{G_{ij}}{G_i} V_i \tag{8-10}$$

式中，G_i——第 i 层楼层的重力荷载代表值；

G_{ij}——第 i 层第 j 墙墙体从属面积（可近似取为该墙体与两侧面相邻横墙之间各一半范围内的楼盖面积）上的重力荷载代表值。

当楼层重力荷载均匀分布时，式（8-10）可简化为

$$V_{ij} = \frac{F_{ij}}{F_i} V_i \qquad (8-10a)$$

式中，F_{ij}，F_i——分别为第 i 层楼层第 j 墙墙体的从属面积和第 j 层楼层的总面积。

　　c. 中等刚性楼盖。

采用普通预制板的装配式钢筋混凝土楼、屋盖的砌体结构房屋，楼、屋盖水平刚度为中等，可近似采用上述两种分配方法的平均值，即对有 m 道横墙的第 i 楼层第 j 墙所承担的水平地震剪力标准值 V_{ij} 为

$$V_{ij} = \frac{1}{2}\left(\frac{K_{ij}}{\sum_{k=1}^{m} K_{ik}} + \frac{G_{ij}}{G_i} \right) V_i \qquad (8-11)$$

当只考虑墙体剪切变形、同一层墙体材料及高度均相同且楼层重力荷载均匀分布时，式（8-11）可简化为

$$V_{ij} = \frac{1}{2}\left(\frac{A_{ij}}{\sum_{k=1}^{m} A_{ik}} + \frac{F_{ij}}{F_i} \right) V_i \qquad (8-11a)$$

　　③纵向水平地震剪力的分配。

在纵向水平地震剪力进行分配时，由于楼盖沿纵向的尺寸一般比横向大得多，其水平刚度很大，各种楼盖均可视为刚性楼盖。因此，纵向水平地震剪力可按同一层各纵墙墙体抗侧力刚度的比例，采用与对刚性楼盖横向水平地震剪力分配相同的式（8-9）或式（8-9a）分配到各纵墙。

　　④同一道墙各墙段间的水平地震剪力分配。

砌体结构中，一道纵墙、横墙往往分为若干墙段。同一道墙按以上方法所分得的水平地震剪力可按各墙段抗侧力刚度的比例分配到各墙段。设第 i 楼层第 j 道墙共有 s 个墙段，则其中第 r 墙段所承担的水平地震剪力 V_{ijr} 为

$$V_{ijr} = \frac{K_{ijr}}{\sum_{k=1}^{s} K_{ijk}} V_{ij} \qquad (8-12)$$

式中，K_{ijr}，K_{ijk}——分别为第 i 层第 j 墙第 r 墙段和第 k 墙段的抗侧力刚度。

墙段抗侧力刚度应按下列原则确定：

　　a. 刚度的计算应考虑高宽比的影响。这是由于高宽比不同导致墙体总侧移中弯曲变形和剪切变形所占的比例不同。这里，高宽比指层高与墙长之比，对门窗洞边的小墙段指洞净高与洞侧墙宽之比。高宽比小于 1 时，可只考虑剪切变形的影响，墙段抗侧力刚度按式（8-8）计算；高宽比不大于 4 且不小于 1 时，应同时考虑弯曲和剪切变形，墙段抗侧力刚度按式（8-7）计算；高宽比大于 4 时，以弯曲变形为主，此时墙体侧移大，抗侧力刚度小，因而可不考虑其刚度，不参与地震剪力的分配。

　　b. 墙段宜按门窗洞口划分，对小开洞墙段，为了避免计算刚度时的复杂性，可按不开洞的毛墙面计算刚度，再将开洞率乘以表 8-13 的洞口影响系数。

表 8 - 13　墙段洞口影响系数

开洞率	0.10	0.20	0.30
影响系数	0.98	0.94	0.88

注：开洞率为洞口水平截面积与墙段水平毛面积之比，相邻洞口之间净宽小于 500 mm 的墙端视为洞口。洞口中线偏离墙端中线的距离大于墙端长度的 1/4 时，表中影响系数值折减 0.9；门洞的洞顶高度大于层高 80% 时，表中数据不适用；窗洞高度大于 50% 层高时，按门洞对待。

（2）底部框架-抗震墙房屋。

对于底部框架-抗震墙房屋，剪力分配方法与砌体房屋相同，但其他地震作用效应按下列规定进行调整：

①对底层框架-抗震墙房屋，底层的纵向和横向地震剪力设计值均应乘以增大系数，其值应允许根据第二层与底层侧移刚度比的大小在 1.2~1.5 范围内选用（第二层与底层侧移刚度比较大时，应取较大值）。

②对底部两层框架-抗震墙房屋，底层和第二层的纵向和横向地震剪力设计值，应均乘以增大系数，其值应允许根据第三层与第二层侧移刚度比在 1.2~1.5 范围内选用（第三层与第二层侧移刚度比较大时，应取较大值）。

③底层或底部两层的纵向和横向地震剪力设计值应全部由该方向的抗震墙承担，并按各抗震墙侧移刚度比例分配。

④底部框架-抗震墙房屋中，底部框架的地震作用效应按下列方法确定。

a. 框架柱承担的地震剪力设计值可按各抗侧力构件有效侧移刚度比例分配确定；有效侧移刚度的取值，框架不折减，混凝土墙或配筋混凝土砌块墙可乘以折减系数 0.3，约束普通砖砌体或混凝土砌块砌体抗震墙可乘以折减系数 0.2。

b. 框架柱的轴力应计入地震倾覆力矩引起的附加轴力，上部砖房可视为刚体，底部各轴线承受的地震倾覆力矩可近似按底部抗震墙和框架的有效侧移刚度的比例分配确定。

c. 当抗震墙之间楼盖长宽比大于 2.5 时，框架柱各轴线承担的地震剪力和轴向力，还应计入楼盖平面内变形的影响。

此外，计算底部框架-抗震墙砌体房屋的钢筋混凝土托墙梁地震组合内力时，应采用合适的计算简图。若考虑上部墙体与托墙梁的组合作用，应计入地震时墙体开裂对组合作用的不利影响，可调整有关的弯矩系数、轴力系数等计算参数。

当仅计算水平地震作用时，各抗侧力构件的水平地震剪力设计值可由按上述方法求得的水平地震剪力标准值乘以地震作用分项系数 γ_{Eh}（取 1.3）求得。

8.2.3　砌体的抗震抗剪强度设计值

地震时砌体结构墙体墙段承受竖向压应力和水平地震剪应力的共同作用，当强度不足时一般发生剪切破坏。我国建筑抗震设计规范经试验和统计归纳，采用砌体强度的正应力影响系数，规定各类砌体沿阶梯形截面破坏的抗震抗剪强度设计值，应按式（8-13）确定：

$$f_{vE} = \zeta_N f_{v0} \tag{8-13}$$

式中，f_{vE}——砌体沿阶梯形截面破坏的抗震抗剪强度设计值；

　　　f_{v0}——非抗震设计的砌体抗剪强度设计值，应按表 3-12 及 3.2 节的有关规定采用；

ζ_N——砌体抗震抗剪强度的正应力影响系数，可按表 8－14 采用。

表 8－14　砌体强度的正应力影响系数

砌体类别	σ_0/f_{V0}							
	0.0	1.0	3.0	5.0	7.0	10.0	12.0	≥16.0
普通砖、多孔砖	0.80	0.99	1.25	1.47	1.65	1.90	2.05	—
混凝土砌块	—	1.23	1.69	2.15	2.57	3.02	3.32	3.92

注：σ_0 为对应于重力荷载代表值的砌体截面平均压应力。

8.2.4　墙体抗震承载力验算

（1）抗震验算设计表达式。

还应当指出的是，地震作用是偶然作用，进行抗震验算时采用的可靠指标应不同于非抗震设计，为此，引入承载力抗震调整系数 γ_{RE} 以反映对可靠指标的调整，不同结构构件的抗震调整系数 γ_{RE} 可参照表 8－15。

表 8－15　砌体承载力抗震调整系数

结构构件	受力状态	γ_{RE}
两端均设构造柱、芯柱的砌块抗震墙	受剪	0.9
组合砖墙	受压和受剪	0.9
配筋砌块砌体抗震墙	偏心受压和受剪	0.85
自承重墙	受剪	1.0
其他砌体	受剪和受压	1.0

墙体截面抗震验算设计表达式的一般形式为

$$S \leqslant R/\gamma_{RE} \tag{8－14}$$

式中，S——结构构件内力组合的设计值，包括组合的弯矩、轴向力和剪力设计值；

R——结构构件承载力设计值；

γ_{RE}——承载力抗震调整系数，应按表 8－15 采用，自承重按 0.75 采用。

（2）墙体截面抗震承载力验算。

墙体墙段水平地震剪力确定以后，即可根据式（8－15）进行截面抗震承载力验算。可只选择不利情况（即地震剪力较大、墙体截面较小或竖向应力较小）进行验算。在计算墙体墙段剪力设计值时，水平地震作用分项系数 $\gamma_{Eh} = 1.3$。

①无筋砌体截面抗震承载力验算。

对普通砖、多孔砖墙体的截面抗震受剪承载力，应按式（8－15）验算：

$$V \leqslant f_{VE}A/\gamma_{RE} \tag{8－15}$$

式中，V——考虑地震作用组合的墙体剪力设计值；

f_{VE}——砌体沿阶梯形截面破坏的抗震抗剪强度设计值；

A——墙体横截面面积，多孔砖取毛截面面积；

γ_{RE}——承载力抗震调整系数，应按表 8-15 采用。

对设置构造柱和芯柱的混凝土砌块墙体的截面抗震受剪承载力，应按式（8-16）验算：

$$V \leqslant \frac{1}{\gamma_{RE}}[f_{VE}A + (0.3f_{t1}A_{c1} + 0.3f_{t2}A_{c2} + 0.05f_{y1}A_{s1} + 0.05f_{y2}A_{s2})\zeta_c] \qquad (8-16)$$

式中，f_{t1}——芯柱混凝土轴心抗拉强度设计值；

f_{t2}——构造柱混凝土轴心抗拉强度设计值；

A_{c1}——墙中部芯柱截面总面积；

A_{c2}——墙中部构造柱截面总面积，$A_{c2} = bh$；

f_{y1}——芯柱钢筋抗拉强度设计值；

f_{y2}——构造柱钢筋抗拉强度设计值；

A_{s1}——芯柱钢筋截面总面积；

A_{s2}——构造柱钢筋截面总面积；

ζ_c——芯柱、构造柱参与工作系数，可按表 8-16 采用。

表 8-16　芯柱和构造柱参与工作系数

填孔率 ρ	$\rho < 0.15$	$0.15 < \rho < 0.25$	$0.25 < \rho < 0.5$	$\rho \geqslant 0.5$
ζ_c	0	1.0	1.10	1.15

注：填孔率指芯柱和构造柱根数（含构造柱和填实空洞数量）与孔洞总数之比。

②配筋砖砌体截面抗震承载力验算。

对网状配筋或水平配筋烧结普通砖、烧结多孔砖墙的截面抗震承载力应按式（8-17）验算：

$$V \leqslant \frac{1}{\gamma_{RE}}(f_{VE}A + \zeta_s f_{yh}A_{sh}) \qquad (8-17)$$

式中，A——墙体横截面面积，多孔砖墙体取毛截面面积；

ζ_s——钢筋参与工作系数，可按表 8-17 采用；

f_{yh}——墙体水平纵向钢筋抗拉强度设计值；

A_{sh}——层间墙体竖向截面的钢筋总截面面积，其配筋率应不小于 0.07% 且不大于 0.17%。

表 8-17　钢筋参与工作系数 ζ_s

墙体高宽比	0.4	0.6	0.8	1.0	1.2
ζ_s	0.10	0.12	0.14	0.15	0.12

对砖砌体和钢筋混凝土构造柱组合墙的截面抗震承载力应按式（8-18）验算：

$$V \leqslant \frac{1}{\gamma_{RE}}[\eta_c f_{VE}(A - A_c) + \zeta_c f_t A_c + 0.08 f_{yc}A_{sc} + \zeta_s f_{yh}A_{sh}] \qquad (8-18)$$

式中，A_c——中部构造柱的截面面积，对横墙和内纵墙，$A_c \leqslant 0.15A$ 时，取 $0.15A$，对外纵

220

墙，$A_c > 0.25A$ 时，取 $0.25A$；

f_t——中部构造柱的混凝土抗拉强度设计值；

A_{sc}——中部构造柱的纵向钢筋截面总面积（配筋率不应小于 0.6%，大于 1.4% 时取 1.4%）；

f_{yh}，f_{yc}——分别为墙体水平钢筋、构造柱纵向钢筋的抗拉强度设计值；

ζ_c——中部构造柱参与工作系数，居中设一根时取 0.5，多余一根时取 0.4；

η_c——墙体约束修正系数，一般情况取 1.0，构造柱间距不大于 3.0 m 时取 1.1；

A_{sh}——层间墙体竖向截面的钢筋总截面面积，其配筋率应不小于 0.07% 且不大于 0.17%，无水平纵向钢筋时取 0。

8.3　计算例题

【例题 8-1】某五层砌体结构办公楼，采用装配式钢筋混凝土梁板结构，板厚为100 mm，主梁截面尺寸为 $b = 250$ mm，$h = 600$ mm，间距为 3.6 m，平面图如图 8-12 所示。房屋墙体采用 MU10 烧结多孔砖，各层均采用 M5 水泥砂浆砌筑，除底层墙厚为 370 mm，其余各层墙厚为 240 mm，均双面粉刷，施工质量控制等级为 B 级。底层计算层高 3.6 m，其余各层层高为 3.3 m。该地区抗震设防烈度为 6 度（设计基本地震加速度为 0.1g），场地土为 Ⅱ 类，设计地震分组为第一组。试验算该办公楼纵、横墙的抗震承载力。

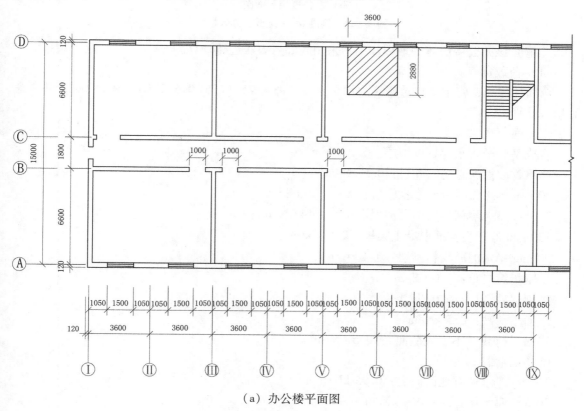

（a）办公楼平面图

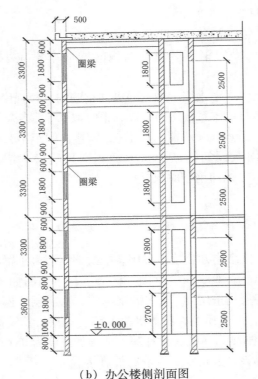

（b）办公楼侧剖面图

图 8－12 例题 8－1 某五层办公楼

【解】该办公楼墙体的地震作用，采用底部剪力法进行计算。

（1）荷载资料。

为简化起见，将主梁自重折算为均布荷载，即为 $25\times0.25\times0.6/3.6=1.0$ kN/m²，并考虑到恒载计算中。

①屋面荷载。

合成高分子防水蛭石保护层：0.1 kN/m²；

高聚物改性沥青防水卷材：0.5 kN/m²；

20 mm 厚水泥混合砂浆找平层：0.4 kN/m²；

35 mm 厚无溶剂聚氨酯硬泡保温层：0.14 kN/m²；

100 mm 厚现浇钢筋混凝土梁板：2.5 kN/m²；

20 mm 厚水泥砂浆粉刷层：0.4 kN/m²；

主梁折算自重：1.0 kN/m²；

屋面恒载合计：5.04 kN/m²；

屋面雪荷载：0.5 kN/m²；

屋面活荷载（不上人屋面）：0.5 kN/m²。

②楼面荷载。

10 mm 厚水磨石地面面层：0.25 kN/m²；

20 mm 厚水泥打底：0.4 kN/m²；

100 mm 厚现浇钢筋混凝土梁板：2.5 kN/m²；

20 mm 厚水泥砂浆粉刷层：0.4 kN/m²；

主梁折算自重：1.0 kN/m²；

门窗自重：0.3 kN/m²；

楼面恒载合计：4.85 kN/m²；

楼面活荷载：2 kN/m²。

③墙体自重。

双面粉刷 240 mm 厚砖墙自重：4.64 kN/m²；

双面粉刷 370 mm 厚砖墙自重：6.72 kN/m²。

（2）荷载计算。

①屋面荷载。

由《建筑结构荷载规范》（GB 50009—2012）可知，不上人的屋面均布活荷载，可不与雪荷载和风荷载同时组合，故本例中只考虑屋面雪荷载，屋面雪荷载组合系数为 0.5，故有

屋面总荷载：$(15.0+1.0) \times (54.0+1.0) \times (5.04+0.5 \times 0.5) = 4\ 655$ kN

水箱重：150 kN；

总计：4 805 kN。

②楼面荷载。

楼面活荷载组合系数：0.5；

楼面均布荷载：$4.85+0.5 \times 2 = 5.85$ kN/m²；

楼面总荷载：$15.0 \times 54.0 \times 5.85 = 4\ 739$ kN。

③墙自重。

二至五层山墙重：

$[(15.0-0.24) \times 3.3-1.2 \times 1.8] \times 4.64 \times 2+1.2 \times 1.8 \times 0.3 \times 2 = 433$ kN；

二至五层横墙重：

$(6.6-0.24) \times 3.3 \times 4.64 \times 12 = 1\ 169$ kN；

二至五层外纵墙重：

$[(54.0+0.24) \times 3.3-1.5 \times 1.8 \times 15] \times 4.64 \times 2+1.5 \times 1.8 \times 15 \times 0.3 \times 2 = 1\ 310$ kN；

二至五层内纵墙重：

$[(54.0-0.24) \times 3.3-8 \times 1.0 \times 2.5-3.36 \times 3.3] \times 4.64 \times 2+8 \times 1.0 \times 2.5 \times 0.3 \times 2 = 1\ 370$ kN；

一层山墙重：

$[(15.0-0.5) \times 4.33-1.2 \times 2.7] \times 6.72 \times 2+1.2 \times 2.7 \times 0.3 \times 2 = 802$ kN；

一层横墙重：

$(6.6-0.5) \times 4.33 \times 6.72 \times 12 = 2\ 130$ kN；

一层外纵墙重：

$[(54.0+0.24) \times 4.33-1.5 \times 1.8 \times 14-1.5 \times 2.7] \times 6.72 \times 2+(1.5 \times 1.8 \times 14+1.5 \times 2.7) \times 0.3 \times 2 = 2\ 619$ kN；

一层内纵墙重：

$[(54.0-0.5) \times 4.33-8 \times 1.0 \times 2.5-3.23 \times 4.33] \times 6.72 \times 2+8 \times 1.0 \times 2.5 \times 0.3 \times 2 = 2\ 669$ kN。

上式中的 4.33 m 为基础顶面至楼板中心面的高度。

④各层重力荷载。

计算各层水平地震剪力时的重力荷载代表值取楼屋盖重力荷载代表值加相邻上、下层墙体重力荷载代表值的一半，则

$$G_5 = 4\,805 + 0.5 \times (433 + 1\,169 + 1\,310 + 1\,370)$$
$$= 4\,805 + 0.5 \times 4\,282 = 6\,946 \text{ kN}$$
$$G_4 = G_3 = G_2 = 4\,739 + 4\,282 = 9\,021 \text{ kN}$$
$$G_1 = 4\,739 + 0.5 \times 4\,282 + 0.5 \times (802 + 2\,130 + 2\,619 + 2\,669) = 10\,990 \text{ kN}$$
$$G = \sum G_i = 10\,990 + 9\,021 \times 3 + 6\,946 = 44\,999 \text{ kN}$$

（3）水平地震剪力。

①结构总水平地震作用标准值。

等效总重力荷载：
$$G_{eq} = 0.85G = 0.85 \times 44\,999 = 38\,249 \text{ kN}$$

总水平地震剪力（总水平地震作用代表值）为
$$F_{Ek} = \alpha_{max} G_{eq} = 0.04 \times 38\,249 = 1\,530 \text{ kN}$$

②各层水平地震作用标准值。

$$F_i = \frac{G_i H_i}{\sum_{j=1}^{n} G_j H_j} F_{Ek}$$

$$F_1 = \frac{10\,990 \times 4.33 \times 1\,530}{10\,990 \times 4.33 + 9\,021 \times 7.63 + 9\,021 \times 10.93 + 9\,021 \times 14.23 + 6\,946 \times 17.53} = 157 \text{ kN}$$

$$F_2 = \frac{9\,021 \times 7.63 \times 1\,530}{465\,149} = 226 \text{ kN}$$

$$F_3 = \frac{9\,021 \times 10.93 \times 1\,530}{465\,149} = 324 \text{ kN}$$

$$F_4 = \frac{9\,021 \times 14.23 \times 1\,530}{465\,149} = 422 \text{ kN}$$

$$F_5 = \frac{6\,946 \times 17.53 \times 1\,530}{465\,149} = 401 \text{ kN}$$

各层水平地震作用代表值及各层水平地震剪力如图 8-13 所示。

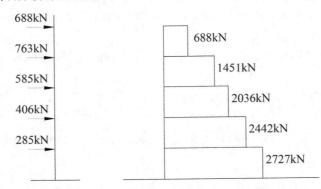

图 8-13　例题 8-1 各层水平地震作用代表值及各层水平地震剪力

（4）墙体抗震承载力验算。

①横向：验算轴线Ⅴ横墙。

二层：

全部横向抗侧力墙体横截面面积为

$$A_2 = (15.24 - 1.2) \times 0.24 \times 2 + 6.84 \times 0.24 \times 12 = 26.44 \text{ m}^2$$

轴线Ⅴ横墙横截面面积为

$$A_{25} = 6.84 \times 0.24 \times 2 = 3.28 \text{ m}^2$$

楼层总面积为

$$S_2 = 15.0 \times 54.0 = 810 \text{ m}^2$$

轴线Ⅴ横墙所承担的重力荷载面积为

$$S_{25} = 15.0 \times 9.0 = 135 \text{ m}^2$$

轴线Ⅴ横墙所承担的水平地震剪力为

$$V_{25} = \frac{1}{2}\left(\frac{3.28}{26.44} + \frac{135}{810}\right) \times 1\,373 \times 1.3 = 259 \text{ kN}$$

轴线Ⅴ横墙每米长度上所承担的竖向荷载为

$$N = 5.29 \times 3.6 + 5.85 \times 3.6 \times 3 + 4.64 \times 3.3 \times 3.5 = 136 \text{ kN}$$

轴线Ⅴ横墙横截面的平均压应力为

$$\sigma_0 = \frac{136\,000}{240 \times 1\,000} = 0.567 \text{ N/mm}^2$$

采用 M5 级砂浆，$f_v = 0.11 \text{ N/mm}^2$，$\sigma_0/f_v = 0.567/0.11 = 5.15$，查表得 $\zeta_N = 1.48$，则 $f_{vE} = \zeta_N f_v = 1.48 \times 0.11 = 0.163 \text{ N/mm}^2$。

横墙是两端均设有构造柱的砌体抗震墙，取 $\gamma_{RE} = 0.9$，$A = A_{25} = 3.28 \text{ m}^2$，则

$$\frac{f_{vE}A}{\gamma_{RE}} = \frac{0.163 \times 3.28 \times 10^3}{0.9} = 594 \text{ kN} > V_{25} = 259 \text{ kN}$$

故满足要求。

一层：

$$A_1 = (15.24 - 1.2) \times 0.37 \times 2 + 6.84 \times 0.37 \times 12 = 40.76 \text{ m}^2$$

$$A_{15} = 6.84 \times 0.37 \times 2 = 5.06 \text{ m}^2$$

$$S_1 = 810 \text{ m}^2, \quad S_{15} = 135 \text{ m}^2$$

$$V_{15} = \frac{1}{2}\left(\frac{5.06}{40.76} + \frac{135}{810}\right) \times 1\,530 \times 1.3 = 289 \text{ kN}$$

$$N = 5.29 \times 3.6 + 5.85 \times 3.6 \times 4 + 4.64 \times 3.3 \times 4 + 6.72 \times 4.33 \times 0.5 = 179 \text{ kN}$$

$$\sigma_0 = \frac{179\,000}{370 \times 1\,000} = 0.484 \text{ N/mm}^2$$

采用 M5 级砂浆，$f_v = 0.11 \text{ N/mm}^2$，$\sigma_0/f_v = 0.484/0.11 = 4.4$，查表得 $\zeta_N = 1.4$，则 $f_{VE} = \zeta_N f_v = 1.4 \times 0.11 = 0.154 \text{ N/mm}^2$。

$$\frac{f_{VE}A}{\gamma_{RE}} = \frac{0.154 \times 5.06 \times 10^3}{0.9} = 866 \text{ kN} > V_{15} = 289 \text{ kN}$$

故满足要求。

②纵向：验算轴线 A 外纵墙。

二层：

$$A_2 = (54.24 - 15 \times 1.5) \times 0.24 \times 2 + (54.24 - 8 \times 1.0 - 3.36) \times 0.24 \times 2$$
$$= 35.82 \text{ m}^2$$

$$A_{2A} = (54.24 - 15 \times 1.5) \times 0.24 = 7.62 \text{ m}^2$$

$$V_{2A} = \frac{A_{2A} V_2}{A_2} = \frac{7.62 \times 1\,373}{35.82} = 292 \text{ kN}$$

$$N = (54.24 \times 3.3 - 15 \times 1.5 \times 1.8) \times 4.64 \times 3.5 + 15 \times 1.5 \times 1.8 \times 0.3 \times 3.5$$
$$+ 3.6 \times 6.6 \times 5.29 \times 0.5 \times 8 + 3.6 \times 6.6 \times 5.85 \times 0.5 \times 8 \times 3 = 4\,462 \text{ kN}$$

$$\sigma_0 = \frac{4\,462\,000}{(54.24 - 15 \times 1.5) \times 1\,000 \times 240} = 0.586 \text{ N/mm}^2$$

采用 M5 级砂浆，$f_v = 0.11$ N/mm^2，$\sigma_0/f_v = 0.586/0.11 = 5.33$，查表得 $\zeta_N = 1.50$，则 $f_{vE} = \zeta_N f_v = 1.50 \times 0.11 = 0.165$ N/mm^2。

$$\frac{f_{vE} A}{\gamma_{RE}} = \frac{0.165 \times 7.62 \times 10^3}{0.9} = 1\,397 \text{ kN} > V_{2A} = 292 \text{ kN}$$

故满足要求。

一层：
$$A_1 = (54.24 - 15 \times 1.5) \times 0.37 \times 2 + (54.24 - 3 \times 1.0 - 3.36) \times 0.37 \times 2 = 58.92 \text{ m}^2$$

$$A_{1A} = (54.24 - 15 \times 1.5) \times 0.37 = 11.74 \text{ m}^2$$

$$V_{1A} = \frac{A_{1A} V_1}{A_1} = \frac{11.74 \times 1\,530}{58.92} = 305 \text{ kN}$$

$$N = (54.24 \times 3.3 - 15 \times 1.5 \times 1.8) \times 4.64 \times 4 + 15 \times 1.5 \times 1.8 \times 0.3 \times 4$$
$$+ (54.24 \times 4.33 - 14 \times 1.5 \times 1.8 - 1.5 \times 2.7) \times 6.72 \times 0.5$$
$$+ (14 \times 1.5 \times 1.8 + 1.5 \times 2.7) \times 0.3 \times 0.5 + 3.6 \times 6.6 \times 5.29 \times 0.5 \times 8$$
$$+ 3.6 \times 6.6 \times 5.85 \times 0.5 \times 8 \times 4$$
$$= 6\,000 \text{ kN}$$

$$\sigma_0 = \frac{6\,000\,000}{(54.24 - 15 \times 1.5) \times 1\,000 \times 370} = 0.511 \text{ N/mm}^2$$

采用 M5 级砂浆，$f_v = 0.11$ N/mm^2，$\sigma_0/f_v = 0.511/0.11 = 4.65$，查表得 $\zeta_N = 1.43$，则 $f_{vE} = \zeta_N f_v = 1.43 \times 0.11 = 0.157$ N/mm^2，则有

$$\frac{f_{vE} A}{\gamma_{RE}} = \frac{0.157 \times 11.74 \times 10^3}{0.9} = 2\,048 \text{ kN} > V_{1A} = 305 \text{ kN}$$

故满足要求。

本章小结

（1）由地震引起的建筑物破坏主要有：受震破坏、地基失效引起的破坏和次生效应引起的破坏。地震对砌体结构房屋的破坏具体表现在墙体、墙角、楼梯间、纵横墙连接处、平立面突出部位等的破坏。

（2）根据规范提出的抗震设防要求，在进行砌体结构房屋的抗震设计时，除了对建筑物的承载力进行核算外，还应对房屋的体型、平面布置、结构形式等进行合理的选择。

（3）钢筋混凝土构造柱或芯柱是多层砌体房屋的一项重要抗震构造措施，当墙体周边设

有钢筋混凝土构造柱和圈梁时，墙体受到较大约束，可使开裂后的墙体以其塑性变形和滑移、摩擦来消耗地震能量；在墙体达到破坏的极限状态下，可使破坏的墙体中的碎块不易散落，从而能保持一定的承载力，使房屋不致突然倒塌。

（4）水平地震作用主要采用底部剪力法，求得在整个房屋的总水平地震作用后，按照某种竖向分布规律，将总地震作用沿建筑物高度方向分配到各个楼层处，得出分别作用于建筑物各楼盖处的水平地震作用。

（5）当其顶端作用有单位侧向力时，产生侧移 δ，称之为该墙体的侧移柔度。墙体抗侧力刚度 K 是侧移柔度的倒数。刚性楼盖可以认为在横向水平地震作用下楼、屋盖在其自身水平平面内只发生刚体平移。此时各抗震横墙所分担的水平地震剪力与其抗侧力刚度成正比。

思考题与习题

8-1　简述在抗震设防地区限制混合结构房屋的高度和层数的原因。

8-2　乙、丙类房屋的判断标准是什么？横墙较少、很少的房屋又是如何判别的？

8-3　多层砌体结构房屋墙体的截面抗震承载力应该进行怎样的验算？

8-4　在多层砌体结构房屋中如何设置构造柱或芯柱？

8-5　请解释底部框架-抗震墙砌体房屋。

8-6　如何解释规范中的"约束砌体抗震墙"？

8-7　控制底部框架-抗震墙房屋的侧向刚度的原因是什么？

8-8　配筋混凝土砌块砌体剪力墙房屋能建多高？

8-9　如何计算配筋混凝土砌块砌体剪力墙的截面抗震承载力？

8-10　配筋混凝土砌块砌体剪力墙的钢筋有何抗震构造要求？

8-11　在配筋砌块砌体剪力墙房屋设计中，为什么要控制墙体的轴压比？

8-12　若将例题 8-1 中图 8-12（a）轴线 A 与 B，B 与 C，C 与 D 的间距分别改为 7 200 mm，2 400 mm，7 200 mm，屋面恒载标准值改为 3.50 kN/m²，楼面恒载标准值改为 3.00 kN/m²。抗震设防烈度为 8 度，设计地震分组为第二组，Ⅱ类场地。试进行抗震承载力验算。

参考文献

[1] 中华人民共和国住房和城乡建设部，GB 50003—2011 砌体结构设计规范［S］．北京：中国建筑工业出版社，2012.

[2] 施楚贤，刘桂秋，黄靓．砌体结构（第三版）［M］．北京：中国建筑工业出版社，2012.

[3] 施楚贤．砌体结构理论与设计（第三版）［M］．北京：中国建筑工业出版社，2014.

[4] 施楚贤，施宇红．砌体结构疑难释义（第四版）［M］．北京：中国建筑工业出版社，2013.

[5] 施楚贤，徐建，刘桂秋．砌体结构设计与计算［M］．北京：中国建筑工业出版社，2003.

[6] 蓝宗建．砌体结构（第三版）［M］．北京：中国建筑工业出版社，2013.

[7] 丁大钧．简明砖石结构［M］．上海：科学技术出版社，1957.

[8] 南京工学院土木系建筑结构工程专业教研组．砌体结构学［M］．北京：中国建筑工业出版社，1997.

[9] 南京工学院土木系建筑结构工程专业教研组．简明砖石结构［M］．上海：科学技术出版社，1981.

[10] 陈志华．外国建筑史［M］．北京：中国建筑工业出版社，2004.

[11] 苏小卒．砌体结构设计［M］．上海：同济大学出版社，2013.

[12] 张建勋．砌体结构［M］．武汉：武汉理工大学出版社，2009.

[13] 马德富，孙宗义，王锦龙．水工砌体结构［M］．北京：中国水利水电出版社，2008.

[14] 赵志远．中华上下五千年［M］．天津：天津人民美术出版社，2002.

[15] 刘立新．砌体结构［M］．武汉：武汉理工大学出版社，2007.

[16] 何培玲，尹维新．砌体结构［M］．北京：北京大学出版社，2006.

[17] 丁大钧．我国拱桥建设屡创辉煌［J］．桥梁建设，2000（01）：63-68.

[18] 王巧莉，张昌叙，孙永民，等．我国砌体工程建造技术发展历程及展望［J］．施工技术，2014（07）：5-11.

[19] 梁丰．砌体在建筑更新中的命运与前景［D］．天津：天津大学，2010.

[20] 苑振芳．《砌体结构设计规范》的发展历程和展望［J］．工程建设标准化，2015（7）：46-53.

[21] 施楚贤．对砌体结构类型的分析与抗震设计建议［J］．建筑结构，2010（1）：74-76.

[22] 黄靓，施楚贤，夏凯，等．配筋砌块砌体剪力墙结构在株洲国脉家园高层住宅中的应用［J］．墙材革新与建筑节能，2008（1）：35-38.

[23] 陈良．N式砌块配筋砌体剪力墙的抗震性能试验研究［D］．长沙：湖南大学，2008.

[24] 许仲远．自保温开槽砌块灌孔砌体基本力学性能试验研究［D］．长沙：湖南大学，2015.

[25] 刘艳军，陈伯田，陈玉．加气混凝土国内外发展回顾［J］．建筑节能，2013，41（3）：30-34.

[26] Excalibur Hotel Las Vegas. Excalibur Hotel & Casino［EB/OL］．［2017-10-16］．http：//www.lasvegas-how-to.com/excalibur.php.

[27] 施楚贤，施宇红，黄靓．对结构设计强制性条文合理性的分析［J］．结构工程师，2006（1）：18-21.

[28] 施楚贤．我国砌体结构设计规范的发展［J］．建筑结构，2004（2）：71-72.

[29] 施楚贤．砌体结构设计的基本规定［J］．建筑结构，2003（3）：65-67.

[30] 王楠．现代砌体结构的应用与发展［J］．建筑与预算，2012（1）：66-68.

[31] 牛屹．我国砌体结构的发展过程与发展方向［J］．科技致富向导，2010（24）：214.

［32］ 何静．我国砌体结构的发展现状及发展趋势［J］．无线互联科技，2014（5）：118.

［33］ 高东．砌体结构的发展展望［J］．吉林建材，2004（5）：39-41.

［34］ 王爱迪，祝英杰，马洪燕．我国绿色环保墙体材料的研究应用现状与发展［J］．建筑节能，2010，38（3）：59-61.

［35］ 周率．基于装配式建筑的探讨［J］．建筑工程技术与设计，2016（12）：1291-1292.

［36］ 王树林．浅议墙材工业实践循环经济的途径［J］．粉煤灰综合利用，2012（3）：43-45.

［37］ 包堂堂．自保温配筋砌块砌体的基本力学性能研究［D］．长沙：湖南大学，2014.

［38］ 王猛．蒸压粉煤灰砖砌体抗剪性能的试验研究［D］．重庆：重庆大学，2007.

［39］ 张吉松．蒸压粉煤灰砖砌体抗剪性能试验研究［D］．沈阳：沈阳建筑大学，2009.

［40］ 尚义明．蒸压粉煤灰砖砌体通缝抗剪及抗震性能试验研究［D］．沈阳：沈阳建筑大学，2009.

［41］ 李湘洲．轻质墙体材料在高层建筑中的应用［J］．墙材革新与建筑节能，2001（2）：32-33.

［42］ 刘嘉．砌块砌体结构发展方向研究［J］．施工技术，2014，41（10）：25-26.

［43］ 建筑材料电子教案第一章［EB/OL］．［2017-09-29］．http：//www.wxphp.com/wxd_ 2n5gt014bb3blzb1bsxu_ 4.html.

［44］ 中华人民共和国中央人民政府．李克强主持召开国务院常务会议［EB/OL］．［2016-09-14］．http：//www.gov.cn/premier/2016/09/14/content_ 5108441.htm.

［45］ 中国建筑学会．《建筑产业现代化发展纲要》明确5～10年间产业化发展目标［EB/OL］．［2017-06-09］．http：//www.chinaasc.org/news/116689.html.

［46］ 中华人民共和国中央人民政府．国务院办公厅关于大力发展装配式建筑的指导意见［EB/OL］．［2016-09-27］．http：//www.gov.cn/zhengce/content/2016/09/30/content_ 5114118.htm.

［47］ 中华人民共和国住房和城乡建设部．住房城乡建设部关于印发2016年科学技术项目计划装配式建筑科技示范项目的通知［EB/OL］．［2016-07-05］．http：//www.mohurd.gov.cn/wjfb/201608/t20160804_ 228424.html.

［48］ 中华人民共和国住房和城乡建设，GB 5101—2003 普通烧结砖［S］．北京：中国标准出版社，2003.

［49］ 中华人民共和国住房和城乡建设部，GB 13544—2011 烧结多孔砖和多孔砌块［S］．北京：中国标准出版社，2011.

［50］ 中华人民共和国住房和城乡建设部，GB/T 21144—2007 混凝土实心砖［S］．北京：中国标准出版社，2008.

［51］ 中华人民共和国住房和城乡建设部，GB 11945—1999 蒸压灰砂砖［S］．北京：中国标准出版社，1999.

［52］ 中华人民共和国建材行业标准，JCT 239—2014 蒸压粉煤灰砖［S］．北京：中国建材工业出版社，2014.

［53］ 中华人民共和国建材行业标准，JCT 637—2009 蒸压灰砂多孔砖［S］．北京：中国建材工业出版社，2010.

［54］ 中华人民共和国住房和城乡建设部，GB 26541—2011 蒸压粉煤灰多孔砖［S］．北京：中国标准出版社，2012.

［55］ 中华人民共和国住房和城乡建设部，GB 25779—2010 承重混凝土多孔砖［S］．北京：中国标准出版社，2011.

［56］ 中华人民共和国住房和城乡建设部，GB 8239—2014 普通混凝土小型砌块［S］．北京：中国标准出版社，2014.

［57］ 中华人民共和国住房和城乡建设部，GB/T 15229—2011 轻集料混凝土小型空心砌块［S］．北京：中国标准出版社，2012.

［58］ 中华人民共和国住房和城乡建设部，GB 26538—2011 烧结保温砖和保温砌块［S］．北京：中国标准出版社，2011.

[59] 中华人民共和国住房和城乡建设部，GB 50574—2010 墙体材料应用统一技术规范［S］.北京：中国建筑工业出版社，2010.

[60] 中华人民共和国住房和城乡建设部，JGJ/T 98—2010 砌筑砂浆配合比设计规程［S］.北京：中国建筑工业出版社，2011.

[61] 中华人民共和国住房和城乡建设部，JGJ/T 223—2010 预拌砂浆应用技术规程［S］.北京：中国建筑工业出版社，2010.

[62] 中华人民共和国住房和城乡建设部，GB/T 25181—2010 预拌砂浆［S］.北京：中国标准出版社，2010.

[63] 中华人民共和国住房和城乡建设部，JGJ/T 70—2009 建筑砂浆基本性能试验方法标准［S］.北京：中国建筑工业出版社，2009.

[64] 中华人民共和国国家发展和改革委员会，JC 860—2008 混凝土小型空心砌块和混凝土砖砌筑砂浆［S］.北京：中国建材工业出版社，2008.

[65] 中华人民共和国国家发展和改革委员会，JC 861—2008 混凝土砌块（砖）砌体用灌孔混凝土［S］.北京：中国建材工业出版社，2008.

[66] 中华人民共和国住房和城乡建设部，GB 50203—2011 砌体结构工程施工质量验收规范［S］.北京：中国建筑工业出版社，2011.

[67] 中华人民共和国住房和城乡建设部，GB/T 50129—2011 砌体基本力学性能试验方法标准［S］.北京：中国建筑工业出版社，2011.

[68] 黄靓，陈行之.应规范建筑砂浆强度试块的底模材料［J］.建筑砌块与砌块建筑，2011（03）：16-20.

[69] 刘桂秋，施楚贤，黄靓.对砌体剪-压破坏准则的研究［J］.湖南大学学报（自然科学版），2007（04）：19-23.

[70] 宋力.混凝土砌块砌体基本力学性能试验研究与非线性有限元分析［D］.长沙：湖南大学，2005.

[71] 黄靓，吴志维，陈良，等.N式砌块配筋砌体剪力墙抗震性能试验研究［J］.建筑结构学报，2012（04）：128-136.

[72] 黄靓，陶承志，陈良，等.N式砌块砌体受压性能研究［J］.湖南大学学报（自然科学版），2008（09）：19-22.

[73] 陈良，郭玉荣，黄靓，等.N式砌块砌体受压性能研究［J］.工业建筑，2008（07）：75-78.

[74] 中华人民共和国住房和城乡建设部，工程结构可靠性设计统一标准，GB 50153—2008［S］.北京：中国建筑工业出版社，2009.

[75] 中华人民共和国住房和城乡建设部，建筑结构可靠度设计统一标准，GB 50068—2001［S］.北京：中国建筑工业出版社，2002.

[76] 贡金鑫，魏巍巍.工程结构可靠性设计原理［M］.北京：机械工业出版社，2007.

[77] 林文修.砌体结构设计规范及其耐久性规定［J］.建筑科学，2011，27（6）：71-73.

[78] 苑振芳，刘斌，苑磊.砌体结构的耐久性［J］.建筑结构，2011（4）：117-121.

[79] 严家熹.砌体结构可靠度的发展——砌体规范可靠度编制的背景材料［J］.武汉大学学报（工学版），2015，48：10.

[80] 苑振芳.砌体结构设计手册（第四版）［M］.北京：中国建筑工业出版社，2013.

[81] 吴叶莹.工程力学与建筑结构［M］.北京：中国水利水电出版社，2005.

[82] 肖常安.砌体结构［M］.重庆：重庆大学出版社，2001.

[83] 张建勋.砌体结构［M］.武汉：武汉理工大学出版社，2012.

[84] 熊丹安，李京玲.砌体结构［M］.武汉：武汉理工大学出版社，2010.

[85] 宋力，施楚贤.对垫块下砌体局部受压承载力计算方法的分析［J］.四川建筑科学研究，2005，（01）：17-19.

[86] 钟义良，施楚贤.砌体结构研究论文集［C］.长沙：湖南大学出版社，1989.

[87] 中华人民共和国住房和城乡建设部，GB 50010—2010 混凝土结构设计规范 [S]. 北京：中国建筑工业出版社，2010.

[88] 中华人民共和国住房和城乡建设部. GB 50011—2010 建筑抗震设计规范 [S]. 北京：中国建筑工业出版社，2010.

[89] 王立新. 砌体结构施工 [M]. 南京：东南大学出版社，2005.

[90] 陆继贤，李砚波. 混合结构房屋 [M]. 天津：天津大学出版社，1998.

[91] 杨晓光. 混凝土结构与砌体结构（下册）[M]. 重庆：重庆大学出版社，2005.

[92] 徐国富. 浅谈砖混结构房屋墙体裂缝的产生、预防和处理 [J]. 科技信息，2007（13）：124-124.

[93] 孟达，杭英，周云麟. 竖向荷载作用下的无洞口连续墙梁的有限元分析 [J]. 工业建筑，2004，34（12）：48-50.

[94] 秦晓霖. 砌体结构中挑梁抗倾覆计算探讨 [J]. 结构工程师，1999（2）：18-19.

[95] 雷庆关. 砌体结构 [M]. 合肥：合肥工业出版社，2006.

[96] 张昌叙. 砌体结构施工质量问答 [M]. 北京：中国建筑工业出版社，2004.

[97] 杨伟军. 砌体结构 [M]. 北京：中国建筑工业出版社，2014.

[98] 唐岱新. 砌体结构设计 [M]. 北京：机械工业出版社，2004.

[99] 黄靓，黄凯，施楚贤. 基于数据库的配筋砌块砌体剪力墙受剪承载力计算公式可靠度分析 [J]. 建筑结构，2015（12）：96-100.

[100] 黄靓，万智，颜友清，等. 配筋混凝土砌块砌体挡土墙的试验与工程应用 [J]. 建筑砌块与砌块建筑，2010（06）：13-17.

[101] 王凤来，高连玉，张厚. 新型砌体结构体系与墙体材料（上）工程应用. 北京：中国建材工业出版社，2010.

[102] 黄靓. 株洲国脉家园 19 层配筋砌块砌体剪力墙房屋 [A] ∥中国工程建设标准化协会砌体结构专业委员会. 砌体结构理论与新型墙材应用 [C]. 中国工程建设标准化协会砌体结构专业委员会，2007：4.

[103] 黄靓，施楚贤. 配筋砌块砌体结构的模型试验和理论研究 [J]. 建筑结构学报，2005（3）：107-113.

[104] 杨伟军，施楚贤，胡庆国. 配筋砌块砌体剪力墙的研究和应用 [J]. 工业建筑，2002（9）：64-66.

[105] 中国工程建设标准化协会砌体结构委员会. 现代砌体结构——2000 年全国砌体结构学术会议论文集 [C]. 北京：中国建筑工业出版社，2000.

[106] 施楚贤，周海兵. 配筋砌体剪力墙的抗震性能 [J]. 建筑结构学报，1997，（6）：32-40.

[107] 李国强，李杰，陈素文，等. 建筑结构抗震设计 [M]. 北京：中国建筑工业出版社，2014.

[108] 王则毅，杨盛和. 房屋结构抗震 [M]. 重庆：重庆大学出版社，1999.

[109] 沈聚敏，周锡元，高小旺，等. 抗震工程学（第二版）[M]. 北京：中国建筑工业出版社，2015.

[110] 薛素铎，赵均，高向宇. 建筑抗震设计 [M]. 北京：科学出版社，2003.

[111] 张洪学. 砌体结构设计 [M]. 哈尔滨：哈尔滨工业大学出版社，2008.

[112] 梁建国，黄靓. 砌体结构设计禁忌手册 [M]. 中国建筑工业出版社，2008.

[113] 雷庆关. 砌体结构 [M] 合肥：合肥工业出版社，2006.

[114] 杨伟军. 砌体结构 [M]. 北京：中国建筑工业出版社，2014.

[115] 唐岱新. 砌体结构设计 [M]. 北京：机械工业出版社，2004.

[116] 全伟良. 砌体结构基本理论与工程应用——2012 年全国砌体结构领域基本理论与工程应用学术会议论文集 [C]. 杭州：浙江大学出版社，2012.

[117] 杨春侠，施楚贤，杨伟军，等. 混凝土多孔砖砌体模型房屋抗震性能试验研究 [J]. 建筑结构学报，2006（3）：84-92.

[118] 黄靓，施楚贤，吕伟荣. 对框架填充墙结构抗震设计的思考 [J]. 建筑结构，2005，（8）：27-29.

[119] 黄靓，施楚贤，熊辉．带砌体填充墙结构在地震作用下的安全性质疑［J］．建筑结构，2005，（3）：57-65.

[120] 侯海娅，宋健．汶川地震震害对建筑结构设计提出的思考［J］．杨凌职业技术学院学报，2009，（03）：4-6.

[121] 聂九红．底部框架砌体房屋震害调查及分析［J］．科技信息，2011（31）：248-249.

[122] 吴丽洁．砖砌体结构房屋震害分析及设计建议［D］．哈尔滨：哈尔滨工业大学，2010.